磁流变控制技术
及其在建筑抗震工程中的应用

赵 军 张香成 阮晓辉 著

科学出版社

北 京

内 容 简 介

本书系统地阐述和总结了作者近年来在磁流变智能材料、磁流变阻尼器及设置磁流变阻尼器自复位混凝土结构等领域的研发、试验和数值仿真的部分研究成果。本书共 8 章，主要内容包括：工程结构振动控制概述，磁流变液的制备与性能表征，磁流变阻尼器的设计、试验和力学模型，设置磁流变阻尼器自复位混凝土结构的抗震性能，框架结构的数值建模理论基础，设置磁流变阻尼器结构的动力分析理论基础，设置磁流变阻尼器平面结构的动力响应分析，设置磁流变阻尼器空间结构的动力响应分析实例。

本书可供从事工程力学、结构减震控制、防灾减灾工程等相关领域研究和应用的技术人员阅读，也可供高等院校相关专业的师生参考。

图书在版编目（CIP）数据

磁流变控制技术及其在建筑抗震工程中的应用/赵军，张香成，阮晓辉著. —北京：科学出版社，2021.4
　　ISBN 978-7-03-067538-5

Ⅰ. ①磁… Ⅱ. ①赵… ②张… ③阮… Ⅲ. ①磁流体－流变－应用－建筑结构－防震设计 Ⅳ. ①TU352.104

中国版本图书馆 CIP 数据核字（2021）第 006793 号

责任编辑：王　钰 / 责任校对：赵丽杰
责任印制：吕春珉 / 封面设计：东方人华平面设计部

科学出版社 出版
北京东黄城根北街 16 号
邮政编码：100717
http://www.sciencep.com
北京中科印刷有限公司 印刷
科学出版社发行　各地新华书店经销
*

2021 年 4 月第 一 版　　开本：B5（720×1000）
2021 年 4 月第一次印刷　　印张：14 1/2
字数：280 000

定价：118.00 元
（如有印装质量问题，我社负责调换〈中科〉）
销售部电话 010-62136230　编辑部电话 010-62137026

前　　言

磁流变半主动控制技术是结构减振控制的重要内容，它兼具被动控制技术与主动控制技术的优点，既具有被动控制的可靠性，又能最大限度地接近主动控制的减振效果，尤其是将磁流变阻尼器与自复位混凝土结构结合，不仅能在地震过程中通过持续施加电流增强自复位混凝土结构的耗能能力和减振效果，又能在地震结束后，通过断开磁流变阻尼器的电流消除其对抗震结构残余变形的影响，使自复位混凝土结构快速恢复到原位。

本书的第一个特色是既介绍磁流变材料、磁流变阻尼器和设置磁流变阻尼器的混凝土结构的理论与试验，又系统、深入地介绍设置磁流变阻尼器的混凝土结构的静力和动力分析理论；本书的第二个特色是利用 MATLAB 软件平台，通过编程仿真建立未控和磁流变阻尼器有控混凝土结构的平面和空间多维计算模型并进行动力时程分析，帮助读者理解复杂的磁流变半主动控制理论与技术，并掌握基于 MATLAB 的结构数值编程建模仿真分析方法。

全书共 8 章，系统地阐述和总结了磁流变材料、磁流变阻尼器、设置磁流变阻尼器自复位混凝土结构的抗震性能，以及设置磁流变阻尼器有控结构的数值建模理论和编程仿真分析方法。第 1 章简要介绍了被动控制、主动控制和半主动控制等工程结构振动控制方法，同时介绍了磁流变液材料、磁流变阻尼器，以及磁流变阻尼器在土木工程减振控制中的应用。第 2 章介绍了磁流变液材料的组成、工作模式、制备工艺、力学性能和力学模型等。第 3 章介绍了磁流变阻尼器的设计方法、拟静力试验和低周反复荷载作用下的力学性能、耗能能力及力学模型。第 4 章介绍了设置磁流变阻尼器自复位混凝土剪力墙和柱在拟静力作用下的抗震性能，对比了普通钢筋混凝土剪力墙和柱、自复位混凝土剪力墙和柱、设置磁流变阻尼器自复位混凝土剪力墙和柱的滞回曲线、骨架曲线、刚度退化、延性性能、残余变形、残余裂缝宽度和耗能能力等抗震性能特征。第 5 章介绍了平面杆系单元、空间梁单元、板壳单元、单元坐标变换、整体刚度矩阵集成、边界约束条件的处理等数值建模基础理论。第 6 章介绍了设置磁流变阻尼器建筑结构的动力学分析理论、各单元的质量矩阵和结构的整体质量矩阵，给出了设置磁流变阻尼器结构的半主动控制算法。第 7 章基于数值建模分析理论，采用 MATLAB 软件编程的方法，建立了未控和磁流变阻尼器有控建筑结构的平面模型，并编制了该模型的 MATLAB 程序。第 8 章基于第 5 章和第 6 章介绍的有限元建模分析理论，采用 MATLAB 软件编程的方法，建立了未控和磁流变阻尼器有控建筑结构的多维模型，并编制了该模型的 MATLAB 程序，给出了建筑结构的多维减震和扭转震动控制效果图。

  本书由赵军负责制定全书大纲，确定各章节内容，并负责全书的统稿工作。第 1 章、第 4 章内容由赵军撰写；3.3 节和 3.4 节、第 5~8 章由张香成撰写；第 2 章、3.1 节和 3.2 节由阮晓辉撰写。此外，研究生罗京和王培培参与了第 4 章设置磁流变阻尼器自复位混凝土剪力墙和柱试验结果的整理工作，在此表示衷心的感谢。

  本书研究工作得到了国家重点研发计划政府间国际科技创新合作重点专项"损伤可控型自恢复减震结构的研发与设计方法"（项目编号：2016YFE0125600）、教育部创新团队发展计划"新型建筑材料与结构"（项目编号：IRT_16R67）和国家自然科学基金项目"基于磁流变多维减振装置的建筑结构减震研究"（项目编号：51408555）等项目的资助，在此表示诚挚的谢意。

  由于作者水平有限，书中不妥之处在所难免，敬请专家和读者评阅。任何意见和建议均可通过邮箱 zhaoj@zzu.edu.cn 发给作者。

目　　录

第1章　工程结构振动控制概述

1.1　工程结构振动控制方法

我国地处欧亚板块的东南部，受环太平洋地震带和欧亚地震带的影响，是世界上地震活动最强烈的国家之一，地震活动具有频度高、强度大、震源浅和分布广等特点。根据《中国地震动参数区划图》（GB 18306—2015），全国有 41%的国土、62%的地级以上城市、74%的省会城市位于地震基本烈度 7 度及以上的高烈度区域，全国所有地区都必须进行 6 度及以上的抗震设防。据《2019 年地震年报》科普统计，我国有 30 个省级行政区发生过 6 级以上地震，19 个省级行政区发生过 7 级以上地震，12 个省级行政区发生过 8 级以上地震。20 世纪以来，我国死于地震的人数多达 59 万，占全球同期地震死亡人数的 53%，直接和间接经济损失更是难以估计。地震灾害调查分析表明（李宏男等，2008；程家喻等，1993），地震时房屋结构的倒塌与破坏是造成人员伤亡和经济损失的主要原因，如 1976 年唐山地震中，在短短的 10s 内，一个百万人口的工业城市变为一片废墟，无数房屋倒塌，死亡 24.2 万人，其中主震区房屋倒塌致亡人数超过总震亡人数的 80%。因此，如何采用经济、高效和可靠的技术措施提高建筑结构的抗震性能，始终是工程界、学术界积极研究和探讨的热点问题。

结构振动控制技术是随着现代控制理论的发展而出现的，它采用经典或现代的控制理论，在结构上某些部位附加控制装置，当结构发生振动时，这些装置可以施加阻尼力来调整结构的动力特性，从而有效减少或抑制结构的动力响应，以满足结构的安全性、适用性和舒适性要求。结构振动控制技术的出现和发展无疑给结构抗震设计带来了革命性变革。根据是否需要外部能源、激励信号和结构反应的信号，结构振动控制可以分为被动控制、主动控制、半主动控制和混合控制（周福霖，1997；周锡元等，2002）。

1.1.1　被动控制

被动控制是一种无需外加能源的振动控制技术，当安装于结构中的控制装置随结构一起发生运动时就会产生控制力。被动控制概念简单、造价低、易于维护且稳定性较高，因而在实际工程中得到广泛应用。目前被动控制可分为基础隔震、消能减震和被动调谐控制三种。

（1）基础隔震

基础隔震是通过在结构底部和基础之间设置隔震装置，延长整个结构体系的自振周期，减少输入到结构中的地震动能量，从而减小结构的加速度响应，同时结构的水平位移主要由结构底部和基础之间的隔震装置承受，结构体系自身的相对位移很小。目前，隔震支座以叠层橡胶为主，由于橡胶隔震支座的抗拉性能较差，需避免或减少支座在水平荷载作用下处于受拉状态。当上部结构在水平荷载作用下以弯曲变形为主时，竖向构件受拉力较大，因此，对于隔震建筑，上部结构的变形宜以剪切变形为主。一般结构的高宽比越小，水平荷载作用下结构剪切变形所占比例越大。因此，隔震技术更适用于低层和多层建筑，隔震建筑高度大部分集中于 24～60m（丁浩民等，2019）。

北京大兴国际机场是目前世界上最大的单体隔震建筑（图 1-1），抗震设防烈度为 8 度，航站楼的隔震装置采用了铅芯橡胶隔震支座、普通橡胶隔震支座、滑移隔震橡胶支座等，整个航站楼核心区地下一层柱顶处总共使用了 1152 套隔震装置，防震能力显著提升。

（a）北京大兴国际机场效果图　　　　　（b）层间隔震技术

图 1-1　北京大兴国际机场效果图及层间隔震技术示意图

（2）消能减震

消能减震是把结构中的某些部件（如斜撑、剪力墙）设计成耗能构件或在结构中的某些部位设置耗能装置，并利用这些构件或装置吸收和消耗地震输入的能量，从而达到减小结构振动响应的目的。消能减震装置大体上可以归纳为以下几类：金属屈服阻尼器、铅阻尼器、摩擦阻尼器、黏弹性阻尼器、黏滞流体阻尼器、电感应式耗能器、记忆合金阻尼器、电磁流体阻尼器、复合型阻尼器等。

在结构的适当位置设置消能减震装置并不改变结构的基本构成，消能减震装置相当于在结构上增加一道防线，因此，消能结构的抗震构造与普通结构相比并没有降低。另外，消能结构不受结构类型和高度的限制，适用范围较为广泛。消能减震技术为建筑抗震设计和抗震加固提供了一条崭新的途径，它克服了传统结构"硬碰硬"式的抗震设计方法，具有概念简单、减震机理明确、减震效果显著、安全可靠等优点。

（3）被动调谐控制

被动调谐控制是指在主结构上安装具有质量、刚度和阻尼的子结构，通过调整子结构的自振频率使其尽量接近主结构的基本频率，当主结构发生振动时，子结构就会产生一个与主结构振动方向相反的惯性力，从而达到减小主结构振动响应的目的。被动调谐控制装置主要包括调频质量阻尼器（tuned mass damper，TMD）、调频液体阻尼器、液压–质量振动控制系统和悬吊质量子系统等。其中，对 TMD 的研究和应用最为广泛和深入，例如我国台北 101 大厦顶端倒悬一颗重达 660t 的金属阻尼球，是世界上最重的被动调谐阻尼器，主要用于减小台风和地震作用下结构的振动响应，如图 1-2 所示。

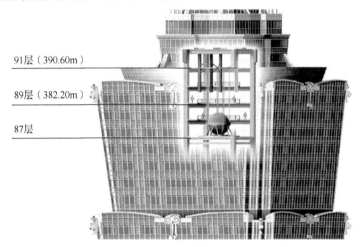

图 1-2　装有 TMD 的台北 101 大厦

1.1.2　主动控制

主动控制是应用现代控制技术，对外部激励和结构响应进行实时监测和预测，再按不同控制方法计算出控制力，然后通过伺服装置将控制力施加到结构上，实现自动调节，从而达到减小结构振动响应的目的。主动控制是需要外界提供能源实现振动控制的一种方法，主要由信息采集系统、控制系统和主动驱动系统三大部分组成。信息采集系统主要用于监测结构外部激励和结构的振动响应；控制系统主要负责处理采集的数据，并通过控制算法实时计算和调整施加给主动驱动系统的信号；主动驱动系统则根据接收到的控制信号实时调整控制力的大小。

目前已提出的且具有应用前景的主动控制装置系统有主动质量阻尼系统（active mass damper，AMD）、主动调谐质量阻尼振动控制系统、主动拉索控制系统，此外还有主动支撑系统、主动可变刚度振动控制系统。主动控制技术在建筑结构中的应用主要集中在日本，图 1-3 所示的是 1989 年在日本东京建成的世界第一栋采用 AMD 控制的高层建筑 Kyobashi Seiwa（京桥成和）大厦。理论上主动控制能达到最好的控制效果，然而由于现阶段的理论和实现方法仍不够完善。虽然主动控制对结构风振反应有良好的控制效果，但在大震作用下的控制效果很难保证，其中一个很重要的原因是控制实施过程的时间滞后，该滞后可能会部分抵消控制作用，甚至产生动力反应失真。另外，由于主动控制本身具有外加能源功率大、价格高和易控制失稳的缺点，使它在建筑结构振动控制中的推广和应用受到一定限制。

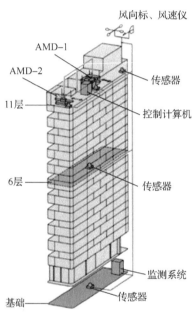

图 1-3　日本建成的应用 AMD 控制的 Kyobashi Seiwa 大厦

1.1.3　半主动控制

　　半主动控制属于参数控制，其原理与主动控制基本相同，其控制力虽也是依靠控制装置自身的运动而被动产生，但在振动控制过程中可以利用外部少量能源调整控制装置自身的参数，从而起到改变结构的刚度或阻尼等参数来减少结构反应的目的。半主动控制不需要大量外部能源的输入来直接提供控制力，只是实施控制力的作动器需要少量的能量调节以便使其主动地利用结构振动的往复相对变形或速度，尽可能地实现主动最优控制力。半主动控制完美结合了被动控制与主动控制的优点，既具有被动控制的稳定性，又能达到接近主动控制的效果，并且在实施控制的同时能耗极低。

　　目前提出的半主动控制装置有：半主动调谐参数质量阻尼装置、可变刚度装置、可变阻尼装置、变刚度变阻尼装置等，其中可变刚度装置和可变阻尼装置最具代表性。图 1-4 所示的是 1990 年在日本建成的世界第一栋采用可变刚度装置控制的三层钢框架结构（Takuji，1993）。

图 1-4   日本建成的世界第一栋采用可变刚度装置控制的三层钢框架结构

1.1.4   混合控制

混合控制是指在结构上同时施加主动和被动控制装置，以克服纯被动控制的应用局限，在减小控制力的同时减小外部控制设备的功率、体积、能耗和维护费用，增加系统的可靠性。混合控制方法综合了主动控制和被动控制的优点，具有较好的控制效果。目前提出的混合控制装置主要有：主动控制与基础隔震相结合、主动控制与耗能装置相结合、主动质量阻尼系统与调谐质量阻尼系统或调谐液体阻尼系统的混合控制、阻尼耗能与主动支撑系统的混合控制、混合质量阻尼器等。图 1-5 为日本 1994 年设置混合基础隔震系统的新宿公园塔（Shinjuku Park Tower），该隔震系统由磁流变阻尼器和橡胶支座共同组成。

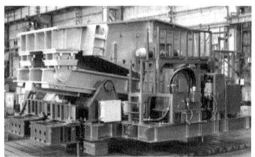

图 1-5   日本设置混合基础隔震系统的新宿公园塔

1.2 基于磁流变技术的工程结构减振控制方法

磁流变阻尼器是利用磁流变液在磁场下的快速流-固逆变特性而制造的一种半主动控制装置，它具有响应迅速、能耗低、阻尼力连续可调、控制效果好等优点，既可作为被动耗能元件，又可作为半主动控制元件，因此受到较为广泛关注，许多专家学者先后对其开展了深入研究，并在磁流变液的研发、磁流变阻尼器的试验和力学模型、设置磁流变阻尼器结构的试验与数值仿真等方面取得了显著成果。

1.2.1 磁流变液简介

磁流变液由美国国家标准局 Rabinow 在 1948 年设计一种磁流体离合器时发明，它是一种同时具有感知和驱动功能的智能可控流体。其基本特征是：在外加磁场的作用下可以在毫秒级的瞬间由流动良好的牛顿流体转变成具有一定剪切屈服强度的半固体状物质，实现自由流动、黏滞流动和半固态的交替变化，并且这种变化连续、可逆、迅速、可控，这种微观变化在宏观上表现为材料剪切屈服强度的巨大变化。

磁流变液一般由磁导率、低磁滞性的微小铁磁性颗粒，非导磁性载液及添加剂三部分组成。铁磁性颗粒是一种顺磁性的球形微粒，球径 $0.5 \sim 10 \, \mu m$；载液要求有良好的湿度稳定性，良好的阻燃性且不易产生污染；添加剂的作用是确保磁流变液有良好的沉降稳定性和团聚稳定性。当无磁场作用时，磁性粒子自由分散在载液中，在空间上随机分布，如图 1-6（a）所示；当有磁场作用时，在流体中的粒子会发生极化效应形成偶极子，偶极子在磁场作用下相互吸引沿磁场方向形成呈纤维状的链状结构，如图 1-6（b）所示。一条极化链中，各相邻粒子间的吸引力随外加磁场强度增强而增加，当磁场继续加强，偶极子相互作用超过热运动，会呈现抗剪应力的固体特性。磁流变流体的黏度随磁场变化而变化，磁场越强，粒子间的联系越紧密，抗剪切能力越强。当磁场移去之后，磁流变液的软磁性颗粒又立即恢复到自由流动状态。当外加的剪切力低于其传递能力时，黏稠的磁流变液相当于韧性的固体，当外力超过其抗剪能力时，韧性则被破坏而出现屈服。这种特性被称为磁流变效应。

磁流变学在 20 世纪 80 年代以前一直处于停滞状态，直到 80 年代末期，由于电流变液的剪切屈服强度提高幅度不大以及电源电压过高等问题一直无法解决，人们才重新注意到与电流变液性能相近的磁流变液，随即开始了关于磁流变液的研究工作。较早在这方面取得进展的主要有白俄罗斯传热传质研究所的 Kordonsky（1994）领导的小组，随后美国 Lord 公司的 Carlson 等（1996）在磁流变液性能和应用方面取得较为突出的成就，该公司在国际上第一个推出了商用磁流变阻尼器，使人们进一步了解磁流变液的流变机理和性能。1994 年，美国福特汽车公司（Ginder et al.，1996）和 Delphi 汽车公司（Phule，2001）等均开发出了磁流变液相关产品。进入 21 世纪以后，Kumbhar 等（2015）以黏度、屈服应力、沉降稳定性等为衡量指标对应用于制动器的磁流变液的配比成分进行了研究。我国磁流变液及其技术研究开始于 20 世纪 90 年代，较早从事这方面研究的是复旦大学和中国科学技术大学，其后哈尔滨工业大学、西北工业大学、重庆大学、中国科学院物理研究所、重庆智能材料结构研究所、武汉理工大学等单位也在这一领域开展了研发工作。2016 年 1 月，我国首个磁流变液领域的机械行业标准（JB/T 12512—2015）正式实施，为我国磁流变液及其应用产品的标准化和商品化提供了依据。

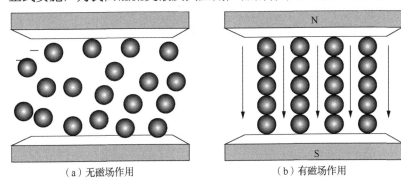

（a）无磁场作用　　　　　　　　　　（b）有磁场作用

图 1-6　磁流变液的流变机理

目前磁流变设备已被广泛应用于机械、航空、医疗、石油、土木等领域。其中，发展最快和应用前景最明朗的是用于汽车和土木工程结构的减振器或阻尼器。它利用磁流变液的流变性能，通过调整工作电流的强度，使磁流变液在短时间内（毫秒量级）由流体变为具有一定屈服应力的黏塑性体，其屈服应力也相应增大，从而达到调节阻尼参数的目的。但在实际的应用中，磁流变液自身的颗粒沉降和再分散问题尚未得到彻底解决，尽管学者们用各种各样的方法对磁流变液稳定性进行了改进，但是这并不能完全避免颗粒沉降的发生，而且过度追求提高磁流变液稳定性会降低磁流变材料的力学性能，因此在如何提高磁流变液稳定性的同时保持磁流变液优异的力学性能，还需要大量的研究工作。

1.2.2　磁流变阻尼器及其力学模型简介

1996 年，美国 Lord 公司研制了 SD-1000 型阀式磁流变阻尼器（Yang et al.，2002），如图 1-7 所示，该阻尼器长 215mm，钢套筒外径 38mm，行程±25mm，最大耗电功率小于 10W，最大阻尼力为 3kN。美国的 Spencer 等率先对 Lord 公司生产的这两种磁流变阻尼器进行了一系列的试验研究。

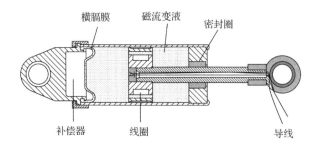

图 1-7　Lord 公司研制的 200kN 磁流变阻尼器

图 1-8 所示为日本 Sanwa Tekki 公司研制的最大阻尼力为 400kN 的旁通阀式磁流变阻尼器（Fujitani et al.，2003），该阻尼器在主钢筒外附加一个由 20 级线圈组成的阻尼通道，线圈最大电流 5A，最大耗电功率 500W，并且由于阻尼通道位于阻尼器下方，可在一定程度上减小因磁流变液沉降带来的不利影响。

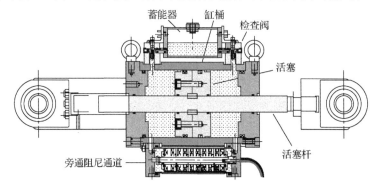

图 1-8　日本 400kN 的旁通阀式磁流变阻尼器

哈尔滨工业大学欧进萍等（1999）设计了一个剪切阀式磁流变阻尼器，该阻尼器钢套筒内径为 100mm，活塞轴径为 40mm，活塞有效长度为 40mm，最大耗能约为 20W。为了解决目前磁流变阻尼器对外部电源的依赖性，陈政清（2005）设计了一种永磁可调节式磁流变阻尼器，将永磁铁代替了电磁线圈的作用，不需要配备专门的供电系统,通过调整永磁体磁环的数量和磁力来调整阻尼力的大小，更加稳定可靠。纪金豹等（2004）通过在磁流变阻尼器内部加设永磁体，研制了具有失效自保护功能的磁流变阻尼器和逆变型磁流变阻尼器，正常情况下，阻尼器的阻尼力可由外部电流调节，在无电流或电路出现故障时，依靠阻尼器内置的永磁体也能产生正常工作的中心阻尼力，一方面具有失效自保护功效，另一方面也使励磁电流主要工作在零电流值附近，具有节约能源的功效。香港理工大学的 Or 等（2008）研制了一个嵌入压电传感器式磁流变阻尼器，该传感器可感知因结构振动引起的磁流变阻尼器振动幅值和频率的大小，并将该信号直接作为确定控制电流的依据，试验结果表明，该阻尼器控制简单、易实现、成本低且可靠性高，可用于拉索的振动控制。Xu 等（2013）等以最大阻尼力和可调系数为设计目标设计制作了一个 5 级剪切阀式磁流变阻尼器，并对该阻尼器在不同电流、位移幅值和激励频率下进行了试验研究，结果表明该阻尼器的阻尼力接近 200kN、可调系数为 18。为了抑制武汉天兴洲长江大桥主梁和桥塔因列车制动引起的纵向振动响应，瞿伟廉等（2007）研制出目前世界上最大吨位的磁流变阻尼器，试验测得的阻尼力高达 537kN。孙清等（2007）设计了一种双出杆流动式磁流变阻尼器，并对阻尼器在不同电流和不同频率下进行了试验研究。杜修力等（2006）采用将永久磁场和电流磁场结合起来从而实现阻尼器逆向控制的方法，设计制作了逆变型双出杆剪切阀式磁流变阻尼器，并对该阻尼器在高频（10～50Hz）下进行了试验研究。为了增加自复位混凝土剪力墙和柱的耗能性能，张香成（2020）分别制作了剪切阀式磁流变阻尼器和旋转剪切式磁流变阻尼器，并在拟静力作用下进行了试验研究。

　　为了对磁流变阻尼器进行半主动控制，建立简单精确的力学模型是设计控制器、实现理想减振效果的关键因素之一，同时也是使设置磁流变阻尼器有控结构仿真分析具有较高可信度的有力保障。磁流变阻尼器工作过程涵盖"磁、流、固、机"等多种物理场作用，除受磁场强度影响外，还受磁场分布、活塞结构和各组件材料等因素的影响。此外，磁流变阻尼器的阻尼力受温度、内部压强、黏度特性和磁-流-固界面耦合作用的影响较大。因此，目前还没有公认的磁流变阻尼器力学计算模型，大多是基于特定的磁流变阻尼器利用试验得到的数据，采用一定的建模及优化方法获得磁流变阻尼器力学模型，主要包括：Bingham 模型（Stanway et al.，1987）、Herschel-Bulkley 模型（Hershcel et al.，1926）、非线性滞回双黏性模型（Pang et al.，1998）、Bingham 黏-弹塑性模型（Gamota et al.，1991）、Bouc-Wen 模型（Wen et al.，1976）、Spencer 现象模型（Spencer et al.，1997）、非线性滞回模型（翁建生等，2000）、Sigmoid 模型（徐赵东等，2003）、双 Sigmoid 模型（李秀领等，2006）、带质量元素的温度唯象模型（徐赵东等，2003）、神经网络模型（廖昌荣等，2003）、非线性参数模型（禹见达等，2007）、磁饱和力学模型（Xu et al.，2012）、米氏模型（张香成等，2013）等。

1.2.3　设置磁流变阻尼器结构的建模仿真

　　对设置磁流变阻尼器的建筑结构进行建模仿真分析是检验阻尼器控制效果或验证半主动控制算法优劣的一种经济有效的手段。由于磁流变阻尼器的力学特性复杂且半主动控制算法多样，要想在一般通用软件如 ANSYS、ABAQUS 中对设置磁流变阻尼器的结构进行建模非常困难。现有的研究多采用编程的方式对设置磁流变阻尼器的建筑结构进行建模仿真分析，设置磁流变阻尼器结构的模型主要包括：弹性层模型（Tsang et al.，2006；周云等，2002）、弹塑性层模型（徐赵东等，2004）、弹性平面杆系模型（沙凌锋等，2008）、弹塑性平面杆系模型（Zhang et al.，2012）和弹性空间模型（张香成等，2017）。

（1）弹性层模型

在建立设置磁流变阻尼器建筑结构的弹性层模型时，首先将每层楼面或屋面作为一个质点，而楼面与屋面或楼面之间的墙、柱的质量及荷载则分别向上、下分配到楼面或屋面的质点处，结构每层的刚度为各层抗侧力构件的侧向刚度之和，然后计算结构的整体刚度矩阵和质量矩阵，随后对磁流变阻尼器和控制算法分别编程，并通过有控结构的运动微分方程将阻尼器、控制算法与结构进行耦合，最后选用合适的方法求解有控结构的运动微分方程。基于层模型的磁流变阻尼器有控结构的弹性动力时程分析程序易于编制、自由度较少、计算速度快、计算结果稳定可靠，因此在动力时程分析中得到了较多的应用；其缺点是不能考虑横向构件的内力和变形，并且不能考虑地震过程中结构因杆件开裂、屈服引起的刚度退化现象。

（2）弹塑性层模型

设置磁流变阻尼器建筑结构的弹塑性层模型与其弹性层模型的建模过程相同，但在求解设置磁流变阻尼器结构的运动微分方程时，弹性模型不考虑结构刚度的变化，而弹塑性模型在结构变形的每一时刻都要根据恢复力模型判断结构每层柱的弹塑性状态，重新计算每层柱的弹塑性刚度并集成总体刚度矩阵，这样不断迭代计算，直至输入地震波全部算完为止。设置磁流变阻尼器建筑结构的弹塑性层模型考虑了地震过程中结构因杆件开裂、屈服引起的刚度退化现象，因而在大震作用下比弹性动力时程分析的计算结果更加精确；但它忽略了横向构件刚度的变化，并且不能描述结构各杆件开裂、屈服位置以及逐杆破坏的程度与过程。此外，基于层模型有控结构的弹塑性动力时程分析程序不易编制，计算耗时也较长。

（3）弹性平面杆系模型

在建立设置磁流变阻尼器建筑结构的弹性平面杆系模型时，首先将杆件作为结构的基本单元，梁、柱均简化为杆件，结构整体的刚度矩阵由各杆件的单元刚度矩阵装配而成，然后对磁流变阻尼器和控制算法分别编程，并通过有控结构的运动微分方程将阻尼器、控制算法与结构进行耦合，最后对微分方程进行求解。杆系模型不再把楼层看成刚体并考虑了楼层的横梁变形，从而可以更好地模拟复杂的平面和立面结构。杆系模型能明确各杆件在每一时刻的受力和变形；但设置磁流变阻尼器建筑结构的弹性平面杆系模型编程烦琐、自由度相对较多、计算耗时，并且不能考虑地震过程中结构因杆件开裂、屈服而引起的刚度退化现象，因而应用较少，也不能反映磁流变阻尼器对建筑结构的多维减震控制和扭转震动控制效果。

（4）弹塑性平面杆系模型

设置磁流变阻尼器建筑结构的弹塑性平面杆系模型与其弹性平面杆系模型的建模过程相同，但在求解设置磁流变阻尼器结构的运动微分方程时，弹塑性平面杆系模型在结构变形的每一时刻都要根据杆件恢复力模型判断结构梁、柱杆件的弹塑性状态，重新计算单根杆件的弹塑性刚度并集成总体刚度矩阵，这样不断迭代计算，直至输入地震波全部算完为止。设置磁流变阻尼器建筑结构的弹塑性平面杆系模型考虑了地震过程中结构因梁、柱杆件开裂、屈服引起的刚度退化现象，并能计算结构各杆件开裂、屈服位置以及逐杆破坏的程度与过程，因而在大震作用下的计算结果更加精确；但设置磁流变阻尼器建筑结构的弹塑性平面杆系模型程序不易编制，计算耗时也较长，也不能反映磁流变阻尼器对建筑结构的多维减震控制和扭转震动控制效果。

（5）弹性空间模型

设置磁流变阻尼器建筑结构的弹性空间模型与其弹性平面杆系模型的建模过程、求解方法、半主动控制算法、总体矩阵集成、程序编制等均大体相同，弹性空间模型中梁、柱杆件的单元刚度矩阵和单元质量矩阵为三维矩阵，而弹性平面杆系模型中梁、柱杆件的单元刚度矩阵和单元质量矩阵为二维矩阵。设置磁流变阻尼器建筑结构的弹性空间模型能计算磁流变阻尼器对建筑结构的多维减震控制和扭转震动控制效果，但设置磁流变阻尼器建筑结构的弹性空间模型程序编制相对比较复杂。

1.2.4　磁流变阻尼器在土木工程中的应用

2001 年，中南大学与香港理工大学将美国 Lord 公司生产的 SD-1005 型磁流变阻尼器用于减小岳阳洞庭湖大桥斜拉索在风雨激励下的振动响应（Ni et al.，2002），如图 1-9 所示。

图 1-9　洞庭湖大桥安装的磁流变阻尼器

2001 年，日本东京国家新兴科技博物馆（Nihon Kagaku Miraikan）的第三层和第五层之间设置了两个最大阻尼力为 300kN 的磁流变阻尼器，用于减小结构在地震作用下的反应（欧进萍等，2003），如图 1-10 所示。

图 1-10　日本东京国家新兴科技博物馆安装的磁流变阻尼器

2003 年，Sanwa Tekki 公司研制开发了最大阻尼力为 400kN 的磁流变阻尼器，并将该阻尼器用于日本 Keio 大学的一栋隔震居住建筑（Fujitani et al.，2003），如图 1-11 所示。

图 1-11　日本 Keio 大学某建筑中的磁流变隔震装置

2004 年，位于荷兰坎彭（Kampen）地区的 Eiland 斜拉桥上安装了磁流变阻尼器（Weber et al.，2005），用于控制拉索的震动，磁流变阻尼器的阻尼力范围为 2～15kN，如图 1-12 所示。

2008 年，我国苏通大桥的斜拉索上安装了多个磁流变阻尼器（Weber et al.，2015），有效减小了拉索的振动响应，如图 1-13 所示。

2012 年，位于俄罗斯符拉迪沃斯托克（Vladivostok）的俄罗斯岛大桥（Russky Island Bridge）上安装了磁流变阻尼器（Weber et al.，2015），磁流变阻尼器安装在 17～21 号拉索上，如图 1-14 所示。

图 1-12　荷兰 Eiland 斜拉桥上安装的磁流变阻尼器

图 1-13　苏通大桥上安装的磁流变阻尼器

图 1-14　俄罗斯岛大桥上安装的磁流变阻尼器

　　此外，2003～2004 年，欧进萍（2003）将自行研制的磁流变阻尼器分别用于山东滨州黄河大桥、宁波招宝山大桥和渤海采油平台中。2005 年，湖南大学陈政清（2005）将自主研发的永磁调节式磁流变阻尼器分别用于长沙浏阳河大桥和洪山庙大桥，有效减小了拉索的振动。

第2章 磁流变液的制备与性能表征

2.1 磁流变液的组成与工作模式

2.1.1 磁流变液的组成

磁流变液是一种多相体系，由载液、磁性颗粒、添加剂三部分组成。

（1）载液

载液的作用是将磁性颗粒均匀地分散于磁流变液中，确保在磁场作用下载液和磁性固体颗粒所形成的两相悬浮液体的整体行为，使其在零磁场时，磁流变液仍保持牛顿流体的特性；而在外加磁场作用下，磁流变液呈 Bingham 流体的特性，磁性颗粒能在载液中形成链化结构，产生抗剪屈服应力。磁流变液的载液一般是非导磁且性能良好的油，如甲基硅油、石油基油、矿物油、聚酯、聚醚、合成烃油等（Winslow et al.，2000），它们需具有较低的零磁场黏度、较大范围的温度稳定性、不污染环境等特性。

（2）磁性颗粒

磁性颗粒是磁流变液的核心组成部分，在外界磁场的作用下，磁性颗粒被极化，相互之间产生作用力，是使磁流变液产生磁流变效应的核心所在，因此磁性颗粒的磁性能对磁流变液的力学性能起着决定性的作用。磁流变液所需的磁性颗粒应该具备以下几种优良的性质：①磁性颗粒具备较高的磁化饱和强度和较低的剩磁。较高的磁化饱和强度可以使颗粒在磁化饱和时相互之间的作用力更大，磁流变液的磁流变效应也会更大。较低的剩磁可以使磁性颗粒在外界磁场撤去时，恢复到原有的无磁性状态，磁性颗粒之间的相互作用力可以忽略，防止磁性颗粒在无外界磁场时的团聚，使磁流变液在不施加外界磁场时具有更好的流动性。②磁性颗粒与载液的密度差不宜过大。颗粒与载液之间过大的密度差会导致磁性颗粒在载液中的沉降速度过快，大大限制了磁流变液的应用。③磁性颗粒的粒径形状和大小适当。通常为 $0.5 \sim 10\,\mu m$ 的球形颗粒，如果粒径太小，会直接导致磁性颗粒的饱和磁化强度降低，进而导致磁流变效应过低；并且颗粒较小的时候，容易发生团聚现象；如果粒径过大，虽然会使颗粒具有较高的磁化饱和强度，但是也会导致严重的沉降问题。④磁性颗粒的稳定性好。比如具有较强的抗氧化性、抗磨损性，保证磁流变液的性能稳定性和寿命。⑤磁性颗粒无毒、对接触材料无腐蚀性，耐磨性好，保障磁流变液的安全性。

（3）添加剂

为了提高磁流变液中颗粒之间的润滑性能、抗沉降性能和抗团聚性能，在磁流变液中需要加入各种类型的添加剂，通常为触变剂和表面活性剂，如胶质、硅胶、硬脂酸盐和羧酸等来增强其抗沉降性能。在磁流变液不工作的时候，触变剂可以形成网络状结构来阻止或者减缓磁性颗粒的沉降；在磁流变液工作的时候，非常低的剪切应力便可以使触变剂的网络结构瓦解，从而保证样品具有较低的黏度。在硬脂酸盐与矿物油或合成酯形成的体系中，硬脂酸可以形成一个含有肿胀分子链的网络结构从而使固体颗粒包覆其中并起到一定的固定作用。极细的碳纤维也可用作此用途，其通过物理缠绕作用增强体系黏度（de Gans et al.，2000）。

2.1.2　磁流变液的工作模式

磁流变液的工作模式分为流动模式、剪切模式、挤压模式和 magnetic gradient pinch 模式四种，如图 2-1 所示。

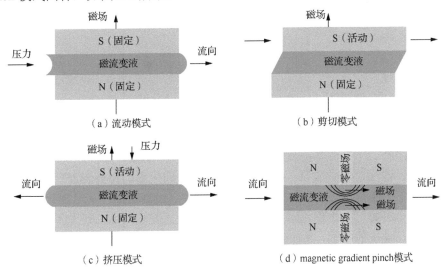

图 2-1　磁流变液的工作模式

（1）流动模式

如图 2-1（a）所示，两个平行的工作极板固定不动，其工作间隙左、右两端存在压力差，磁流变液在工作压力差的作用下从极板中间通过。外加磁场垂直作用于极板，可以通过调节磁场大小来改变磁流变液中磁性颗粒之间的相互作用力，进而改变样品的黏度，从而控制通道两端压力差的大小，最终实现改变阻尼力的目的。流动模式常用于伺服控制阀、阻尼器和减震器等。

（2）剪切模式

如图 2-1（b）所示，两平行工作极板存在相对运动，且其中一个极板固定。磁流变液在运动极板的带动下产生速度梯度，从而产生剪切形变，在外加磁场的作用下，磁流变液会阻碍活动极板的运动。外加磁场垂直作用于极板，通过调节磁场大小来改变磁流变液的黏度，最终实现改变阻尼力的目的。剪切式常用于离合器、制动器、锁紧装置和阻尼器等器件。

（3）挤压模式

如图 2-1（c）所示，外加磁场垂直作用于两平行工作极板，同时两个工作极板沿着磁场方向相对运动，从而对磁流变液进行挤压。通过调节外加磁场大小，进而改变磁流变液的黏度与模量，从而得到可控作用力。挤压式可用于制作小位移、大阻尼力的磁流变阻尼器。

（4）magnetic gradient pinch 模式

如图 2-1（d）所示，magnetic gradient pinch 模式与流动模式比较类似，主要区别在于该模式下其外加磁场设计上与流动模式有较大不同。在 magnetic gradient pinch 模式下，每块极板被隔磁材料隔开，从而使磁极沿着磁流变液流动路径轴向布置，而形成一种椭圆形磁路曲线。这种特别的磁路能够使磁流变液沿流动方向上压力-速度关系斜率呈现梯度变化。

2.2　磁流变液的制备

2.2.1　磁流变液的组分配比

本书中所采用的磁流变液为自行制备，原料包括：羰基铁粉（Carbonyl iron powder，CIP）、十二烷基硫酸钠（sodium dodecyl sulfate，SDS）、液体石蜡、皂土、石墨、硅油、硬脂酸等。制备仪器包括：不同尺寸的烧杯若干、玻璃搅拌棒若干、真空干燥箱、行星球磨机、机械搅拌装置、水浴锅等。采用 SDS、硬脂酸、石墨、液体石蜡、皂土作为添加剂制备了一批磁流变液样品，研究不同因素对磁流变液样品性能的影响，共计制备了 56 个样品，每种磁流变液样品中各种物质的含量见表 2-1～表 2-3。

表 2-1　添加剂为 SDS 时，不同 CIP 含量的样品中各物质的质量分数

（单位：%）

CIP	样品编号	SDS	硅油	石蜡	皂土	石墨
40	MRF1	2	54	2	1	1
	MRF2	3	53	2	1	1
	MRF3	4	52	2	1	1
	MRF4	5	51	2	1	1
50	MRF5	2	44	2	1	1
	MRF6	3	43	2	1	1
	MRF7	4	42	2	1	1
	MRF8	5	41	2	1	1

续表

CIP	样品编号	SDS	硅油	石蜡	皂土	石墨
	MRF9	2	34	2	1	1
60	MRF10	3	33	2	1	1
	MRF11	4	32	2	1	1
	MRF12	5	31	2	1	1
	MRF13	2	24	2	1	1
70	MRF14	3	23	2	1	1
	MRF15	4	22	2	1	1
	MRF16	5	21	2	1	1
	MRF17	2	14	2	1	1
80	MRF18	3	13	2	1	1
	MRF19	4	12	2	1	1
	MRF20	5	11	2	1	1

表 2-2　添加剂为硬脂酸时，不同 CIP 含量的样品中各物质的质量分数

（单位：%）

CIP	样品编号	硬脂酸	硅油	石蜡	皂土	石墨
	MRF21	2	54	2	1	1
40	MRF22	3	53	2	1	1
	MRF23	4	52	2	1	1
	MRF24	5	51	2	1	1
	MRF25	2	44	2	1	1
50	MRF26	3	43	2	1	1
	MRF27	4	42	2	1	1
	MRF28	5	41	2	1	1
	MRF29	2	34	2	1	1
60	MRF30	3	33	2	1	1
	MRF31	4	32	2	1	1
	MRF32	5	31	2	1	1
	MRF33	2	24	2	1	1
70	MRF34	3	23	2	1	1
	MRF35	4	22	2	1	1
	MRF36	5	21	2	1	1
	MRF37	2	14	2	1	1
80	MRF38	3	13	2	1	1
	MRF39	4	12	2	1	1
	MRF40	5	11	2	1	1

表 2-3　添加剂为 SDS 和硬脂酸时，不同 CIP 含量的样品中各物质的质量分数

（单位：%）

CIP	样品编号	SDS	硬脂酸	硅油	石蜡	皂土	石墨
40	MRF41	0.5	0.5	55.0	2	1	1
	MRF42	0.6	0.6	54.8	2	1	1
	MRF43	0.7	0.7	54.6	2	1	1
	MRF44	0.8	0.8	54.4	2	1	1
50	MRF45	0.5	0.5	45.0	2	1	1
	MRF46	0.6	0.6	44.8	2	1	1
	MRF47	0.7	0.7	44.6	2	1	1
	MRF48	0.8	0.8	44.4	2	1	1
60	MRF49	0.5	0.5	35.0	2	1	1
	MRF50	0.6	0.6	34.8	2	1	1
	MRF51	0.7	0.7	34.6	2	1	1
	MRF52	0.8	0.8	34.4	2	1	1
70	MRF53	0.5	0.5	25.0	2	1	1
	MRF54	0.6	0.6	24.8	2	1	1
	MRF55	0.7	0.7	24.6	2	1	1
	MRF56	0.8	0.8	24.4	2	1	1

其中通过对比第一组样品的性能，可以得到 SDS 的含量对磁流变液性能的影响规律；通过对比第二组样品的性能，可以获得硬脂酸的含量对磁流变液性能的影响规律；通过对比第三组样品的性能，可以获得 SDS 和硬脂酸混合物含量对磁流变液性能的影响规律。其中，在制备第三组样品的过程中，发现在样品中添加 CIP 质量分数为 80%时，样品流动性太差，已经丧失了磁流变液最基本的流动性。

2.2.2　磁流变液的制备工艺

三组样品的制备步骤完全一样，具体制备步骤如下。

1）将 CIP 与 SDS（第二组样品为硬脂酸，第三组样品为 SDS 与硬脂酸的混合物）按照设计好的比例混合，放入烧杯，加入适量无水乙醇，用玻璃棒搅拌均匀，然后将盛有混合物的烧杯放入温度为 80℃的水浴锅中，水浴过程中一直用机械搅拌器搅拌，保证 SDS 完全溶解并与 CIP 混合均匀，直至无水乙醇完全蒸发。

2）将 SDS 与 CIP 的混合物用研钵研磨均匀，然后按照设计好的比例加入液体石蜡、皂土、石墨、硅油，在 80℃的恒温水浴锅中，用机械搅拌器持续搅拌 30min。

3）将搅拌后的混合物放入行星球磨机中研磨 12h。

4）待研磨完成后，将样品转移至样品瓶中供后续测试使用。

2.3　磁流变液的性能表征

在实际的工程应用中，人们比较关注的是磁流变液的沉降性能和力学性能。沉降性能直接关系着磁流变液的使用寿命和应用范围，优良的抗沉降性可以为磁流变液带来广阔的应用范围，如果磁流变液太容易沉降，会导致磁流变液不能应用或者应用效果不理想，因此沉降性能是研究磁流变液必须重视的性能。磁流变液的力学性能主要包括磁流变液的剪切屈服强度、黏度、剪切应力等，力学性能良好的磁流变液一般具有较高的剪切屈服强度、较低的黏度、剪切应力随着外界磁感应强度和剪切速率的变化而稳定变化等性能。磁流变液的最大剪切应力与磁流变阻尼器的最大输出力息息相关，因此大多数研究者在研究如何提高磁流变液的稳定性的同时，也研究如何提高磁流变液的剪切屈服强度和最大剪切应力。磁流变液的黏度与磁流变液的应用普适性相关，黏度越低，磁流变阻尼器的可调范围也越大。磁流变液的剪切应力随着外界磁感应强度和剪切速率变化的平稳性，则与磁流变阻尼器的控制性能相关，平稳性越好，磁流变阻尼器控制性能也越容易实现，效果也越好。

2.3.1　磁流变液的沉降性能

磁流变液的沉降性能对于磁流变液的应用非常重要，如果磁流变液具有良好的沉降性能，可以大大扩宽磁流变液的应用范围，本书中主要讨论了添加剂含量和种类对于磁流变液沉降性能的影响。测试磁流变液沉降性能的试验方法是将样品装入 10mL 的小量筒，初始时刻磁流变液的液面与量筒的 10mL 刻度平齐，然后定期观察上层清液底部的刻度，沉降率定义为上层清液底部的刻度与初始刻度（10mL）的比值，沉降率越大，抗沉降性越好。前 7d 每隔 12h 记录一次，8～15d 每 24h 记录一次，15d 以后每 3d 记录一次，直到上层清液的刻度不再随时间变化为止。

（1）SDS 对磁流变液沉降稳定性的影响

SDS 对磁流变液沉降稳定性影响的试验结果如图 2-2 所示，图中（a）～（c）分别对应 CIP 质量分数为 40%、50% 和 60% 的样品。图中可以看出，对于 CIP 质量分数为 40% 的样品，当 SDS 含量为 3g 时，样品的抗沉降性最好；而对于 CIP 质量分数为 50% 和 60% 的样品，随着 SDS 含量的增加，样品的抗沉降性增加。对于 SDS 含量为 5g，CIP 质量分数为 60% 的样品，沉降率可以稳定在 90% 左右。

（2）硬脂酸对磁流变液沉降稳定性的影响

添加剂为硬脂酸时对样品沉降性能影响的试验结果如图 2-3 所示，图中（a）～（c）分别对应 CIP 质量分数为 40%、50% 和 60% 的样品。图中可以看出，随着硬脂酸含量的增加，样品的抗沉降性都出现先增加后下降的现象，当硬脂酸添加量为 4g 时，样品的抗沉降性能最好。随着 CIP 质量分数的增加，样品的抗沉降性能变好，当 CIP 质量分数为 60%，硬脂酸含量为 4g 时，样品的沉降率稳定在 90% 左右。

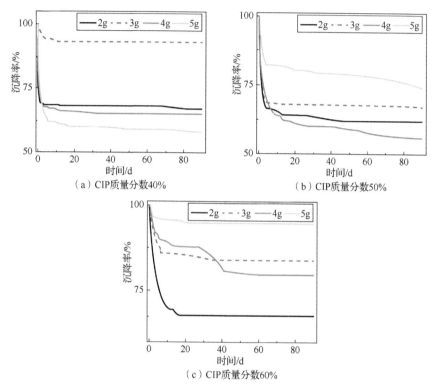

（a）CIP质量分数40%　　（b）CIP质量分数50%

（c）CIP质量分数60%

图 2-2　添加剂为 SDS，不同样品的沉降性试验结果

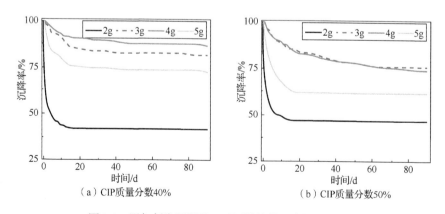

（a）CIP质量分数40%　　（b）CIP质量分数50%

图 2-3　添加剂为硬脂酸，不同样品的沉降性试验结果

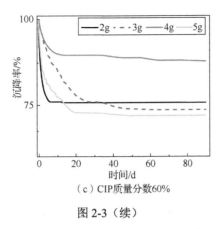

（c）CIP质量分数60%

图 2-3（续）

（3）同时添加 SDS 和硬脂酸时对磁流变液沉降稳定性的影响

添加剂同时为 SDS 和硬脂酸时对样品的沉降性能影响的试验结果如图 2-4 所示，图中（a）～（c）分别对应 CIP 质量分数为 40%、50% 和 60% 的样品。图中可以看出，随着样品中 CIP 质量分数的增加，样品的抗沉降性迅速增加，当 CIP 质量分数为 60%，SDS 和硬脂酸含量为 0.6g+0.6g 和 0.8g+0.8g 时，样品的沉降率非常接近 100%，即样品基本不发生沉降。

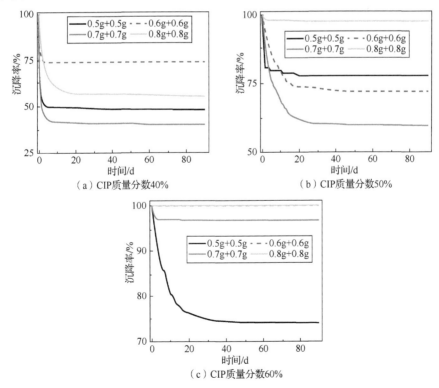

（a）CIP质量分数40%　　　　　　　　（b）CIP质量分数50%

（c）CIP质量分数60%

图 2-4　添加剂为 SDS 和硬脂酸，不同样品的沉降性试验结果

　　综合上述分析，可以发现，增加样品中 CIP 的质量分数可以有效地提高样品的抗沉降性；但是盲目地增加添加剂的含量，对于样品沉降性的提高并没有正相关的效果，CIP 与添加剂的最佳比例还需要进一步的分析和试验验证；当 SDS 和硬脂酸混合作为添加剂时，效果要优于单独添加两种添加剂，这是因为 SDS 和硬脂酸会发生协同作用，由于极性的作用，会大大提高 CIP 的表面积与表面性质，从而达到提高样品抗沉降性的目的。

2.3.2　磁流变液的力学性能

　　磁流变液在磁场作用下在液态和类固态之间的转变程度的强弱，可以通过测试样品的剪切应力和表观黏度随着外界剪切速率和外界磁场的变化来反映。磁流变液的剪切应力和表观黏度受外界磁场、剪切速率、样品中磁性颗粒浓度、基体液黏度等多种因素的影响，因此需要借助专门的仪器来测量。利用附加磁场附件的商用流变仪是测量磁流变液剪切应力和表观黏度与外界磁场、剪切速率、样品中磁性颗粒浓度、基体液黏度等之间关系的主要手段。本书中关于磁流变液的性能测试的仪器选择使用的是 Anton Paar 公司的 Physica MCR301 型流变仪，其测试原理如图 2-5 所示，流变仪通过空气马达控制转子的剪切速率，连接在空气马达和转子之间的扭矩传感器采集转子受到的扭矩，根据传感器感知的扭矩，通过标定好的换算关系得到转子承受的剪切应力；测试时可以通过控制转子的转速来调整磁流变液样品受到的剪切速率；转子的另外一端与磁流变液的样品相连，样品台下面设置线圈和温度控制系统，可以通过控制线圈中电流的大小来控制施加在磁流变液样品上的磁场大小；温度控制系统一方面可以保证测试过程中样品所处的温度一致，排除温度对样品性能的影响，另一方面对于温度敏感的样品，还可以专门用来研究温度对样品性能的影响。本书中主要介绍了外界磁感应强度、剪切速率、铁颗粒浓度、添加剂种类及含量等参数对磁流变液力学性能的影响。

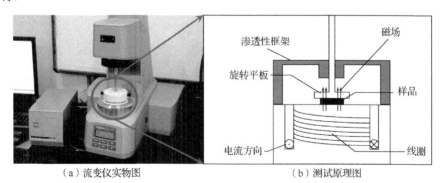

　　（a）流变仪实物图　　　　　　　　　（b）测试原理图

图 2-5　Physica MCR301 型流变仪

　　磁流变液的作用原理是样品中的 CIP 在外界磁场的作用下被磁化，被磁化之后的 CIP 之间产生相互作用力，使磁流变液对外宏观表现出黏度或者剪切应力迅速增加。对比分析不同 CIP 质量分数的条件下，磁流变液力学性能随着外界磁场的变化情况，结果如图 2-6～图 2-8 所示。从图中可以看出，随着 CIP 质量分数的增加，磁流变液剪切应力的饱和值和剪切应力随着磁感应强度的增加速率都增加，这是因为在铁粉质量分数较大的样品中，单位体积内铁粉颗粒含量高，随着磁感应强度的增加，能够更加迅速地相互靠近形成颗粒链或者颗粒簇，从而对外界表现出剪切应力增加速率快。磁流变液剪切应力达到饱和值时的外界磁感应强度值并不随着铁粉质量分数的变化而变化，这是因为磁流变液剪切应力的饱和值，取决于样品中 CIP 的磁化饱和值，而铁粉的磁化饱和值并不会因为 CIP 的含量变化而变化，因此这就导致了磁流变液剪切应力达到饱和值时的外界磁感应强度与 CIP 的含量无关。铁粉质量分数越高，单位体积内的铁颗粒数目就越多，当在外界磁场作用下发挥作用时，对外表现的整体作用力也就越大，因此磁流变液的屈服应力随着铁粉质量分数的增加而增加，与添加剂的种类与含量无关。

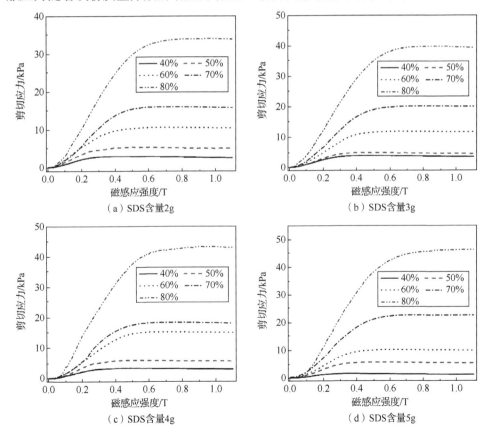

图 2-6　SDS 作为添加剂时，不同 CIP 含量下磁流变液剪切应力随着外界磁感应强度的变化曲线

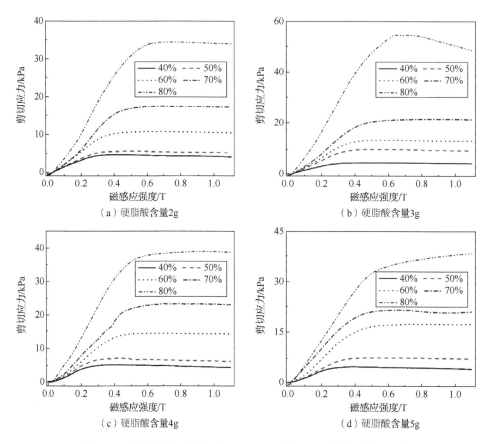

（a）硬脂酸含量2g　　　　　　（b）硬脂酸含量3g

（c）硬脂酸含量4g　　　　　　（d）硬脂酸含量5g

图 2-7　硬脂酸作为添加剂时，不同 CIP 含量下磁流变液剪切应力
随着外界磁感应强度的变化曲线

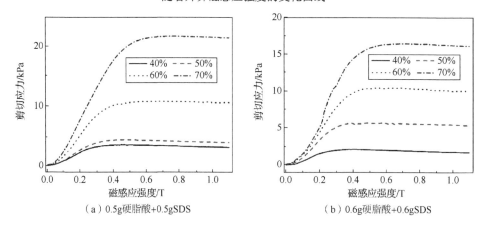

（a）0.5g硬脂酸+0.5gSDS　　　　　　（b）0.6g硬脂酸+0.6gSDS

图 2-8　硬脂酸和 SDS 混合作为添加剂，不同 CIP 含量下磁流变液剪切应力
随着外界磁感应强度的变化曲线

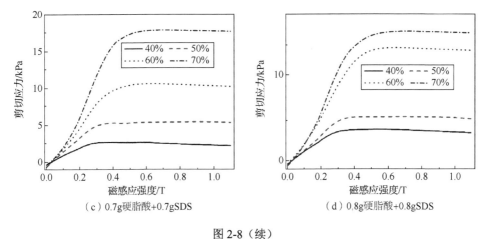

（c）0.7g硬脂酸+0.7gSDS　　　　　　（d）0.8g硬脂酸+0.8gSDS

图 2-8（续）

　　SDS 和硬脂酸常作为磁流变液的添加剂，用来增加磁流变液的稳定性，因此在研究 SDS 和硬脂酸对磁流变液稳定性的影响之前，首先对 SDS、硬脂酸及它们混合共同作用时对磁流变液力学性能的影响开展讨论。

　　（1）SDS 含量对磁流变液力学性能的影响

　　SDS 含量对磁流变液力学性能的影响如图 2-9 所示，图中（a）～（e）分别展示了 CIP 质量分数为 40%、50%、60%、70%和 80%的样品的剪切应力随着外界磁场改变的变化情况；图 2-9 中（f）展示了 CIP 质量分数为 40%、50%、60%、70%和 80%的样品的最大剪切应力与 SDS 含量之间的关系。从（a）～（e）可以看出，对于某一个特定的样品，磁流变液的剪切应力随着磁场增加都呈现出先增加后饱和的现象，并且磁化饱和时的磁感应强度都在 0.4T 左右，与磁流变液中 SDS 含量无关。这是因为对于某一特定的样品，样品内部各种成分的含量已经确定，而磁流变液的剪切应力主要与其内部的磁性颗粒含量和外界磁感应强度有关，所以对于所有的样品，剪切应力与磁感应强度的变化关系一致。从图中（f）可以看出，对于不同 CIP 质量分数的样品，最大剪切应力的变化趋势随着 SDS 含量的增加却出现了不一致的情况，对于 CIP 质量分数为 40%的样品，当 SDS 含量为 3g 时，磁流变液的剪切应力达到最大值；对于 CIP 质量分数为 50%和 60%的样品，当 SDS 含量为 4g 时，磁流变液的剪切应力达到最大值；而对于 CIP 质量分数为 70%和 80%的样品，当 SDS 含量为 5g 时，磁流变液的剪切应力达到最大值。出现这种现象是因为 SDS 对于磁流变液力学性能的影响是两方面的，一方面 SDS 可以附着在 CIP 表面，增加磁性颗粒之间发生相对移动时的相互作用力，对磁流变液剪切应力的增加起到促进的作用；另一方面，附着在 CIP 表面会增加磁性颗粒之间的距离，磁性颗粒之间的相互作用力随着间距的增加会迅速地减小，因此当 SDS 含量相对于 CIP 含量过多时，反而会降低磁流变液的最大剪切应力。

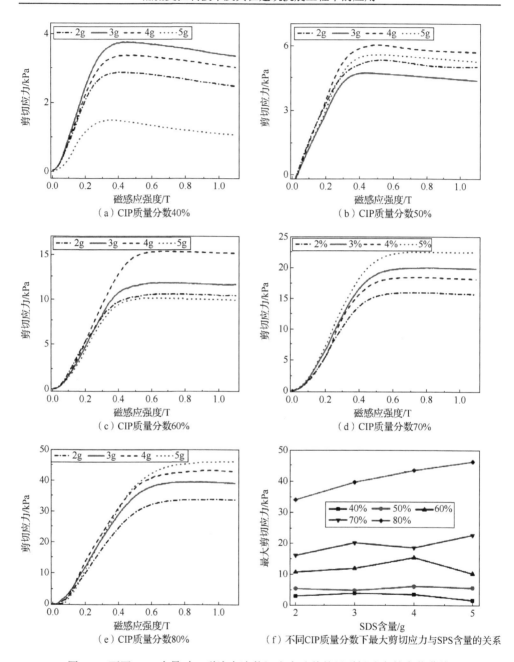

图 2-9　不同 SDS 含量时，磁流变液剪切应力随着外界磁场改变的变化曲线

（2）硬脂酸含量对磁流变液力学性能的影响

硬脂酸含量对磁流变液力学性能的影响如图 2-10 所示，图中（a）～（e）分别展示了 CIP 质量分数为 40%、50%、60%、70% 和 80% 的样品的剪切应力随着外界磁场改变的变化情况；图 2-10 中（f）展示了 CIP 质量分数为 40%、50%、

60%、70%和80%的样品的最大剪切应力与硬脂酸含量之间的关系。从图2-10中（a）～（e）可以看出，对于某一质量分数的样品，磁流变液的剪切应力随着磁感应强度的增加都出现先增加后饱和的现象，并且饱和时的磁感应强度都是0.4T左右，与硬脂酸的含量无关，出现这种现象的原因与添加剂为SDS的样品一致，因为磁流变液的剪切应力主要由CIP之间的作用力提供。从图2-10中（f）可以看出，不同质量分数的磁流变液样品的最大剪切应力随着硬脂酸含量的增加，变化情况比添加剂为SDS的样品更为复杂，这是因为硬脂酸与SDS在磁流变液中的分散方式不同，SDS是完全溶解分散在磁流变液中，在磁流变液中和与CIP表面接触都很均匀，因此磁流变液样品的最大屈服应力随着SDS含量变化的变化规律比较简单。但是硬脂酸是通过加热溶解在液态的硅油中并在降温过程中黏附在CIP表面，当磁流变液温度降到室温之后，硬脂酸会固化，但是固化过程中硬脂酸的分布比较随机，不能保证固化之后还会均匀地分散在硅油中或者均匀地覆盖在CIP表面，这就导致了磁流变液最大剪切应力随着硬脂酸含量增加的变化比较复杂。

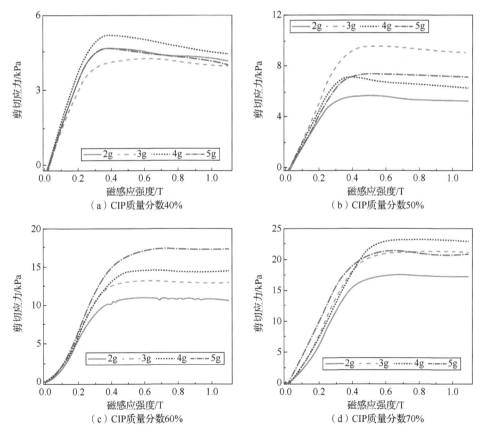

（a）CIP质量分数40%　　　　　　（b）CIP质量分数50%

（c）CIP质量分数60%　　　　　　（d）CIP质量分数70%

图 2-10　不同硬脂酸含量，磁流变液剪切应力随着外界磁场改变的变化曲线

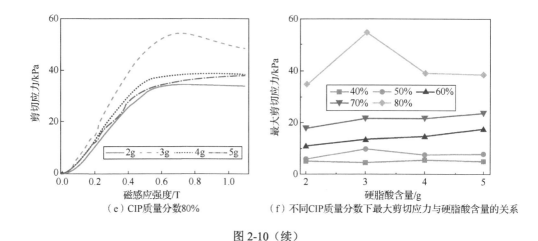

（e）CIP质量分数80%　　　　　（f）不同CIP质量分数下最大剪切应力与硬脂酸含量的关系

图 2-10（续）

（3）同时添加 SDS 和硬脂酸时对磁流变液样品力学性能的影响

同时添加 SDS 和硬脂酸时对磁流变液样品力学性能的影响如图 2-11 所示，图中（a）～（d）展示了 CIP 质量分数为 40%、50%、60% 和 70% 的样品的剪切应力随着外界磁场改变的变化情况；图 2-11 中（e）展示了 CIP 质量分数为 40%、50%、60% 和 70% 的样品的最大剪切应力与 SDS 和硬脂酸含量之间的关系。对于某一 CIP 含量的样品，磁流变液的剪切应力随着外界磁感应强度的增加的变化趋势与只含 SDS 或者只含硬脂酸的样品变化趋势一致，原因也一致，在这里就不做过多的解释。从图 2-11 中（e）可以看出，样品最大剪切应力与 SDS 和硬脂酸含量的变化趋势与 CIP 的含量有关，当 CIP 含量较低时，样品的最大剪切应力随着 SDS 和硬脂酸的含量增加略微有增加的趋势。当样品中 CIP 质量分数为 70% 的时候，样品的最大剪切应力随着 SDS 和硬脂酸含量的增加出现下降的现象。之所以会出现这种现象，是因为 SDS 和硬脂酸在样品中会发生协同作用，而这种协同作用可以有效地增加磁流变液的稳定性，但是也会降低磁流变液的力学性能，SDS 和硬脂酸的协同作用将在研究磁流变液沉降稳定性的时候做详细的讨论。

外界剪切速率也是一个影响磁流变液性能的重要因素，本书中对剪切速率对不同样品的力学性能的影响也做了一些探讨。本书中研究了剪切速率对不同质量分数、不同添加剂种类、不同添加剂含量样品的力学性能的影响，并利用 Bingham 模型对测试结果进行拟合，得到了样品屈服应力、黏度随着外界条件的变化规律。

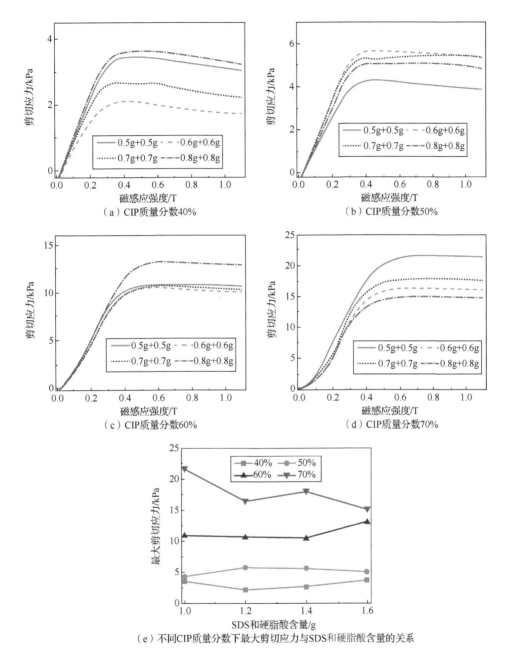

（a）CIP质量分数40%

（b）CIP质量分数50%

（c）CIP质量分数60%

（d）CIP质量分数70%

（e）不同CIP质量分数下最大剪切应力与SDS和硬脂酸含量的关系

图 2-11　不同 SDS 和硬脂酸含量，磁流变液剪切应力随着外界磁场改变的变化曲线

首先研究了 SDS 的含量对不同 CIP 质量分数样品力学性能的影响，试验测试发现，对于不同 CIP 质量分数的样品，SDS 含量对其性能的影响规律基本一致，因此本书中仅仅列举了 CIP 质量分数为 50%的样品的测试结果，如图 2-12 所示，

图中（a）～（d）分别表示 SDS 含量为 2g、3g、4g 和 5g 时，磁流变液剪切应力与剪切速率之间的关系。对于 CIP 质量分数为 50%的样品，当 SDS 含量和外界磁感应强度发生变化时，剪切应力与剪切速率的变化趋势一致。图中可以看出，当剪切速率比较小的时候，磁流变液表现出弹性，当剪切速率或者外界的剪切应力大于某一特定值的时候，磁流变液才开始流动，这种现象表明磁流变液是一种典型的 Bingham 流体。磁流变液剪切应力与剪切速率之间的关系可以用 Bingham 模型来描述，对于不同的样品，其屈服应力与黏度不同。

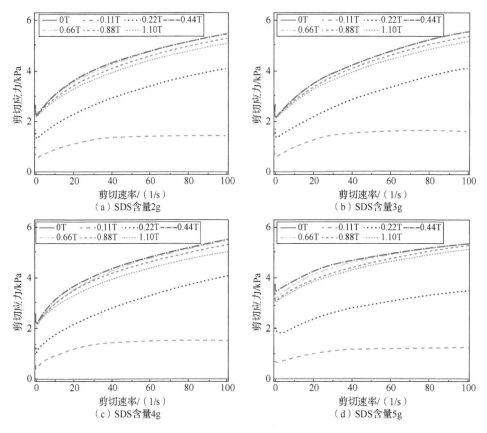

图 2-12　CIP 质量分数为 50%，不同 SDS 含量的磁流变液
样品的剪切应力与剪切速率的关系

对于不同的样品力学性能的测试结果用 Bingham 模型进行拟合，就可以得到其屈服应力和黏度与外界磁感应强度和添加剂含量的关系。首先研究了添加剂为 SDS 时，磁流变液的屈服应力与黏度随着外界条件改变的变化，如图 2-13 和图 2-14 所示。

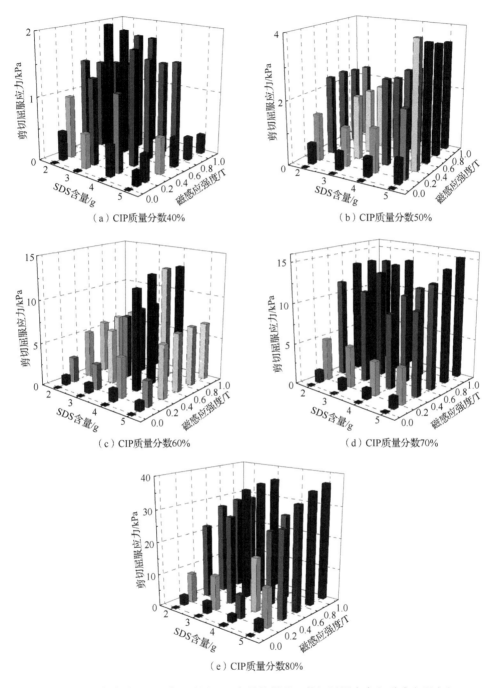

（a）CIP质量分数40%　　　　　　　　　　（b）CIP质量分数50%

（c）CIP质量分数60%　　　　　　　　　　（d）CIP质量分数70%

（e）CIP质量分数80%

图 2-13　添加剂为 SDS 时，不同 CIP 含量的样品，剪切屈服应力和磁感应强度与
添加剂含量的关系

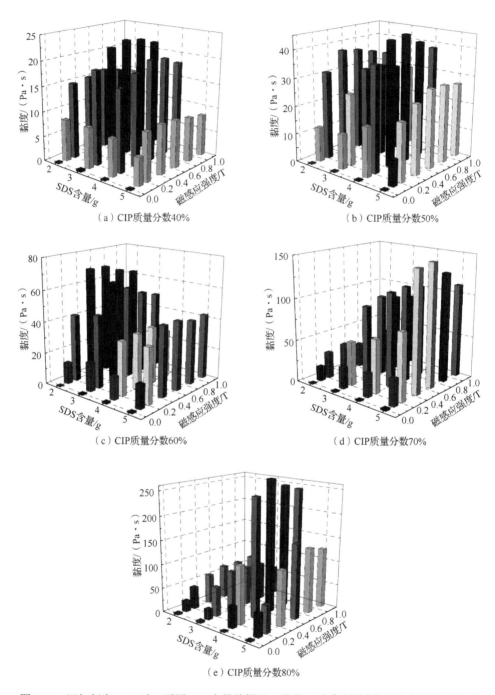

图 2-14 添加剂为 SDS 时，不同 CIP 含量的样品，黏度、磁感应强度与添加剂含量的关系

图 2-13 中（a）～（e）分别展示了 CIP 质量分数为 40%、50%、60%、70% 和 80% 的样品的屈服应力与外界磁感应强度和 SDS 含量的关系。图 2-13 中可以看出，随着样品中 CIP 质量分数的增加，样品的屈服应力显著上升，这是因为 CIP 质量分数高的样品中磁性颗粒的含量高，在外界磁场作用下能够形成更多、更大的颗粒链，抵抗外界剪切的能力也更强，宏观表现就是屈服应力的增加。对于 CIP 质量分数为 40% 的样品，剪切屈服应力随着 SDS 含量的增加有降低的趋势，随着磁感应强度的增加，先增加后降低，并且在 0.4T 左右达到最大值。造成这种现象的原因是 CIP 质量分数为 40% 的样品中磁性颗粒含量比较低，而 SDS 与磁性颗粒之间存在最佳比例，当超过最佳比例之后，再增加样品中 SDS 含量，会阻碍颗粒之间的相互作用，进而导致屈服应力的降低；随着磁感应强度的增加，CIP 在样品中形成颗粒链，抵抗外界的剪切应力，在初始时刻，随着磁感应强度的增加而增加，外界磁感应强度继续增加的时候，颗粒链与颗粒链之间就会相互吸引融合，形成大的颗粒链，对于 CIP 质量分数为 40% 的样品，磁性颗粒含量较低，颗粒链融合之后相互之间难以发生相互作用，相当于从网状结构转变到了较粗的独立链状结构，导致整体抗剪切应力能力下降，因此剪切屈服应力随着外界磁感应强度的增加出现先增加后减小的现象。而对于 CIP 质量分数较高的样品，随着 CIP 含量的增加，屈服应力达到最大值时的 SDS 含量有增加的趋势，这也与 CIP 与 SDS 之间存在最佳比例的理论相符合。对于 CIP 质量分数较高的样品，随着外界磁感应强度的增加，颗粒链相互融合形成较粗的颗粒链，由于磁性颗粒含量较高，较粗的颗粒链之间依然可以形成网状结构，因此随着磁感应强度的增加，屈服应力没有出现下降的情况，尤其是当样品中 CIP 的含量大于 60% 的样品。

图 2-14 展示了样品黏度与 SDS 含量和外界磁感应强度的关系，图中（a）～（e）分别代表了 CIP 质量分数为 40%、50%、60%、70% 和 80% 的样品的黏度与外界磁感应强度和 SDS 含量的关系。图中可以看出，随着样品中 CIP 质量分数的增加，样品的黏度增加，这是因为磁性颗粒表面会覆盖一层 SDS，当样品受到外界剪切的时候，铁颗粒之间的摩擦会阻碍样品的流动，导致黏度增加，而且颗粒含量越多，这种阻碍作用越明显，样品变得更加浓稠。随着 SDS 含量的增加，样品的黏度出现先增加后减小的现象，随着 CIP 质量分数的增加，黏度达到最大值时的 SDS 含量也增加；随着外界磁感应强度的增加，黏度基本不变。

接着还研究了添加剂为硬脂酸和添加剂为硬脂酸与 SDS 混合物时,磁流变液屈服应力和黏度与外界条件的关系。图 2-15 展示了添加剂为硬脂酸时,样品的屈服应力与外界条件的关系,图中(a)～(e)分别代表了 CIP 质量分数为 40%、50%、60%、70%和 80%样品的屈服应力与外界磁感应强度和添加剂含量的关系。图中可以看出,随着 CIP 质量分数的增加,样品的剪切屈服应力迅速增加,这是由于 CIP 含量较大时,样品内部能够形成更加粗大的颗粒链或者颗粒网,进而能够抵抗更大的外界剪切应力。对于 CIP 质量分数较低的样品,例如,图 2-15(a)所示的 CIP 质量分数为 40%的样品,样品的屈服应力随着硬脂酸含量的增加,基本保持不变,随着外界磁感应强度的增加而增加。在样品制备过程中,硬脂酸会附着在磁性颗粒表面或者分散在液态基体中,硬脂酸过多会导致磁性颗粒之间的作用力出现下降,但是 CIP 质量分数为 40%的样品中磁性颗粒含量较低,样品中颗粒形成的网状结构或者链状结构比较弱,硬脂酸含量的增加对磁性颗粒之间的作用力的降低作用基本可以忽略,因此样品的屈服应力随着硬脂酸含量的增加基本保持不变。但是对于 CIP 质量分数较大的样品,硬脂酸的这种作用则不能忽略,从图 2-15 中可以看出,对于 CIP 质量分数较高的样品,剪切屈服应力随着硬脂酸含量的增加,出现先增加后下降的趋势。硬脂酸附着在磁性颗粒表面,对于磁性颗粒之间的相互作用力的影响是两方面的,一方面可以增加磁性颗粒发生相对运动时的摩擦力,增加样品的屈服应力;另一方面会增加磁性颗粒之间的距离,导致磁性颗粒之间的相互作用力减弱,降低样品的屈服应力。因此硬脂酸含量对于样品的屈服应力的影响是多方面的,与制备工艺、磁性颗粒 CIP 质量分数等参数息息相关。

图 2-16 展示了添加剂为硬脂酸时,样品的黏度与外界磁感应强度、剪切速率等条件的关系,图中(a)～(e)分别代表了 CIP 质量分数为 40%、50%、60%、70%和 80%的样品。样品的黏度基本不随着硬脂酸含量的增加而变化,因为硬脂酸在常温下不会溶解在液态的硅油中,包裹在 CIP 表面或者分散在硅油中,这些行为都不会对样品的黏度产生影响,因此样品的黏度随着硬脂酸含量的增加基本保持不变。随着外界磁感应强度的增加,样品的黏度增加,这是因为磁感应强度的增加,会造成磁性颗粒的聚集,形成颗粒链或颗粒网状结构,虽然黏度不考虑磁场的因素,但是磁场形成的这些链状或者网状结构相当于颗粒的聚集,颗粒聚集之后,抵抗外界剪切的能力就会增强,因此导致样品的黏度上升。对于 CIP 质量分数越高的样品,其黏度就越大也是这个原因造成的。

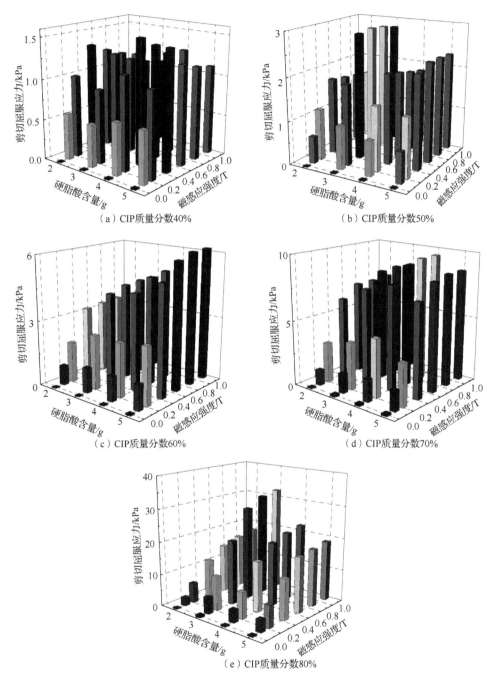

图 2-15　添加剂为硬脂酸时，不同 CIP 含量的样品，
剪切屈服应力、磁感应强度与添加剂含量的关系

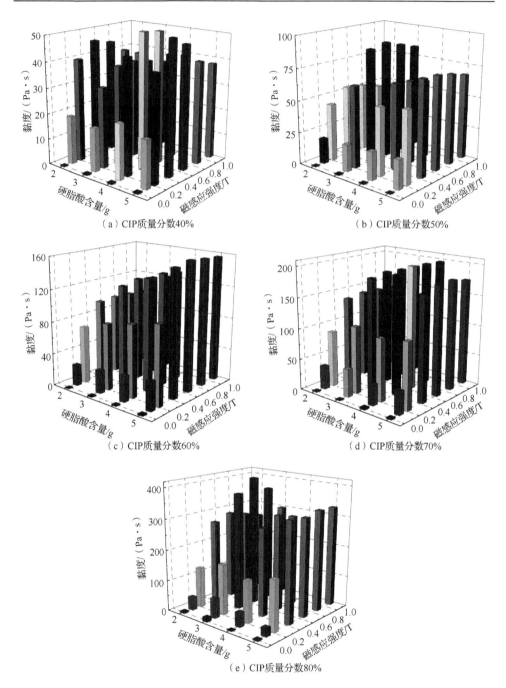

图 2-16　添加剂为硬脂酸时，不同 CIP 含量的样品，黏度与磁感应强度与添加剂含量的关系

最后，研究了添加剂为硬脂酸和 SDS 混合物时，剪切速率对不同 CIP 质量分数样品的力学性能的影响。图 2-17 展示了添加剂为硬脂酸和 SDS 混合物时（混

合质量比为 1∶1），样品的屈服应力与外界条件的关系，图中（a）～（d）分别代表了 CIP 质量分数为 40%、50%、60% 和 70% 的样品。图 2-17 中可以看出，对于不同 CIP 质量分数的样品，随着 SDS 和硬脂酸混合物含量的增加，剪切屈服应力基本保持不变，特别是当外界磁感应强度较小时。随着外界磁感应强度的增加，样品的剪切屈服应力在磁性颗粒磁化饱和之前一直增加，磁性颗粒磁化饱和之后保持不变，没有出现下降的现象。

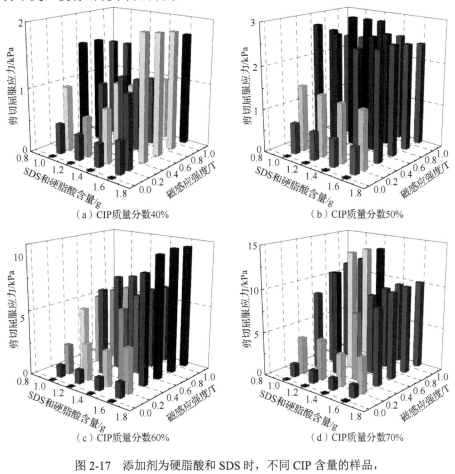

图 2-17　添加剂为硬脂酸和 SDS 时，不同 CIP 含量的样品，
剪切屈服应力、磁感应强度与添加剂含量的关系

图 2-18 展示了添加剂为硬脂酸和 SDS 时，样品的黏度与外界条件的关系，图中（a）～（d）分别代表了 CIP 质量分数为 40%、50%、60% 和 70% 的样品。图 2-18 中可以看出，随着 SDS 和硬脂酸含量的增加，样品的黏度逐渐下降；随着外界磁感应强度的增加，在 CIP 质量分数较低时，黏度略微出现增加，在 CIP 质量分数较高时，基本保持不变。

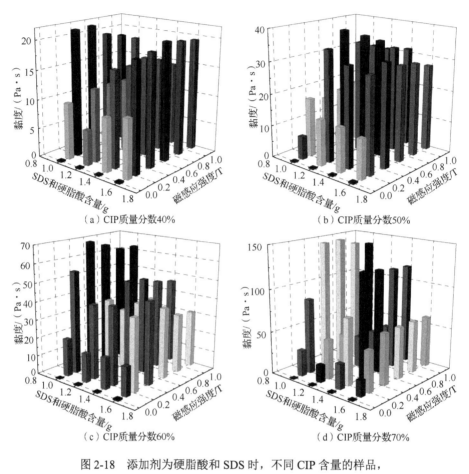

图 2-18　添加剂为硬脂酸和 SDS 时，不同 CIP 含量的样品，
黏度与磁感应强度与添加剂含量的关系

　　通过对比分析图 2-13～图 2-18 中的数据不难发现，相对于添加剂为 SDS 的样品，添加硬脂酸会降低样品的屈服应力，同时会提高样品的黏度；当样品中同时添加 SDS 和硬脂酸的时候，可以基本保证样品的剪切屈服应力保持不变，同时会降低样品的黏度。这说明 SDS 和硬脂酸同时存在的时候，可以有效地发挥协同作用，保持样品的屈服应力不变，同时降低样品的黏度，这种协同作用可以有效地提高磁流变液的磁流变效应。

2.4　磁流变液的力学模型

2.4.1　Bingham 模型

　　按照剪切应力与剪切速率的关系，可以将流体分为牛顿流体和非牛顿流体。

如果在流体内任意一点，剪切应力与剪切速率都呈线性函数关系，我们将这种流体称为牛顿流体，其剪切应力与剪切速率的关系如图 2-19 中直线 *A* 所示。自然界中许多流体都是牛顿流体，例如水、乙醇等大多数纯液体、轻质油、低分子化合物溶液及低速流动的气体等。自然界中除了牛顿流体，还有许多流体属于非牛顿流体，例如油漆、沥青等，它们的剪切应力与剪切速率的关系不再是线性函数，而是曲线或者不过原点的直线。Bingham 流体（Bingham et al.，1919）就是一类典型的非牛顿流体的统称，Bingham 流体是 Bingham 在 1919 年提出的一种理想流体，即在承受较小外力时，物体产生的是弹性或者塑性变形，不产生流动，当外界的剪切应力超过某一定值的时候才开始发生剪切流动，且发生流动之后，剪切应力随着剪切速率呈线性变化，如图 2-19 中直线 *B* 所示。

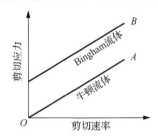

图 2-19　牛顿流体和 Bingham 流体示意图

磁流变液在外部磁场的作用下，对其施加外界剪切作用时，如果施加的剪切应力或者剪切应变小于临界应力（屈服应力）或者临界应变（屈服应变），磁流变液对外表现出类固态或者弹性状态，磁流变液只发生弹性或者塑性变形；当施加的外界应力或者应变超过某一临界值时，磁流变液将进入流动状态，表现出液体的性质（李卫华，2000）。磁流变液的剪切应力与外界剪切作用的关系表明，磁流变液在外界磁场的作用下是一种典型的非牛顿流体，并且其剪切应力与剪切速率的关系可以用 Bingham 模型来描述，如下式所示：

$$\begin{cases} \tau = \tau_y \, \mathrm{sign}(\dot{\gamma}) + \eta_\infty \dot{\gamma} & |\tau| \geqslant \tau_y \\ \dot{\gamma} = 0 & |\tau| < \tau_y \end{cases} \qquad (2\text{-}1)$$

式中：τ 是磁流变液在外界磁场作用下所能承受的剪切应力；η_∞ 是与外界磁场无关的高剪切速率下磁流变液的黏度；τ_y 是磁流变液在外界磁场作用下的屈服应力；$\dot{\gamma}$ 是外界施加在磁流变液上的剪切速率。

Bingham 模型可以描述磁流变液大多数的力学行为，用 Bingham 模型对磁流变液的剪切速率-剪切应力曲线进行分析，可以得到磁流变液在外界磁场作用下的屈服应力和屈服后的黏度。当磁流变液受外界较高的剪切速率或者磁流变液自身浓度很大时，利用 Bingham 模型对磁流变液的剪切速率-剪切应力曲线进行分析的时候，就会出现偏差，因此需要更加精确的模型来描述磁流变液的力学行为。

2.4.2　Herschel-Bulkley 模型

　　磁流变液的流动比较复杂或者剪切速率比较高的时候，需要用到更加复杂的模型来描述它的力学行为，因此有学者提出了 Herschel-Bulkley 模型来描述磁流变液的力学行为。在 Herschel-Bulkley 模型中，引入一个表征磁流变液剪切性能的系数因子，在不同的加载条件下可能具有不同的系数。Herschel-Bulkley 模型的表达公式如下：

$$\begin{cases} \tau = \tau_y \, \text{sign}(\dot{\gamma}) + K |\dot{\gamma}|^m & |\tau| \geqslant \tau_y \\ \dot{\gamma} = 0 & |\tau| < \tau_y \end{cases} \qquad (2\text{-}2)$$

式中：τ 是磁流变液在外界磁场作用下所能承受的剪切应力；τ_y 是磁流变液在外界磁场作用下的屈服应力；$\dot{\gamma}$ 是外界施加给磁流变液的剪切速率；K 为磁流变液的黏稠指数；m 为磁流变液的流动指数。

　　m 值的大小代表流体的流动特性。当 m 大于 1 时，磁流变液对外表现出剪切增稠的特性，即磁流变液的黏度随着外界剪切速率的增加而增加，如图 2-20 中曲线 A 所示；当 m 等于 1 时，此模型即退化为 Bingham 模型，如图 2-20 中 B 曲线所示；当 m 小于 1 时，磁流变液对外呈现出剪切稀化特性，即磁流变液的黏度随着外界剪切速率的增加而减小，如图 2-20 中 C 曲线所示。

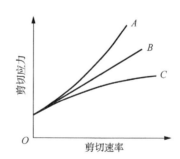

图 2-20　Herschel-Bulkley 模型示意图

2.4.3　其他模型

　　随着学者们对磁流变液力学行为研究的深入，描述磁流变液力学行为的本构模型除了上述两种模型以外，还有其他的改进模型，例如引入了屈服前区黏度的 Bi-viscous 模型和修正 Herschel-Bulkley 模型。这几种本构模型之间存在一定的关系，如图 2-21 所示（Kligenberg et al.，2007）。

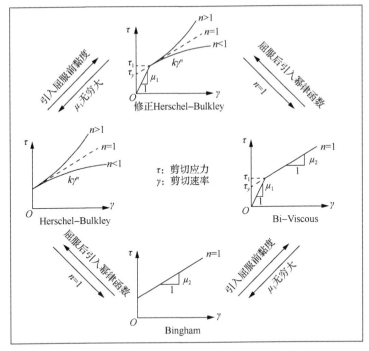

图 2-21　磁流变液不同本构模型之间的关系简图

对于磁流变液，学者们除了关注其剪切应力之外，对其黏度随着外界条件的变化情况也进行了深入的研究，为了得到更为普遍的结论，引入了无量纲参数，即 Mason 数（Kligenberg et al.，2007）：

$$Mn = \frac{8\eta_c \dot{\gamma}}{\mu_0 \mu_{cr} \beta^2 H^2} \tag{2-3}$$

式中：Mn 为 Mason 数，用来表征磁流变液的黏性力与磁流变液中磁性颗粒之间的静磁力的比值；η_c 为载液的黏度；$\mu_0 = 4\pi \times 10^{-7} N/A^2$（N 为牛顿，A 为安培）为真空磁导率；$\mu_{cr}$ 为载液的相对磁导率；$\beta = (\mu_{pr} - \mu_{cr})/(\mu_{pr} + 2\mu_{cr})$ 为与磁性颗粒和载液相对磁导率相关的常数，μ_{pr} 为颗粒的相对磁导率；H 为外界磁场强度。

根据 Bingham 模型，表观黏度 η 与 Mn 之间存在如下关系（Marshall et al.，1989）：

$$\eta / \eta_\infty = 1 + (Mn / Mn^*)^{-1} \tag{2-4}$$

式中：Mn^* 为临界 Mason 数，是磁流变液由固态向液态转变时的 Mason 数。然而在低剪切速率下，该关系式在由固态向液态转变时过于突兀，人们更喜欢利用如下的现象模型来描述黏度的变化

$$\eta / \eta_\infty = 1 + (Mn / Mn^*)^\Delta \tag{2-5}$$

式中：Δ 为常数，并且 $2/3 < -\Delta < 1$。例如，Felt 等（1996）通过试验测量得到

$-\Delta=0.74\sim0.83$，de Gans 等（1999）通过试验测量得到 $-\Delta=0.8\sim0.9$，Volkova 等（2000）通过试验测量得到 $-\Delta=0.74\sim0.87$。

　　磁流变液的屈服应力是磁流变液最重要的表征参数，许多科研工作者对其进行了广泛的研究。在实际测量过程中，我们认为磁流变液的预屈服区域和后屈服区域之间的转变点即为磁流变液的屈服点。在研究过程中，学者们也提出了一些磁流变液的屈服应力模型，这些模型大概可以分为两大类：宏观模型（Tang et al.，2000）和微观模型（Jolly et al.，1996）。宏观模型利用的是磁能最小原理，将磁流变液看作包含颗粒、柱状或者层状的均匀物质，通过考虑磁流变液的各向异性，在小变形条件下，磁场诱导结构变形得到磁流变液的屈服应力。微观模型是考虑颗粒之间的受力，通过研究颗粒链在小变形条件下受力的变化，得到磁流变液的屈服应力。有研究表明，在较小的外部磁场作用下，磁流变液的屈服应力与外加磁场成平方关系，即 $\tau_y \propto H_0^2$；随着外部磁场的加强，磁流变液中的磁性颗粒逐渐达到磁化饱和，在这之后磁流变液的屈服应力和外部磁场的关系成亚平方关系，即 $\tau_y = 2.449\varphi\mu_0 M_s^{0.5} H_0^2$；随着磁流变液中的磁性颗粒完全磁化饱和，磁流变液的屈服应力变成一个与外加磁场无关的常量，即 $\tau_y = 0.086\varphi\mu_0 M_s^{2.78}$，其中 φ 为颗粒的体积分数，M_s 为磁流变液中磁性颗粒的磁化饱和强度，并且只与磁性颗粒自身的性质有关，与外部磁场的大小无关。在低体积分数下，屈服应力随体积分数的增大线性增加，但是随着体积分数的增大，屈服应力急剧增加。随着对磁流变液研究的深入，学者们又将磁流变液的屈服应力分为静态屈服应力和动态屈服应力两种；静态屈服应力是指在准静态的条件下，克服颗粒链间的相互作用力并使颗粒链断裂的最小应力，静态屈服应力可通过应力或应变扫描的方式得到，上述屈服应力一般指静态屈服应力，为评价磁流变材料性能的重要指标。动态屈服应力是指利用 Bingham 模型对磁流变液的屈服应力-剪切速率曲线进行拟合得到的零剪切速率下的应力值，动态屈服应力为维持磁流变液稳态流动所需的最小应力值，在磁流变液器械的建模中经常使用该数值。一般情况下，动态屈服应力大于静态屈服应力（Wereley et al.，2008）。

　　相对于稳态流动，振荡剪切下的磁流变液性能更能反映磁流变液内部的磁性颗粒在外部磁场作用下，磁流变液内部的结构演化，并且许多磁流变液器械工作时都处于振荡剪切状况之下，因此振荡剪切下的磁流变液性能也获得广泛的关注和研究。Parthasarathy 等（1999）给出了磁流变液振幅和频率相关的动态流变性能图谱，即 Pipkin 图谱（图 2-22），该模型将磁流变液的动态区域分为线性黏弹性区域、非线性黏弹性区域、黏塑性区域和牛顿流体区域，并给出各个区域的临界应变和振幅值。在预屈服阶段，也就是小振幅振荡剪切条件下，磁流变液的储能模量 G'、损耗模量 G'' 和损耗角 δ 是磁场强度、频率、振幅和体积分数等因素的复杂函数，储能模量代表材料的刚度特性，损耗模型代表材料的阻尼特性，损耗角代表应力超前应变的程度。在中等磁场下，Ginder 等（1996）计算得到储能模量为 $G' = 3\varphi\mu_0 M_s H_0$；在大磁场下，颗粒完全饱和之后，储能模量与外部磁场无关，可以得到 $G' = 0.3\varphi\mu_0 M_s^2$。随着应变幅值的增加，磁流变液由线性黏弹性区域转变到非线性黏弹性区域，高次谐波将会出现，也意味着磁流变液从线性区域转向非线性区域，此时可利用傅里叶变换法得到不同阶的模量值（Li et al.，2003），关于这部分本书中不做具体的介绍。

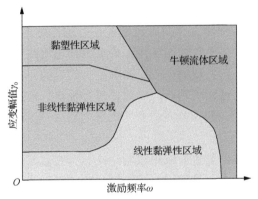

图 2-22　磁流变液动态流变性能的 Pinkin 图谱

第3章 磁流变阻尼器的设计、试验和力学模型

3.1 磁流变阻尼器简介

磁流变阻尼器是利用填充介质磁流变液在外加磁场作用下的快速流-固可逆转变特性而制造的一种半主动控制装置，通过施加电流改变磁场的大小，从而改变磁流变液的屈服应力，实现调节阻尼器阻尼力的目的。磁流变阻尼器具有响应迅速、能耗低、阻尼力连续可调、控制效果好等优点。根据磁流变液工作模式的不同（见第 2 章 2.1 节），磁流变阻尼器主要分为直线式磁流变阻尼器和旋转式磁流变阻尼器两大类。

直线式磁流变阻尼器是目前应用较为广泛的一类磁流变阻尼器，在房屋减振控制、桥梁拉索减振、汽车悬架减振等领域已有了很好的应用。相较于传统的液压式阻尼器，直线式磁流变阻尼器具有结构紧凑、可靠性高、性能可调等优点。图 3-1 为美国 Lord 公司研究人员开发的用于建筑结构抗震的直线式磁流变阻尼器（Spencer et al.，2003），该阻尼器将筒体作为磁路的一部分，外筒与活塞之间的间隙作为阻尼通道，为了增大阻尼力，采用了三组活塞进行串联，电磁线圈绕制于活塞上，同时设计了专用的体积补偿装置，阻尼器行程为±80mm，内径为 203mm，总长大约为 1m，磁流变液体积为 5L，最大阻尼力为 200kN，其可调阻尼系数为 10，最大耗电功率仅为 22W。

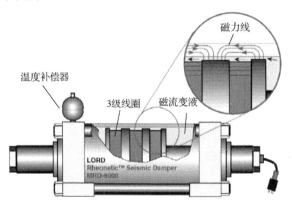

图 3-1 Lord 公司 200kN 磁流变阻尼器

旋转式磁流变阻尼器主要用于旋转工况下器件的力矩控制，主要包括：磁流变离合器（图 3-2）和磁流变制动器等。与直线式磁流变阻尼器相比，旋转式磁流

变阻尼器具有结构小巧、紧凑，旋转密封效果较好等优点。但是，由于旋转式磁流变阻尼器的工作模式单一，以及磁流变材料本身力学性能的局限，导致其产生的阻尼力矩能力有限，要想获得更大的阻尼力矩往往需要设计更大尺寸的阻尼器，如设计较大尺寸转子、采用多盘式结构等。

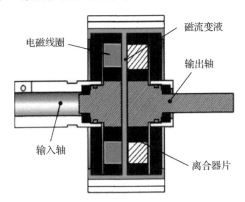

图 3-2　磁流变离合器的基本结构

3.2　磁流变阻尼器的优化设计方法

3.2.1　多级剪切流动式磁流变阻尼器的设计理论

通常情况下，用于建筑结构抗震的多级剪切流动式磁流变阻尼器的单个磁路结构如图 3-3 所示，磁流变阻尼力一般包括可控阻尼力 F_τ、黏滞阻尼力 F_η 和摩擦力 F_f。

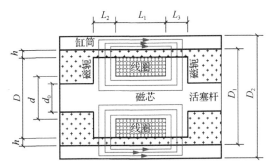

图 3-3　多级剪切流动式磁流变阻尼器的单个磁路结构

$$F_d = F_\tau + F_\eta + F_f \tag{3-1}$$

根据 Bingham 模型（Yang et al.，2002）：

$$F_\tau = \left(2.07 + \frac{12Q\eta}{12Q\eta + 0.4wh^2\tau_y}\right)\frac{\tau_y L A_p}{h}\text{sign}(\dot{u}) \qquad (3\text{-}2)$$

$$F_\eta = \left(1 + \frac{wh\dot{u}}{2Q}\right)\frac{12\eta Q L_t A_p}{wh^3} \qquad (3\text{-}3)$$

式中：L 为活塞有效长度（图 3-3 中所有 L_2 之和）；L_t 为活塞总长度（图 3-3 中所有 L_1 与 L_2 之和）；w 为环形阻尼通道的平均周长，$w = \pi(D+h)$，D 为活塞直径；h 为活塞与缸筒间的阻尼间隙高度；τ_y 为磁流变液的剪切屈服强度；η 为磁流变液的表观黏度；A_p 为活塞的有效面积，$A_p = \pi(D^2 - d^2)/4$，d 为圆柱形活塞凹槽直径；$\dot{u}$ 为活塞相对于缸筒的运动速度；Q 为磁流变液的体积流量，$Q = \dot{u} \cdot A_p$；符号函数 $\text{sign}(\dot{u})$ 是考虑活塞的往复运动。

根据式（3-1），磁流变阻尼器的阻尼力可以分为可控阻尼力 F_τ 和不可控阻尼力 F_{uc}（$F_{uc} = F_\eta + F_f$），由于摩擦力难以计算，通常靠经验估计。当忽略摩擦力时，磁流变阻尼器的可调系数 K 可用下式计算

$$K = \frac{F_\tau}{F_{uc}} = \frac{F_\tau}{F_\eta + F_f} = \frac{F_\tau}{F_\eta} \qquad (3\text{-}4)$$

可控阻尼力 F_τ 和可调系数 K 为磁流变阻尼器设计中的两个重要参数。在阻尼器结构尺寸参数都已经确定的情况下，影响阻尼器调节范围的因素是磁流变液的屈服应力、磁流变液的动力黏度、磁流变液的黏度等。降低磁流变液的黏度、增大磁流变液的屈服应力都可以提高磁流变阻尼器的可调系数。

3.2.2 多级剪切流动式磁流变阻尼器的设计方法

多级剪切流动式磁流变阻尼器的设计一般包括材料选择、尺寸设计和磁路设计。

1. 材料选择

（1）磁流变液的选用

磁流变液的性能直接影响磁流变阻尼器的性能。磁流变液在工作时会经历磁化和退磁两种过程，因此磁流变液的磁滞回线应尽量狭窄，以降低内聚力，增大磁导率；另外，为尽可能增大磁流变阻尼器的阻尼力、减小阻尼器的尺寸，在磁流变液的沉降、团聚和再分散等性能都满足要求的前提下，应尽量选择磁饱和剪切屈服强度较大的磁流变液。

美国 Lord 公司在磁流变液性能研究和应用开发方面有很多成果，其生产的MRF-122EG 型磁流变液的性能指标见表 3-1，其饱和剪切屈服强度约为 35kPa。

表 3-1　MRF-122EG 型磁流变液性能参数表

性能参数	数值
密度	2.28~2.48g/cm^3
质量固含量	72%
闪点	>150℃
表观黏度（40℃、500~800s^{-1}）	240mPa·s
使用温度	−40~130℃
饱和剪切屈服强度	约 35kPa

（2）磁路材料的选用

磁流变阻尼器的磁路主要有活塞和缸筒组成，磁路材料的作用是增加磁感、改变磁路的磁通密度、减小磁漏等。磁路材料主要有：电工纯铁、硅钢、铁镍合金、铁铝合金、磁温度补偿合金和软磁铁氧体等。

图 3-4 为铁磁材料磁化曲线与 μ-H 曲线示意图，由图可见，当磁场强度增大到一定幅度以后，磁感应强度基本稳定，处于饱和状态而不再随磁场的增高而升高。

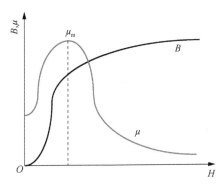

图 3-4　铁磁材料磁化曲线与 μ-H 曲线

图 3-5 为铁磁材料磁滞回线，由图可见，铁磁材料在交变磁场中反复磁化时，其 B-H 曲线为闭合的滞回曲线。当磁场强度 H 由 $+H_c$ 减少到零时，磁感应强度 B 却未回到零。只有当 H 反方向变化到 $-H_c$ 时，B 才减少到零。磁场强度 H 为零时的磁感应强度 B_r 为剩磁感应强度，简称剩磁。剩磁现象的存在，对于磁流变器件，特别是各种减振驱动器是一个非常不利的因素，它不但减小了空隙内磁场的可调幅值，降低了减振阻尼力的可调范围，而且增加了阻尼器的"零磁场"（零电流）状态下的阻尼力。为了减少零磁场下的剪切屈服强度，增加器件的磁场可调范围，应在关注铁芯材料高饱和特性的同时，还应注意其剩磁问题（邹继斌等，1998）。

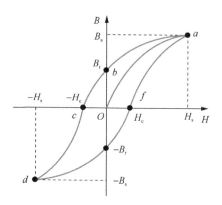

图 3-5　铁磁材料磁滞回线

参考铁磁材料的特性，磁流变阻尼器的磁路材料应满足以下要求。

1）磁导率高，当线圈匝数一定时，通以较小的电流，就能产生较大的磁感应强度。

2）磁滞回线所包括的面积小，矫顽力低，磁导体中的涡流损失和磁滞损失小。

3）具有较好的退磁能力，当外加电流撤去后，磁路中的磁场应很快降为零。

4）组成磁路结构所有材料工作点的磁场强度应大于磁流变液的饱和剪切屈服强度对应的磁场强度，使磁流变液得到充分利用。

5）具有良好的塑性、韧性、抗冲击、抗振性，满足力学性能要求，便于加工。

本书中设计的直线式磁流变阻尼器的缸筒材料采用 45# 钢，活塞选用 DT₄ 电工纯铁，并且将活塞和活塞杆连为一体。图 3-6 为 45# 钢和 DT₄ 电工纯铁的 *B-H* 曲线。

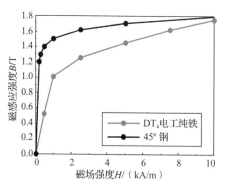

图 3-6　磁路材料的 *B-H* 曲线

2. 尺寸设计

通常可将总阻尼力 *F* 和可调系数 *K* 作为磁流变阻尼器的设计目标，根据工程实际确定具体目标要求，当要求不明显时，可将获得最大阻尼力 F 和最大可调系数 K 作为设计目标。

由于组成磁路结构所有材料工作点的磁场强度大于磁流变液的饱和剪切屈服强度对应的磁场强度，可将磁流变液的饱和剪切屈服强度作为 τ_y 计算最大阻尼力 F 和最大可调系数 K。由式（3-2）、式（3-3）和图 3-4 可知，活塞有效长度 L、活塞总长度 L_t、活塞直径 D、活塞杆直径 d_0、缸筒内径 D_1、缸筒外径 D_2、阻尼间隙高度 h 都是磁路结构的有效组成部分，均可作为设计变量。从式（3-2）和式（3-3）可知：

1）可控阻尼力与阻尼间隙高度 h 成反比，要得到较大的阻尼力应该减小 h。

2）黏滞阻尼力与 h^3 成反比，h 减小黏滞阻尼力增长很快，阻尼器的可调系数就会减小，因此，存在一个最大可调系数，此时对应的间隙尺寸为最优间隙尺寸。

3）在活塞总长度 L_t 不变的情况下，可控阻尼力和可调系数与活塞有效长度 L 成正比。

4）活塞直径 D 越大、活塞杆直径 d_0 越小，磁流变阻尼器的总阻尼力也就越大。

应当指出，这些设计变量并非能随意变动，而是受到一定条件的约束，这些约束条件包括：实际工程对磁流变阻尼器外径、长度、活塞行程等尺寸的要求；目标阻尼力对磁流变阻尼器活塞杆和缸筒材料强度、刚度和稳定性的要求；目标减振效果对磁流变阻尼器阻尼力范围和可调系数的要求。

由于磁流变液在不同剪切速率、不同温度下和不同磁场条件下的表观黏度并不相同，考虑到实际工程中磁流变阻尼器的运动速率变化较大，且磁流变液的温度会随着环境温度、阻尼器发热等发生改变，这些因素都将大大增加阻尼器的设计难度。因此，设计时宜忽略温度、磁场条件的影响，并且假定活塞与钢套筒的相对速度为定值。

可见，磁流变阻尼器的尺寸设计过程实际是在满足约束条件的前提下不断调整设计变量直至满足设计目标要求的过程，该过程可通过 MATLAB 编程计算进行，程序的流程如图 3-7 所示。

3. 磁路设计

磁流变阻尼器磁路的作用是把磁通量引导并集中到磁流变液的工作区域，使工作区域的磁场能量最大化，而在其他非工作区域，尽量减小磁通量的损失。通过前面的尺寸设计，可以得到磁流变阻尼器的活塞有效长度 L、活塞总长度 L_t、活塞直径 D、活塞杆直径 d_0、阻尼间隙高度 h 和缸筒厚度 t。在此基础上，磁路设计的主要目标是确定励磁线圈的匝数，保证励磁线圈产生的磁感应强度能够使组成磁路结构所有磁性材料的磁场强度满足工作点对应的磁场强度，从而使磁流变液得到充分利用。

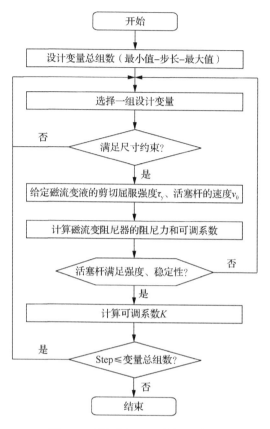

图 3-7　磁流变阻尼器的设计流程

　　如图 3-3 所示，假定组成磁路结构的磁芯、磁轭、缸筒工作点对应的磁场强度分别记为 $B_{core,w}$、$B_{yoke,w}$、$B_{cylinder,w}$，磁芯、磁轭、缸筒和磁流变液的相对磁导率分别为 μ_{core}、μ_{yoke}、$\mu_{cylinder}$ 和 μ_{MRF}。由于铁磁物质的磁导率大大超过了非铁磁物质的磁导率，即磁导率大的导磁体构成磁感线的路径，因此，阻尼间隙处的漏磁效应可以忽略不计。利用磁路欧姆定律和同心圆柱极表面间隙磁导公式，计算出磁芯、磁轭、缸筒的磁阻 R_{core}、R_{yoke}、$R_{cylinder}$ 和磁流变液间隙处的磁阻 R_{gap} 分别为（Xu et al.，2012）

$$R_{core} = \frac{4(L_1 + L_2)}{\pi \mu_{core} d^2} \tag{3-5}$$

$$R_{yoke} = \frac{\ln(D/d)}{2\pi \mu_{yoke} L_2} \tag{3-6}$$

$$R_{cylinder} = \frac{4(L_1 + L_2)}{\pi \mu_{cylinder}(D_2^2 - D_1^2)} \tag{3-7}$$

$$R_{gap} = \frac{\ln(D_1 / D)}{2\pi\mu_{MRF}L_2} \tag{3-8}$$

进而，求得磁路结构总磁阻

$$R_m = R_{core} + 2R_{yoke} + R_{cylinder} + 2R_{gap} \tag{3-9}$$

将磁感线穿过阻尼间隙、磁芯、磁轭、缸筒时的截面面积分别记为 S_{gap}、S_{core}、S_{yoke}、$S_{cylinder}$，并将磁流变液饱和剪切屈服强度对应的磁场强度 $B_{gap,\,w}$ 作为阻尼间隙处磁场强度设计值，则阻尼间隙处的磁通量为

$$\Phi_{gap} = B_{gap,\,w}S_{gap} = B_{gap} \times \pi \times \frac{D + D_1}{2} \times L_2 \tag{3-10}$$

根据磁通守恒定律有

$$\Phi_{core} = \Phi_{yoke} = \Phi_{cylinder} = \Phi_{gap} \tag{3-11}$$

检验磁芯、磁轭、缸筒区域的磁感应强度 B_{core}、B_{yoke}、$B_{cylinder}$

$$B_{core} = \frac{\Phi_{core}}{S_{core}} = \frac{4\Phi_{core}}{\pi \times d^2} > B_{core,\,w} \tag{3-12}$$

$$B_{yoke} = \frac{\Phi_{yoke}}{S_{yoke}} = \frac{\Phi_{yoke}}{\pi / 2 \times (D + d) \times L_2} > B_{yoke,\,w} \tag{3-13}$$

$$B_{cylinder} = \frac{\Phi_{cylinder}}{S_{cylinder}} = \frac{4\Phi_{cylinder}}{\pi \times (D_2^2 - D_1^2)} > B_{cylinder,\,w} \tag{3-14}$$

如果磁路中有部分材料的磁感应强度超过工作点对应的磁场强度较多，就需要重新调整磁路的几何参数，以提高磁路的利用效率。

类比于电路基本定律（欧姆定律），磁阻 R_m，磁通量 Φ 和磁势 F 有如下基本关系：

$$F = \Phi \cdot R_m \tag{3-15}$$

磁路的总磁势又可表达为

$$F = NI \tag{3-16}$$

式中：N 为线圈匝数；I 为励磁电流。

于是

$$I = \frac{\Phi \cdot R_m}{N} \tag{3-17}$$

通电导线的直径可按下式计算：

$$d = 2\sqrt{\frac{I}{\pi J}} \tag{3-18}$$

式中：J 为电流密度。

3.3　磁流变阻尼器的试验和力学特性

对磁流变阻尼器进行试验是研究其力学性能、耗能性能、滞回性能等最常用的手段。本节分别对直线式磁流变阻尼器和旋转式磁流变阻尼器进行了拟静力试验和低周循环试验,并对试验结果进行了总结分析。

3.3.1　拟静力作用下直线式磁流变阻尼器的力学特性

1.　磁流变阻尼器的结构装配图

拟静力试验对象为四线圈剪切阀式阻尼器,阻尼器多级活塞材料为电工纯铁,其余部分为 45# 钢,其结构如图 3-8 所示。基座连接板利用螺栓将阻尼器与下方基座连接,线圈导线从磁流变阻尼器多级活塞和活塞杆中心的圆柱形孔道引出。

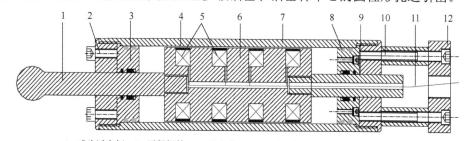

1. 球头活塞杆;2. 压紧螺栓;3. 导向套;4. 阻尼间隙;5. 线圈;6. 多级活塞;
7. 缸筒;8. O 型密封圈;9. 活塞杆;10. 连接螺栓;11. 线圈引出线;12. 基座连接板。

图 3-8　磁流变阻尼器的结构装配图

直线式磁流变阻尼器的主要结构参数设计值见表 3-2。

表 3-2　直线式磁流变阻尼器的主要结构参数设计值

参数	数值	参数	数值
行程/mm	±35	阻尼间隙高度/mm	1.6
线圈电阻/Ω	4×8.5	缸筒内径/mm	100
线圈槽深/mm	24	缸筒外径/mm	120
活塞杆直径/mm	30	线圈(个数×匝数)	4×840

磁流变阻尼器内部填充自制的磁流变液,其组分为 CIP、SDS、液体石蜡、皂土、石墨和甲基硅油等,其中 CIP 占 60%、甲基硅油占 28%,均为质量分数。磁流变液的相关性能在中国科学技术大学智能材料与振动控制实验室测定,测试仪器见图 2-5。在磁感应强度为 0.44T 时,当剪切速率分别为 $0.01s^{-1}$ 和 $0.34s^{-1}$ 时,磁流变液的剪切应力分别为 9456.2Pa 和 9492.2Pa,二者相差 0.38%;当剪切速率为 $100s^{-1}$ 时,磁流变液在不同磁感应强度下的剪切应力见表 3-3。

表 3-3　磁流变液在不同磁感应强度下的剪切应力

磁感应强度/T	剪切应力/Pa	磁感应强度/T	剪切应力/Pa
0	486.07	0.6	18931
0.1	4079.6	0.7	19149
0.2	8813.5	0.8	19190
0.3	14046	0.9	19274
0.4	16866	1.0	19218
0.5	18475		

2. 加载方式

拟静力试验时通过作动器进行位移控制加载,作动器的最大出力为 100kN,采用拟静态下的三角波对阻尼器进行位移控制加载;基座连接板和基座中心均开有圆孔,线圈导线穿过圆孔后从基座侧面引出,并与直流电源连接;试验过程中磁流变阻尼器由稳压直流电源供电,且磁流变阻尼器 4 个线圈中的电流等级保持一致,电流等级从小到大依次为 0A、0.5A、1.0A、1.5A、2.0A、2.3A 和 2.6A,在每个电流等级下,均采用图 3-9 所示的加载制度对磁流变阻尼器进行加载,共进行了 7 次加载试验,未进行重复性试验,试验装置如图 3-10 所示。

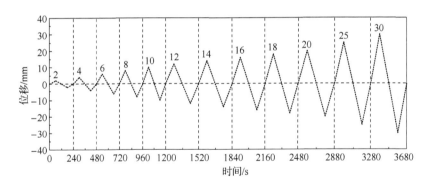

图 3-9　磁流变阻尼器拟静态加载制度

3. 试验结果分析

试验通过改变加载电流、阻尼器位移和加载时间,测得了阻尼器在不同工况下的试验数据,通过 MATLAB 软件绘制,得到相关的阻尼力-位移曲线。由于图 3-10 中磁流变阻尼器试验的最小、最大速度分别为 0.03mm/s 和 0.33mm/s,与之对应的阻尼间隙处磁流变液的剪切速率(速度/阻尼间隙高度)分别为 $0.02s^{-1}$ 和 $0.21s^{-1}$,在该剪切速率范围内,磁流变液的剪切应力相差极小,因此,在磁流变阻尼器试验结果分析中忽略速率的影响。

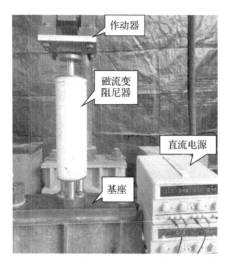

图 3-10　剪切阀式磁流变阻尼器试验照片

　　磁流变阻尼器在电流为 0A 和 2.6A 时，不同位移幅值下的试验结果分别如图 3-11 和图 3-12 所示。

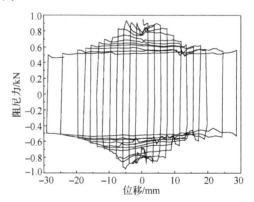

图 3-11　不同位移幅值阻尼器试验曲线（0A）

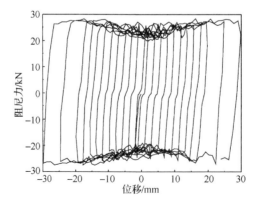

图 3-12　不同位移幅值阻尼器试验曲线（2.6A）

　　从图 3-11 可以看出，当磁流变阻尼器的通电电流为 0A 时，在磁流变阻尼器位移幅值较小的时候阻尼器所提供的阻尼力值约为 0.8kN。随着磁流变阻尼器位移幅值的增加，磁流变阻尼器所提供的阻尼力逐渐降低。当磁流变阻尼器位移幅值为 30mm 时，磁流变阻尼器所提供的阻尼力值约为 0.5kN。此时，磁流变阻尼器在较小位移幅值下阻尼力较大而在较大位移幅值时阻尼力较小。

　　从图 3-12 可以看出，随着磁流变阻尼器通电电流增加，阻尼器所提供的阻尼力也随之增加。在通电的情况下，当位移幅值较小时磁流变阻尼器的阻尼力也较小；随着磁流变阻尼器位移幅值的增加，阻尼力也会增加。此外由图可以看出，阻尼力迅速上升至最大值后，会在一定的区间内不断波动。

　　不同电流下磁流变阻尼器的力学性能如图 3-13 和图 3-14 所示，在磁流变阻尼器的位移幅值分别为 16mm 和 30mm 的情况下，当电流较小时，磁流变阻尼器所提供的阻尼力也较小；随着电流的增加，阻尼力也在不断增加；当电流达到 1.5A 以后，阻尼力增加不再明显，说明磁流变阻尼器已经达到磁饱和状态。

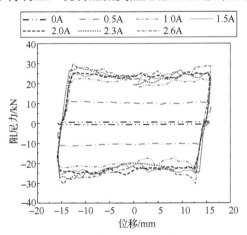

图 3-13　不同电流阻尼器试验曲线（16mm）

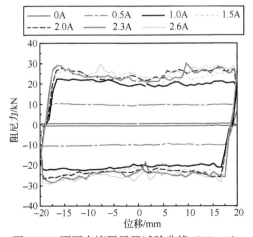

图 3-14　不同电流阻尼器试验曲线（20mm）

3.3.2 低周循环下直线式磁流变阻尼器的力学特性

1. 加载方式

仍采用图 3-10 所示的试验装置对磁流变阻尼器进行低周循环加载试验，试验采用正弦变化规律的输入位移 $u = A\sin(2\pi ft)$ 来控制作动器加载。其中，A 为输入作动器控制系统的位移幅值；f 为加载频率；t 为加载时间。试验过程中磁流变阻尼器由稳压直流电源供电，且磁流变阻尼器 4 个线圈中的电流等级保持一致，电流等级从小到大依次为 0A、0.5A、1.0A、1.4A、1.7A、2.0A 和 2.3A，加载工况见表 3-4。

表 3-4 磁流变阻尼器低周循环试验加载工况

激励电流/A	不同加载频率（0.1Hz、0.2Hz、0.4Hz、0.7Hz、1.0Hz）下的位移幅值 A/mm	循环圈数
0	6、12、18、24、30	10
0.5	6、12、18、24、30	10
1.0	6、12、18、24、30	10
1.4	6、12、18、24、30	10
1.7	6、12、18、24、30	10
2.0	6、12、18、24、30	10
2.3	6、12、18、24、30	10

2. 磁流变阻尼器力学性能随电流的变化规律

图 3-15 给出了不同电流下磁流变阻尼器的阻尼力-位移曲线和阻尼力-速度曲线，从图中可以看出，当电流小于 1.7A 时，阻尼力随电流的增大而显著增大，相同位移幅值下，阻尼力-位移滞回曲线包围的面积（即阻尼器的耗能能力）显著增加；阻尼力-速度曲线由两条具有明显非线性滞回特性的 S 形分支曲线组成。阻尼器活塞杆速度较小时，阻尼力与速度近似呈线性关系，其斜率随着电流的增大而增大；速度较大时，阻尼力变化较小；即小速度范围内阻尼器表现为黏滞阻尼、大速度范围内，阻尼器表现为库仑阻尼；当电流达到 1.7A 后，阻尼力增幅较小，电流分别为 1.7A、2.0A、2.3A 时相应的 3 条滞回曲线几乎重叠在一起，这说明此时磁流变液已经达到饱和剪切屈服强度，该现象验证了阻尼器磁路的磁饱和效应。

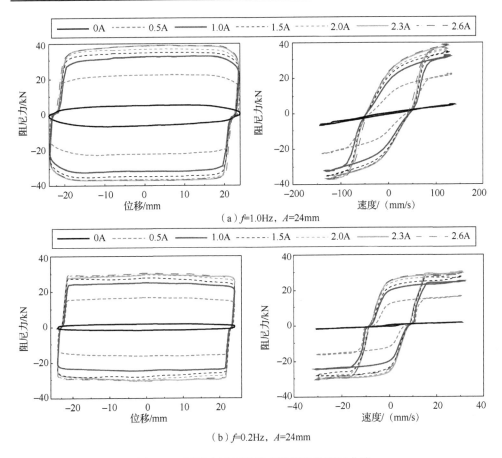

（a）f=1.0Hz，A=24mm

（b）f=0.2Hz，A=24mm

图 3-15　不同电流下磁流变阻尼器的滞回曲线

3. 磁流变阻尼器力学性能随频率的变化规律

图 3-16 给出了不同频率下磁流变阻尼器的阻尼力-位移曲线和阻尼力-速度曲线，从图中可以看出，当电流和振幅一定（I=1.0A、2.0A，A=24mm），频率变化时（0.1Hz、0.2Hz、0.4Hz、0.7Hz 和 1.0Hz），阻尼力随频率的增加略有增加；由阻尼力-速度曲线可知，在阻尼力-速度曲线的低速区，两条 S 形分支曲线之间的水平宽度随频率的增加而明显增大。

4. 磁流变阻尼器力学性能随位移幅值的变化规律

图 3-17 给出了不同位移幅值下磁流变阻尼器的阻尼力-位移曲线和阻尼力-速度曲线。从图中可以看出，当电流和频率一定（I=2.3A，f=0.1Hz、0.7Hz），位移幅值变化时（6mm、12mm、18mm、24mm 和 30mm），阻尼力随振幅的增大而略有增大；由阻尼力-速度曲线可知，随着位移幅值的增大，力-速度曲线低速区两条 S 形分支曲线之间的水平宽度明显增大；相同电流下，阻尼力-位移滞回曲线包

围的面积（即阻尼器的耗能能力）随位移幅值的增加而显著增加。

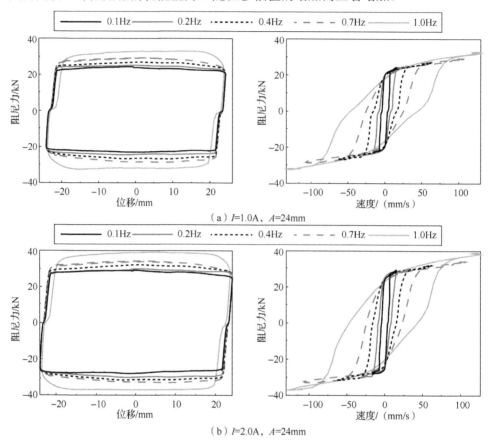

（a）I=1.0A，A=24mm

（b）I=2.0A，A=24mm

图 3-16 不同频率下磁流变阻尼器的滞回曲线

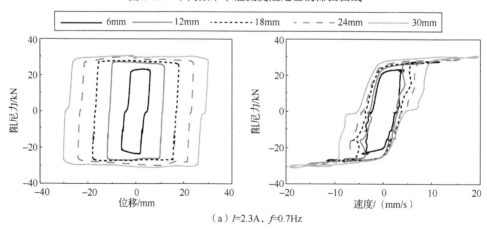

（a）I=2.3A，f=0.7Hz

图 3-17 不同位移幅值下磁流变阻尼器的滞回曲线

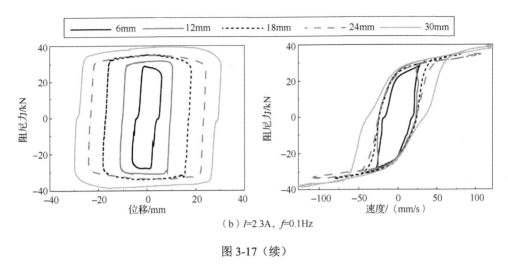

（b）I=2.3A，f=0.1Hz

图 3-17（续）

5. 磁流变阻尼器的耗能能力

常用阻尼器在一个循环内所耗散的能量来评估该阻尼器的耗能能力，它被定义为磁流变阻尼器阻尼力-位移曲线的一个循环内包围的面积。表 3-5 为使用 MATLAB 计算得到的各工况的耗能值。

表 3-5　磁流变阻尼器不同工况下的耗能值

频率 f/Hz	位移幅值 A/mm	不同电流下的耗能值/kJ						
		I=0A	I=0.5A	I=1.0A	I=1.4A	I=1.7A	I=2.0A	I=2.3A
0.1	6	0.026	0.279	0.396	0.431	0.434	0.430	0.415
	12	0.058	0.668	0.977	1.101	1.138	1.203	1.243
	18	0.081	1.069	1.566	1.741	1.852	1.868	1.921
	24	0.123	1.427	2.168	2.434	2.570	2.645	2.728
	30	0.134	1.835	2.916	3.141	3.315	3.588	3.534
0.2	6	0.033	0.294	0.389	0.423	0.426	0.436	0.427
	12	0.076	0.702	1.061	1.153	1.171	1.246	1.283
	18	0.109	1.143	1.687	1.897	2.038	2.038	2.029
	24	0.181	1.558	2.325	2.648	2.805	2.800	2.891
	30	0.194	1.936	3.069	3.295	3.527	3.763	3.692
0.4	6	0.045	0.323	0.425	0.461	0.467	0.479	0.478
	12	0.117	0.765	1.150	1.253	1.229	1.298	1.363
	18	0.176	1.255	1.833	2.050	2.180	2.220	2.243
	24	0.303	1.742	2.543	2.772	2.909	2.987	3,051
	30	0.311	2.117	3.295	3.531	3.986	4.222	3.960

为更清晰地展示磁流变阻尼器的耗能性能，接下来采用 MATLAB 绘制了耗能随加载条件（电流、频率、位移幅值）的变化关系图。

图3-18给出了磁流变阻尼器的耗能性能随电流的变化规律,从图中可以看出:在相同频率、位移幅值下,阻尼器耗能随电流的增大而增大,但增幅逐渐减少(曲线斜率降低);电流从1.7A到2.3A段,阻尼器耗能曲线几乎平行(斜率接近0),说明磁路进入磁饱和状态。

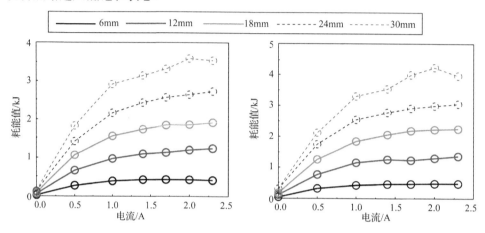

图3-18   不同电流下磁流变阻尼器低周加载试验耗能曲线

图3-19给出了磁流变阻尼器的耗能性能随频率的变化规律,从图中可以看出:在相同位移幅值、电流下,随着频率的增加,磁流变的能耗略有增加。

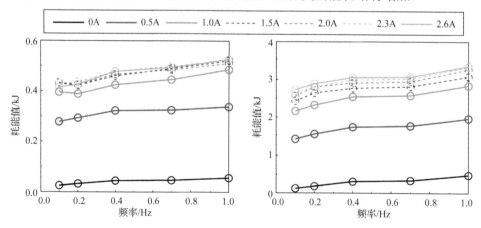

图3-19   不同频率下磁流变阻尼器低周加载试验耗能曲线

图3-20给出了磁流变阻尼器的耗能性能随位移幅值的变化规律,从图中可以看出:在相同频率、电流下,阻尼器耗能随位移幅值的增大而接近线性增长;不同的电流导致耗能增大的幅度不同,频率一定时,电流大的工况下,耗能能力增幅大。

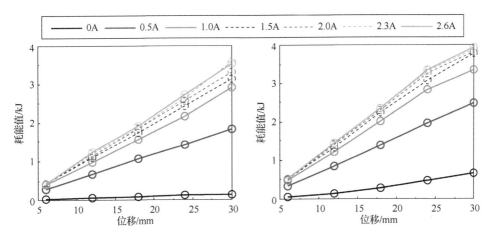

图 3-20　不同位移幅值下磁流变阻尼器低周加载试验耗能曲线

3.3.3　拟静力作用下旋转式磁流变阻尼器的力学特性

1. 旋转式磁流变阻尼器的结构装配图

拟静力试验对象为旋转式磁流变阻尼器，其结构如图 3-21 所示，阻尼器的主要结构参数设计值见表 3-6。拟静力试验的主要目标是确定磁流变阻尼器的力学性能和耗能性能，同时研究阻尼器的力学性能和耗能性能随电流、扭转角度幅值、加载角速度等参数的变化规律。

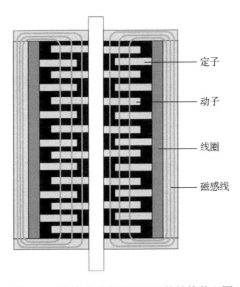

图 3-21　旋转式磁流变阻尼器的结构装配图

表 3-6　旋转式磁流变阻尼器的主要结构参数设计值

零件名称	尺寸/mm	零件名称	尺寸/mm
保护壳外径	200	动子外径	103
保护壳内径	170	动子内径	30
保护壳长度	220	定子内径	54
缸筒外径	140	定子外径	110
缸筒内径	110	动子、动子厚度	5
盖板外径	200	定子键高	3
盖板内径	110	动子槽深	5
盖板厚度	10	转轴直径	30
动子和定子间隙	1.5	转轴有效长度	200

2. 加载方式

加载设备采用美国 MTS 公司 809 型 250kN 拉扭疲劳试验机，采用试验机扭转试验模块。试验机扭转荷载峰值 2200N·m，角度范围-45°～+45°。试验时，阻尼器竖直放置，上下两端分别由试验机夹具夹持固定。采用直流电源箱为磁流变阻尼器供电，每个通道输出最大电压为 32V，电流为 5A。采用三角波加载，控制阻尼器扭转角的变化，测量阻尼器输出扭矩、扭转角和外界电流的变化情况，加载制度如图 3-22 所示，试验装置如图 3-23 所示。

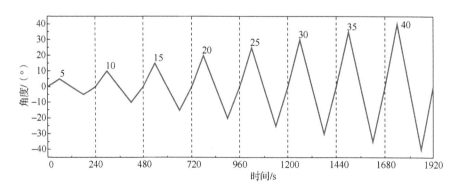

图 3-22　旋转式阻尼器的拟静力试验加载制度

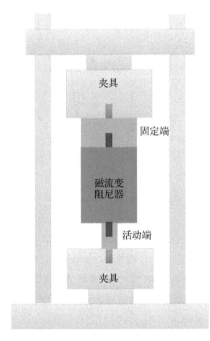

图 3-23　旋转式磁流变阻尼器的试验照片

通过拟静力试验获得了不同工况下的输出扭矩，图 3-24 展示了几种不同输入电流时，阻尼器的输出扭矩与扭转角度的关系。

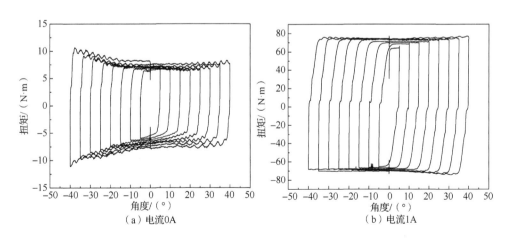

图 3-24　旋转式阻尼器在不同输入电流时的扭矩与扭转角度之间的关系

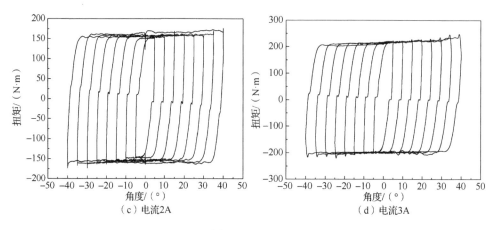

（c）电流2A　　　　　　　　　　　（d）电流3A

图 3-24（续）

从图 3-24 中可以看出，旋转式磁流变阻尼器输出扭矩比较稳定，随着电流的增加，扭矩迅速增加。当电流从 0A 增加到 3A 时，阻尼器输出的扭矩从 10N·m 增加到了 210N·m 左右，增加了 20 倍，这表明本书中设计的旋转式磁流变阻尼器具有很大的可调性，非常适用于半主动控制，能够根据需求做出及时的调整。图中还可以看出，阻尼器的扭矩-角度曲线基本接近矩形，这说明阻尼器的耗能能力良好，并且性能稳定，是一种非常理想的具有调节能力的耗能元件。

3.3.4　低周循环下旋转式磁流变阻尼器的力学特性

在实际工程中，阻尼器的工作环境比较复杂，仅仅测试阻尼器的拟静力力学行为是不够的，还需要测试其低周循环试验条件下的力学性能，测试工况如表 3-7 所示。

表 3-7　磁流变阻尼器的低周循环加载工况

角度/（°）	频率/Hz				
	0.1	0.2	0.4	0.8	1.0
±10	√	√	√	√	√
±20	√	√	√	√	√
±30	√	√	√	√	√
±40	√	√	√	√	√

注：I=0A、0.5A、1.0A、1.5A、2.0A、2.5A、3.0A、3.5A。

激励频率为 1.0Hz 时，阻尼器线圈中的电流对阻尼器输出扭矩的影响如图 3-25 所示。从图中可以看出，当未对阻尼器通电流时，扭矩随角度的变化波动比较大，尤其是当转角达到最大值附近。这是由于此时阻尼器输出的扭矩主要来自磁流变液基体的黏滞阻力和阻尼器零件之间的机械摩擦力。对阻尼器的线圈通电流之后，磁流变液开始发挥磁流变效应，曲线也变得饱满起来，并且随着通入电流的增加，阻尼器输出的最大扭矩也增加，当通入电流为 0A 时，阻尼器输出扭矩最大值为 10N·m 左右，但是当通入电流为 3.0A 时，阻尼器输出的最大扭矩接近 300N·m。低周循环加载条件下，阻尼器输出的扭矩-角度关系曲线可以看出有一个明显的上升段，这是因为在循环加载条件下，在转动方向发生变化时，阻尼器转子的加速度最大，惯性力也最大，因此导致此时的扭矩会有所上升。每个工况循环加载 5 圈，从图中可以看出，5 圈的曲线基本完全重合，这说明阻尼器在动载条件下的性能很稳定。

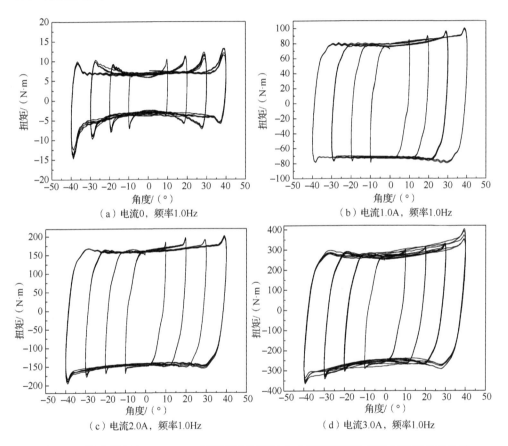

图 3-25　激励频率为 1.0Hz 时，阻尼器在不同输入电流情况下的扭矩与扭转角度关系

3.4　磁流变阻尼器的力学模型

建立简单精确的力学模型是设计控制器、实现磁流变阻尼器理想减振效果的关键因素之一，同时也是磁流变阻尼有控结构仿真分析具有较高可信度的有力保障。磁流变阻尼器的力学模型可以分为伪静力模型和动态模型。伪静力模型一般

是指采用流变学理论，根据阻尼器的类型和结构尺寸推导出来的一类力学模型；动态模型一般指采用物理、几何或智能算法，根据阻尼器试验结果拟合出来的一类力学模型。

为描述磁流变阻尼器的阻尼力-位移曲线和阻尼力-速度曲线关系，许多学者提出了不同的力学模型，力求准确描述阻尼器的各项性能。具有代表性的模型主要有：Bingham 黏塑性模型（Stanway et al.，1987）、非线性滞回双黏性模型（Pang et al.，1998）、Bouc-Wen 模型（Wen et al.，976）、Spencer 现象模型（Spencer et al.，1997）、带质量元素的温度唯象模型（徐赵东等，2005）、Sigmoid 模型（徐赵东等，2003）、双 Sigmoid 模型（李秀领等，2006）、磁饱和模型（Xu et al.，2012）和米氏模型（张香成等，2013）。

1. Bingham 黏塑性模型

如图 3-26 所示，该模型由库仑摩擦元件和黏滞阻尼元件并联组成，阻尼力表达式为

$$F_d = F_y \operatorname{sign}(\dot{u}) + C_0 \dot{u} \qquad (3-19)$$

式中：F_y 为阻尼器在不同磁场强度下的屈服力；$\dot{u}$ 为阻尼器活塞杆与钢套筒的相对速度；C_0 为黏滞阻尼系数。

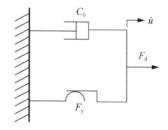

图 3-26 Bingham 模型

Bingham 模型形式简单、物理概念明确、易于理解、易于编程实现半主动控制，能够较好地描述磁流变阻尼器的阻尼力-位移曲线关系；但该模型假定磁流变液屈服前为刚性，忽略了磁流变液在屈服前的黏弹性本构关系，从而不能描述磁流变阻尼器在低速时阻尼力-速度曲线的非线性性能。此外，该模型也不能描述阻尼器阻尼力-速度曲线的滞回特性。

2. 非线性滞回双黏性模型

在阻尼器的主要特性中，滞回特性是一个很重要的特征。由于 Bingham 模型不能描述阻尼器的滞回特性，Werely 提出了非线性滞回双黏性模型，如图 3-27 所示，该模型的表达式为

$$F_d = \begin{cases} C_{po}\dot{u} - F_y & \dot{u} \leqslant -\dot{u}_1, \ \ddot{u} > 0 \\ C_{pr}(\dot{u} - \dot{u}_0) & -\dot{u}_1 \leqslant \dot{u} \leqslant \dot{u}_2, \ \ddot{u} > 0 \\ C_{po}\dot{u} + F_y & \dot{u} \geqslant \dot{u}_2, \ \ddot{u} > 0 \\ C_{po}\dot{u} + F_y & \dot{u} \geqslant \dot{u}_1, \ \ddot{u} < 0 \\ C_{pr}(\dot{u} + \dot{u}_0) & -\dot{u}_2 \leqslant \dot{u} \leqslant \dot{u}_1, \ \ddot{u} < 0 \\ C_{po}\dot{u} - F_y & \dot{u} \leqslant -\dot{u}_2, \ \ddot{u} < 0 \end{cases} \qquad (3\text{-}20)$$

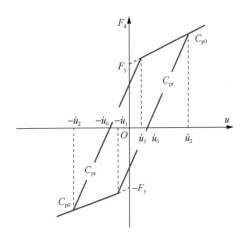

图 3-27　非线性滞回双黏性模型

非线性滞回双黏性模型将磁流变阻尼器的阻尼力分为屈服前、后两个阶段，并用一个有 6 段的分段函数表示，概念清晰，可以描述阻尼器阻尼力-位移和阻尼力-速度曲线的非线性滞回特性。该模型引入屈服前阻尼系数 C_{pr}，屈服后阻尼系数 C_{po}，屈服力 F_y，滞回临界速度 $\dot{u}_1$、$\dot{u}_2$ 和滞回量 $\dot{u}_0$，其中参数 F_y、C_{po}、C_{pr}、$\dot{u}_0$、$\dot{u}_1$ 及 $\dot{u}_2$ 的值都随电流、激励幅值及频率的变化而变化。由于非线性滞回双黏性模型比较复杂，且曲线不光滑，与试验测得的滞回曲线有一定差异，因此该模型应用很少。

非线性滞回双黏性模型虽然反映了阻尼力-速度曲线的滞回现象，但它不是光滑的连续曲线，与试验测得的光滑连续的阻尼力-速度曲线仍有一定差异。

3. Bouc-Wen 模型

非线性滞回双黏性模型分段不连续，不能准确地表示磁流变阻尼器试验中所表现的光滑阻尼力-速度关系。Wen 提出的 Bouc-Wen 模型（图 3-28）可解决上述问题，且对低速条件下的阻尼力-速度滞回模型具有较好的模拟效果。

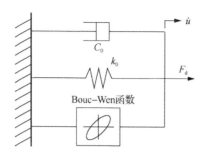

图 3-28 Bouc-Wen 模型

Bouc-Wen 模型的表达式为

$$\begin{cases} F_{\mathrm{d}} = \alpha z + k_0 u + C_0 \dot{u} \\ \dot{z} = -\gamma |\dot{u}| z |z|^{n-1} - \beta \dot{u} |z|^n + A\dot{u} \end{cases} \qquad (3\text{-}21)$$

式中：α 为控制系统和磁流变液决定的系数；z 为滞回位移；C_0 为磁流变阻尼器运动速度较大时的黏滞阻尼系数，k_0 为刚度系数，二者均为常数；γ、β、n 和 A 均为模型参数，通过调整这些参数可控制阻尼力-速度曲线的形状和光滑度。

Bouc-Wen 模型的优点是通用型强，能反映各种滞回曲线并被广泛用于滞回系统；缺点是参数物理意义不明确，且不易识别，此外，当阻尼器电流改变时，该模型将不再适用。该模型实际应用难度较大，较适合试验研究和理论计算。此外随着激励频率的变化，由该模型计算得到的阻尼器阻尼力-位移曲线变化较大，这与大多数情况下试验测得的阻尼力-位移曲线不相符。

4. Spencer 现象模型

为进一步提高 Bouc-Wen 模型的精度，Spencer 等在 Bouc-Wen 模型基础上做进一步的修正，提出了 Spencer 现象模型，如图 3-29 所示。

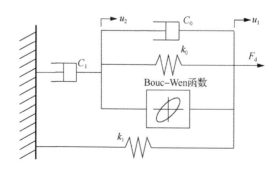

图 3-29 Spencer 现象模型

Spencer 现象模型的表达式为

$$
\begin{cases}
F_d = \alpha z + k_0(u_1 - u_2) + k_1(u_1 - u_0) + c_0(\dot{u}_1 - \dot{u}_2) \\
\dot{z} = -\gamma|\dot{u}_1 - \dot{u}_2|z|z|^{n-1} - \beta(\dot{u}_1 - \dot{u}_2)|z|^n + A(\dot{u}_1 - \dot{u}_2) \\
\dot{y} = (c_0 + c_1)^{-1}[\alpha z + c_0\dot{u}_1 + k_0(u_1 - u_2)]
\end{cases}
\tag{3-22}
$$

式中：k_1 为蓄能器刚度；u_0 为 k_1 的初始位移；α、c_0、c_1 与输入电压 V 相关，可用线性函数表示为

$$
\begin{cases}
\alpha = \alpha_a + \alpha_b V \\
c_0 = c_{0a} + c_{0b} V \\
c_1 = c_{1a} + c_{1b} V
\end{cases}
\tag{3-23}
$$

式中：α_a、α_b、c_{0a}、c_{0b}、c_{1a} 和 c_{1b} 均为模型参数。

Spencer 现象模型将 Bouc-Wen 模型与阻尼元件串联后再与弹性元件并联，可很好地模拟阻尼力-速度滞回特性及阻尼力-位移特性，识别精度较高，适用于阀式磁流变阻尼器。Spencer 现象模型能较好地描述双黏度特性及滞回特性，因此许多试验数据的获取和控制方法的应用都基于此模型，但 Spencer 现象模型表达式非常复杂，难以用于实际控制系统中。

5. 带质量元素的温度唯象模型

磁流变阻尼器在振动过程中，不断地将耗散的能量转换为磁流变液的热能，由于该热能不能及时释放给周围的环境，致使磁流变液的温度上升，并导致其力学性能发生改变，从而影响到阻尼器的阻尼力及耗能能力。考虑到阻尼器振动过程中温度升高对磁流变液性能的影响，徐赵东等基于流体能量守恒原理提出了带质量元素的温度唯象模型，如图 3-30 所示，其计算公式为

$$
\begin{cases}
F_d = f(T)[c(\dot{u})\dot{u} + m\ddot{u} + \alpha z] \\
\dot{z} = -\gamma|\dot{u}|z|z|^{n-1} - \beta\dot{u}|z|^n + A\dot{u}
\end{cases}
\tag{3-24}
$$

式中：$f(T)$ 和 $c(\dot{u})$ 由下式确定：

$$
\begin{cases}
f(T) = \exp[a_{t1}(273/T)^2 + a_{t2}(273/T) + a_{t3}] \\
c(\dot{u}) = a_{c1}\exp[-(a_{c2}|\dot{u}|)]^p
\end{cases}
\tag{3-25}
$$

式中：F_d 和 u 分别为磁流变阻尼器的阻尼力和位移；$f(T)$ 为由温度引起的影响系数；T 为温度；$c(\dot{u})$ 为考虑低速时的力衰减和磁流变体静摩擦黏滞现象的阻尼力项；z 为滞回位移；m 为考虑磁流变液惯性效应的等效质量；α、β、γ、n、A、a_{t1}、a_{t2}、a_{t3}、a_{c1} 和 a_{c2} 分别为由试验确定的系数。

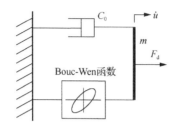

图 3-30　带质量元素的温度唯象模型

该模型能体现温升效应对磁流变阻尼器带来的影响，同时也考虑了磁流变液的惯性效应，但该模型进一步增加了公式的复杂程度。

6. Sigmoid 模型

考虑到磁流变阻尼器的库仑阻尼力与速度的非线性关系可以用 Sigmoid 函数描述，将阻尼器的阻尼力表示为

$$F_d = F_y \frac{1 - e^{-\frac{\beta}{\omega}\dot{u}}}{1 + e^{-\frac{\beta}{\omega}\dot{u}}} + C_0\dot{u} \qquad （3-26）$$

式中：F_y 为与磁场有关的屈服力；β 为指数系数，$\beta > 0$；ω 为激励圆频率；C_0 为黏滞阻尼系数；$\dot{u}$ 为磁流变阻尼器活塞的运动速度。

Sigmiod 模型的计算简图如图 3-31 所示，该模型计算简单、易于程序化，适合于工程设计和应用。虽然该模型不能描述阻尼力-速度曲线的滞回特性，但是 Sigmoid 模型需要确定的参数很少，除了阻尼器的黏滞阻尼系数和不同电流下阻尼器的屈服力外，仅有一个待定参数。因此，该模型具有较好的工程应用价值。

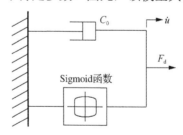

图 3-31　Sigmoid 模型

7. 双 Sigmoid 模型

为了识别磁流变阻尼器阻尼力-速度滞回模型，李秀领等提出了一种改进 Sigmoid 函数模型，该模型表达式简洁，能够较为精确地模拟磁流变阻尼器阻尼力-速度、阻尼力-位移的关系，其表达式为

$$F_d = F_y \frac{1 - e^{-k(\dot{u} + \dot{u}_h)}}{1 + e^{-k(\dot{u} + \dot{u}_h)}} + C_0\dot{u} \qquad （3-27）$$

式中：F_y 为磁流变阻尼器的屈服力；k 为常数；$\dot{u}$ 为任意时刻的速度；C_0 为磁流变阻尼器的阻尼系数；$\dot{u}_h$ 为阻尼力-速度（F_d-$\dot{u}$）曲线的穿越速度。系数 k 控制滞回曲线的斜率；$\dot{u}_h$ 控制 F_d-$\dot{u}$ 曲线滞回区域的宽度，其正负决定 F_d-$\dot{u}$ 曲线的上下分支走向；F_y、k、$\dot{u}_h$ 和 C_0 均为控制电流和最大速度的函数。

双 Sigmoid 模型形式简洁，如图 3-32 所示。综合考虑了控制电流和激励性质的影响，模型结构简单，对阻尼力-速度和阻尼力-位移曲线均有较高辨识度。

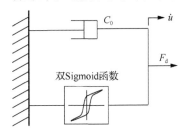

图 3-32　双 Sigmoid 模型

8. 磁饱和模型

当磁流变阻尼器线圈中的电流超过一定值时，阻尼器会发生磁饱和。为考虑磁饱和对阻尼器力学性能的影响，徐赵东等提出了磁饱和力学模型，如图 3-33 所示，该模型的表达式为

$$F_d = m\ddot{u} + C_0\dot{u} + k_k u + F_y \tanh\left\{\beta\left[\dot{u} + \lambda \operatorname{sgn}(u)\right]\right\} + F_0 \tag{3-28}$$

式中：u 为磁流变阻尼器的位移；C_0 为可变阻尼系数；k_k 为可变刚度系数；m 为考虑磁流变液惯性效应的等效质量；F_y 为与磁场有关的阻尼器屈服力；F_0 为与初始位置有关的初始力；β、λ 为控制模型滞回曲线圆滑度的形状因子。

磁饱和模型不仅能描述磁流变阻尼器的磁饱和现象，同时也能描述磁流变阻尼器阻尼力-位移和阻尼力-速度曲线的非线性滞回性能。

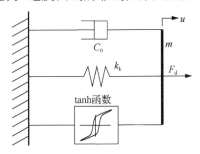

图 3-33　磁饱和力学模型

9. 米氏模型

磁流变阻尼器的阻尼力-速度（F_d-$\dot{u}$）曲线具有典型的非线性滞回特性，且 F_d-$\dot{u}$

曲线由两条 S 形单调有界曲线组成。因此，首先基于米氏函数（Michaelis-Menten equation），构建一条单分支 S 形曲线函数，其表达式为

$$y = \frac{x}{1 + |x|} \tag{3-29}$$

可知，该函数在单调递增，且 $\lim\limits_{x \to -\infty} y(x) = -1$，$\lim\limits_{x \to +\infty} y(x) = 1$。试验表明，阻尼器 F_{d}-$\dot{u}$ 关系呈现明显的屈服前滞回现象，当阻尼器活塞杆的运动位移 u 大于零（或加速度 $\ddot{u}$ 小于零）时，为 F_{d}-$\dot{u}$ 曲线的上分支曲线；当阻尼器活塞杆的 u 小于零（或 $\ddot{u}$ 大于零）时，为 F_{d}-$\dot{u}$ 曲线的下分支曲线，并且滞回区域的宽度随 u（或 $\ddot{u}$）的增大而增大，当 u（或 $\ddot{u}$）达到最大时，滞回区域的宽度达到最大。因此认为磁流变阻尼器在低速区域的滞回性能与位移有关，引入能确定 F_{d}-$\dot{u}$ 曲线上下分支并随 u 不断变化的阻尼力滞回速度 $\dot{u}_0 = \lambda u$，再加上黏滞阻尼力，即可构成磁流变阻尼器的力学模型——米氏模型（图 3-34），其表达式为

$$F_{\mathrm{d}} = F_{\mathrm{y}} \frac{\dot{u} + \dot{u}_0}{k + |\dot{u} + \dot{u}_0|} + C_0 \dot{u} = F_{\mathrm{y}} \frac{\dot{u} + \lambda u}{k + |\dot{u} + \lambda u|} + C_0 \dot{u} \tag{3-30}$$

式中：F_{y} 为与电流有关的可调库伦阻尼力；k 为与低速时 F_{d}-$\dot{u}$ 曲线斜率有关的系数；λ 为控制 F_{d}-$\dot{u}$ 曲线滞回区域宽度的系数；u 为任意时刻活塞杆与缸筒的相对位移；$\dot{u}$ 为任意时刻活塞杆与缸筒的相对速度；C_0 为与电流有关的黏滞阻尼系数。

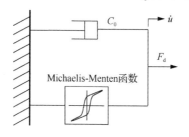

图 3-34　米氏模型

所提出的力学模型能很好地模拟 F_{d}-$\dot{u}$ 曲线和 F_{d}-$\dot{u}$ 曲线，而且能很好地描述 F_{d}-$\dot{u}$ 曲线低速时的非线性滞回性能，并能反映位移幅值、激励频率对 F_{d}-$\dot{u}$ 曲线滞回区域的宽度的影响，这是米氏模型的突出特点。米氏模型中，磁流变阻尼器的库伦阻尼力仅与电流有关，与位移幅值和激励频率无关，但位移幅值和激励频率的增加使得黏滞阻尼力增大，从而导致总阻尼力略有增加。

第4章 设置磁流变阻尼器自复位混凝土结构的抗震性能

钢筋混凝土剪力墙和柱是建筑结构中的主要抗侧力构件，其在地震作用下的性能将直接影响结构安全、人员伤亡和经济损失。长期以来，我国建筑结构的抗震设计遵循"小震不坏、中震可修、大震不倒"的原则进行，主要通过结构在循环荷载作用下的塑性变形来耗散地震能量，从而达到抗震设防要求。从近年来国内外发生的几次震级较大的破坏性地震中可以发现（徐培福等，2017）：按现行规范设计建造的结构不会因发生倒塌而造成大量的人员伤亡，但地震后结构损伤严重，残余变形很大，且基本丧失使用功能，结构的修复重建费用和修复重建期造成的建筑使用功能中断带来的经济损失数额巨大。如2011年新西兰基督城6.3级地震，死亡185人，但重建费用高达40亿新西兰元，约占新西兰GDP的20%，大量建筑由于残余变形过大（并未倒塌）而不得不拆除，严重影响了灾区震后救援、恢复重建和经济发展。因此，如何在地震时消耗传入结构的地震能量、避免或减少主体结构发生损伤，并在震后快速减小残余变形，使结构具有可恢复功能，已成为工程结构抗震领域的重要研究方向（吕西林等，2011）。

可恢复功能结构是一种地震后不需修复或稍加修复即可恢复其使用功能的结构。自复位高强筋材混凝土剪力墙和柱是可恢复功能结构的一种，通过在混凝土结构构件中内置高强筋材，震后依靠高强筋材提供的弹性力使构件回复到原位（赵军等，2016，2018，2019）。高强筋材主要包括预应力钢筋、超高强螺纹钢筋、碳纤维增强塑料（carbon fiber reinforced plastic，CFRP）筋。作者前期开展了CFRP筋混凝土剪力墙和柱、钢筋/CFRP筋混合配筋混凝土剪力墙和柱的抗震性能试验研究，结果表明：随着CFRP筋配筋率的提高，混凝土剪力墙和柱的残余变形大幅度减小，其自复位性能有所提升，但CFRP筋的高强、线弹性性质降低了混凝土剪力墙和柱的耗能能力。

为增加自复位构件的耗能能力，作者通过在高强筋材混凝土剪力墙和柱中设置X型、V型和分离式磁流变阻尼器，成功研发了自复位耗能构件（赵军等，2018；张香成等，2018），其思路为：在试验或地震过程中，通过持续施加电流保证磁流变阻尼器具有足够的阻尼力和耗能能力，从而增加自复位混凝土构件的刚度、承载力和耗能性能等；在试验或地震结束后，切断磁流变阻尼器的电流，从而消除其对自复位构件残余变形的影响，构件在高强筋材弹性恢复力作用下快速恢复到原位。本章主要介绍设置磁流变阻尼器自复位混凝土剪力墙和柱的抗震试验，研究设置磁流变阻尼器自复位混凝土剪力墙和柱的破坏模式、滞回曲线、骨架曲线、刚度退化、延性性能、残余变形和耗能能力等抗震性能。

4.1 设置磁流变阻尼器自复位混凝土剪力墙的抗震性能试验

4.1.1 试件概况

设计并制作了 3 个相同尺寸的足尺剪力墙试件，由加载梁、墙体、底梁三部分组成，墙体的长、宽、高分别为 1280mm、200mm、2360mm，试件其余部分的详细尺寸如图 4-1 所示。

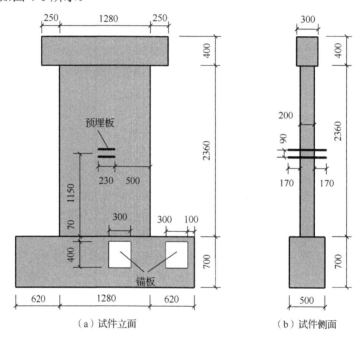

（a）试件立面　　　　　　　　（b）试件侧面

图 4-1　试件详细尺寸

三个试件的编号分别为 CFRPSW、CFRPSW+MRD 和 SSW+MRD，试件的混凝土强度等级均为 C40。构件 CFRPSW 和 CFRPSW+MRD 的边缘构件中的纵向配筋是由 8 根直径为 12mm 的 CFRP 筋和 4 根直径为 8mm 的 HRB400 级钢筋组成；构件 SSW+MRD 的边缘构件中的纵向配筋是由 6 根公称直径为 15.2mm 的钢绞线和 4 根直径为 8mm 的 HRB400 级钢筋组成。3 个试件的边缘构件中的箍筋采用的是 HRB400 级直径为 6mm 的矩形复合箍筋；墙体内所有竖向、水平向分布钢筋均采用 HRB400 级，竖向分布钢筋的间距为 60mm，配筋率为 0.7%，水平分布钢筋在墙体 600mm 高度内的间距为 50mm，配筋率为 1.0%，在墙体 600mm 及以上高度范围内的间距为 70mm，配筋率为 0.7%。3 个试件的详细配筋图如

图 4-2 所示。

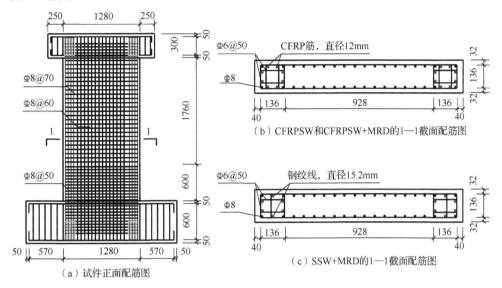

（a）试件正面配筋图

（b）CFRPSW 和 CFRPSW+MRD 的 1—1 截面配筋图

（c）SSW+MRD 的 1—1 截面配筋图

图 4-2　试件 CFRPSW、CFRPSW+MRD、SSW+MRD 的详细配筋图

　　CFRPSW+MRD 和 SSW+MRD 两个试件的墙体外部前后两侧，通过刚性支架和预埋的锚板对称水平安装 2 个磁流变阻尼器，安装高度为 1150mm，磁流变阻尼器的详细尺寸见第 3 章表 3-2，磁流变阻尼器的拟静力力学性能见第 3 章 3.3.1 小节。磁流变阻尼器左右两端均采用球头活塞杆连接，避免磁流变阻尼器的活塞杆在试验过程中因墙体变形或转动而产生过大的弯矩。预埋锚板的位置如图 4-1 所示。

　　由于 CFRP 筋和钢绞线都属于高强筋材，二者与混凝土的黏结强度都比普通钢筋与混凝土的黏结强度低，且二者都不能通过弯折的方式进行锚固，为了防止 CFRP 筋和钢绞线在试验过程中被拔出，充分发挥两种钢筋的抗拉强度，对两种钢筋的端部均进行了加强锚固处理，具体的锚固措施如图 4-3 所示。

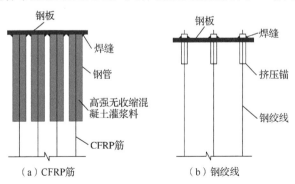

（a）CFRP 筋

（b）钢绞线

图 4-3　高强筋材锚固示意图

4.1.2 抗震性能试验

1. 材料的力学性能

3 个试件均采用 C40 商品混凝土浇筑，混凝土的立方体（150mm×150mm×150mm）抗压强度 f_{cu}=51.7MPa，轴心抗压强度 f_c=39.3MPa；HRB400 钢筋、CFRP 筋和钢绞线的材料力学性能见表 4-1。

表 4-1 HRB400 钢筋、CFRP 筋和钢绞线的材料力学性能

筋材类别	直径/mm/	屈服强度/MPa	极限强度/MPa	伸长率/%	弹性模量/MPa
HRB400	6	451	564	23	$2.09×10^5$
HRB400	8	510	618	11.5	$2.0×10^5$
CFRP 筋	12	—	2346	1.5	$1.47×10^5$
钢绞线	15.2	1754	1916	4.3	$1.98×10^5$

2. 拟静力试验

采用拟静力试验研究 3 个试件的抗震性能，剪力墙抗震性能试验装置如图 4-4 所示。通过钢压梁、地锚螺杆和水平方向设置的千斤顶将剪力墙试件下端的底梁固定约束在试验台座上，通过高强螺杆将剪力墙试件上端的加载梁与作动器固定在一起；采用电液伺服系统对试验构件进行拟静力加载，水平作动器的最大出力和竖向液压千斤顶的最大出力均为 2000kN。试验轴压比为 0.26，竖向荷载为 2223kN，由两个竖向千斤顶提供，竖向千斤顶的稳压装置及与滑道之间设置的滚动导轨可以保证加载过程中竖向荷载的稳定性和加载位置的同步性。

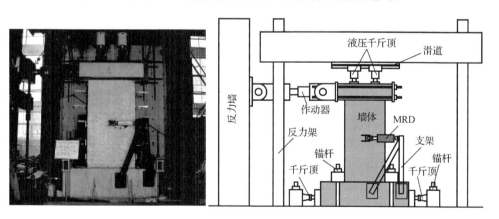

图 4-4 剪力墙抗震性能试验装置

　　通过作动器以位移控制的方式对试件进行水平加载，具体加载制度如图 4-5 所示。试验过程中主要对剪力墙试件的水平荷载、不同高度处的竖向和水平向位移以及相关筋材的应变进行采集，竖向和水平向位移计布置如图 4-6 所示，边缘构件中 CFRP 筋、钢绞线和箍筋上应变片以及墙体分布钢筋上应变片的位置分布如图 4-7 所示。对于外部设置磁流变阻尼器的试件，在整个拟静力试验加载过程中，磁流变阻尼器四个线圈的电流始终恒定为 2.6A，磁流变阻尼器在 2.6A 电流下的拟静力力学性能参见第 3 章 3.3.1 小节的相关内容。

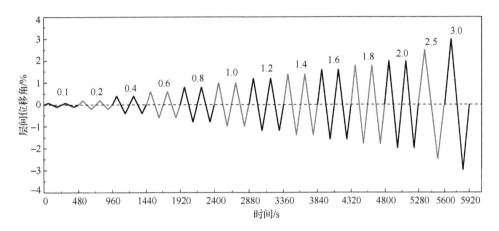

图 4-5　剪力墙拟静力试验加载制度

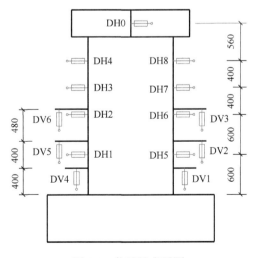

图 4-6　位移计布置图

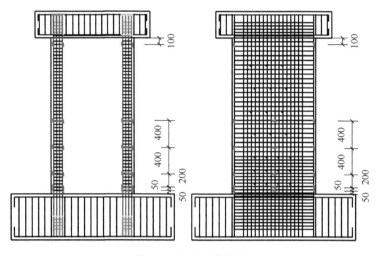

图 4-7　应变片分布图

3. 试验现象及试件破坏形态

当加载至层间位移角为 0.1%时，3 个试件墙体的底部界面均出现少量的水平裂缝，裂缝最大长度不超过 260mm；从层间位移角为 0.6%开始，3 个试件的受压区混凝土保护层开始鼓皮并有少量碎屑剥落，试件 CFRPSW+MRD 开始进入屈服阶段；从 0.8%的层间位移角开始，试件 CFRPSW 和 SSW+MRD 先后进入屈服阶段，3 个试件的裂缝在此阶段得到进一步发展，左右两侧的斜裂缝相互交叉成 X 形；当达到 1.2%～1.4%的层间位移角时，试件 CFRPSW+MRD 和 CFRPSW 先后达到峰值荷载，已有裂缝得到充分发展，新裂缝数量几乎不再出现，受压区混凝土已开始发生小面积的局部破坏；当达到 1.8%的层间位移角时，试件 SSW+MRD 达到其峰值荷载，同时也发生破坏；当达到 2.0%的层间位移角时，试件 CFRPSW 与 CFRPSW+MRD 也发生破坏。3 个试件均发生以受弯为主的弯剪型破坏，其中，试件 CFRPSW 的破坏区域最小，试件 CFRPSW+MRD 次之，试件 SSW+MRD 的破坏区域最大，破坏时部分 CFRP 筋断裂，钢绞线受压屈曲。3 个试件的裂缝分布及破坏形态如图 4-8～图 4-10 所示。

图 4-8　试件 CFRPSW 的裂缝分布及破坏形态

图 4-9　试件 CFRPSW+MRD 的裂缝分布及破坏形态

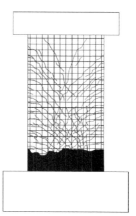

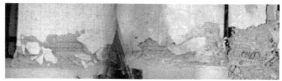

图 4-10　试件 SSW+MRD 的裂缝分布及破坏形态

表 4-2 列出了在各加载等级下 3 个试件的最大裂缝宽度，结合裂缝分布图可以看出：试件 CFRPSW 的裂缝分布高度最低，约为 2040mm，占墙体高度的 86.4%，在 3 个试件的同加载等级中的最大裂缝宽度最大；试件 CFRPSW+MRD 的裂缝分布高度次之，约为 2140mm，占墙体高度的 90.7%，在同加载等级下的最大裂缝宽度比试件 CFRPSW 略小；试件 SSW+MRD 的裂缝分布高度最高，约为 2300mm，占墙体高度的 97.5%，在同加载等级下的最大裂缝宽度最小。说明外设磁流变阻尼器会对剪力墙的裂缝分布高度及破坏区域产生一定影响，但不会改变剪力墙的裂缝和破坏形态；边缘暗柱中纵筋类型对剪力墙的破坏区域影响较大；最大裂缝宽度和剪力墙裂缝分布高度相关，裂缝分布高度越大，最大裂缝宽度越小。

表 4-2　各加载等级下 3 个试件的最大裂缝宽度

位移角 θ /rad	最大裂缝宽度 ω_{max} /mm		
	CFRPSW	CFRPSW+MRD	SSW+MRD
0.1%	0.11	0.09	0.01
0.2%	0.23	0.19	0.12
0.4%	0.30	0.26	0.22
0.6%	0.44	0.42	0.38
0.8%	0.59	0.53	0.55
1.0%	0.76	0.7	0.54
1.2%	0.78	0.86	0.62
1.4%	0.82	0.85	0.75
1.6%	0.94	0.83	0.79
1.8%	1.04	0.96	0.99

4.1.3　抗震性能试验结果分析

1. 滞回曲线

剪力墙的滞回曲线为荷载-位移曲线，它能够综合反映循环荷载作用下剪力墙试件的承载力、刚度及耗能能力等性能，各剪力墙的实测荷载-位移曲线如图 4-11～图 4-13 所示。

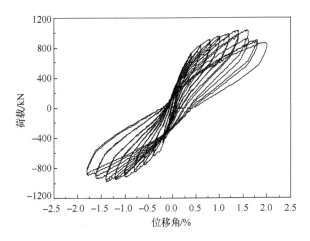

图 4-11　试件 CFRPSW 的滞回曲线

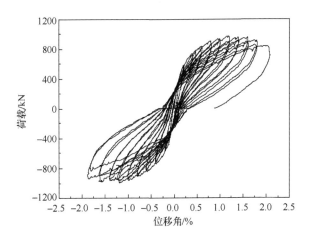

图 4-12　试件 CFRPSW+MRD 的滞回曲线

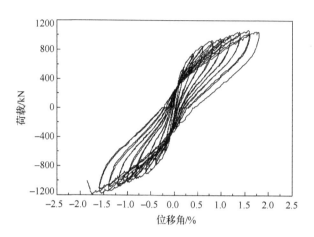

图 4-13　试件 SSW+MRD 的滞回曲线

在加载初期，剪力墙的整体性能较好，边缘构件内高强筋材的应变较低，试件的水平荷载和侧向变形都比较小，荷载-位移呈现出线性关系；随着加载等级的提高，荷载-位移曲线向位移轴倾斜，刚度逐渐退化，滞回环面积有所增加，纵筋应变和水平荷载随着层间位移角的增加而同步增大；从层间位移角为 1.2%~1.4% 的加载阶段开始，试件 CFRPSW+MRD 和试件 CFRPSW 先后达到其峰值荷载，纵筋应变随层间位移角的增加而持续增大，水平荷载开始降低。和试件 CFRPSW 相比，试件 CFRPSW+MRD 的水平荷载降低幅度比较缓慢，体现出较好的后期持载能力。而试件 SSW+MRD 的水平荷载和边缘构件中的纵筋应变随层间位移角的增加逐渐增大，直至破坏时仍呈现出增大的趋势。

所有试件在卸载结束后的残余变形均较小，且其破坏荷载不低于峰值荷载的 85%。滞回环整体呈现弓形的特征，反映出良好的耗能能力和恢复性能。外置磁流变阻尼器可以提高剪力墙的持载能力，使峰值荷载后的水平荷载随着层间位移角的增大缓慢降低，体现出较好的延性性能；边缘构件中的纵筋类型不同时，剪力墙的受力状态和滞回特征明显不同。

2. 骨架曲线

3 个试件的骨架曲线如图 4-14 所示。

试件 CFRPSW 和 CFRPSW+MRD 的骨架曲线变化规律基本一致，有明显的荷载相持和下降阶段；试件 SSW+MRD 的骨架曲线基本上将试件 CFRPSW 和 CFRPSW+MRD 的骨架曲线包络在内，而且水平荷载随着墙体变形的增大而提高，直至试件破坏也没有降低。从整体上看，试件 CFRPSW+MRD 的水平荷载均比同层间位移下 CFRPSW 的大，体现出外置磁流变阻尼器对剪力墙的水平承载力的增强作用；试件 SSW+MRD 的开裂荷载、屈服荷载及峰值荷载分别比试件

CFRPSW+MRD 提升 3.2%、13.8%、19.1%，说明边缘构件的纵筋类型对剪力墙承载力影响较大，钢绞线-钢筋混凝土剪力墙的承载力整体较高；试件 SSW+MRD 的极限变形能力比试件 CFRPSW 和 CFRPSW+MRD 降低了 12.8%，主要与 CFRP 筋和钢绞线的弹性模量、延伸率有关。

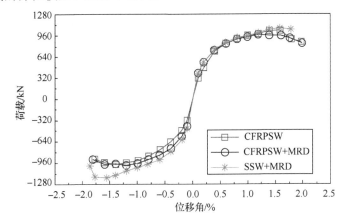

图 4-14　试件 CFRPSW、CFRPSW+MRD、SSW+MRD 的骨架曲线

从整体上看，所有试件的极限层间位移角都达到了《建筑抗震设计规范》（GB 50011—2010）（2016 年版）中所规定的弹塑性层间位移角限值的 2.25～2.5 倍，并且在大变形下仍具有较高承载力，破坏荷载达到了普通钢筋混凝土剪力墙峰值荷载的 1.14～1.6 倍。

3. 刚度退化

试件在水平反复荷载作用下，随着损伤的发展，刚度逐渐退化，可用割线刚度 K_i 来表示。根据试验曲线和计算公式所得的刚度退化曲线如图 4-15 所示。

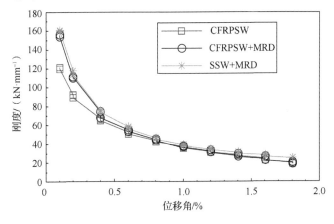

图 4-15　试件 CFRPSW、CFRPSW+MRD、SSW+MRD 的刚度退化曲线

通过图 4-15 可以看出，试件 CFRPSW+MRD 与 SSW+MRD 的初始刚度比较接近，分别比试件 CFRPSW 的初始刚度大 28.3% 和 32.4%。随着层间位移角的增大，试件的水平荷载逐渐增大，刚度退化明显；当层间位移角为 0.8% 时，所有试件均已进入塑性屈服阶段，之后所有试件的刚度快速降低，退化趋势基本一致。相比而言，试件 SSW+MRD 的刚度较高，试件 CFRPSW 与 CFRPSW+MRD 的刚度比较接近。破坏时试件 CFRPSW、CFRPSW+MRD 和 SSW+MRD 的残余刚度分别为其初始刚度的 15.8%、12.0% 和 15.4%。说明外设磁流变阻尼器对试件初期刚度的影响比纵筋类型更为明显，但对墙体屈服后的刚度影响较小；采用钢绞线的剪力墙在整个加载阶段的刚度相对更高，体现出更好的抵抗变形的能力。

4. 延性性能

延性代表结构或构件承载力没有明显下降时的变形能力。位移延性系数 μ 作为评价延性性能的一个常用指标，定义为构件极限变形 Δ_u 与屈服变形 Δ_y 的比值，即 $\mu=\Delta_u/\Delta_y$，计算结果见表 4-3。屈服位移 Δ_y 通过等能量法确定，如图 4-16 所示。

表 4-3　位移延性系数计算

试件编号	屈服位移/mm	屈服位移角/rad	极限位移/mm	极限位移角/rad	位移延性系数
CFRPSW	17.71	1/144	50.54	1/51	2.85
CFRPSW+MRD	13.76	1/186	50.83	1/50	3.69
SSW+MRD	19.54	1/131	44.8	1/57	2.29

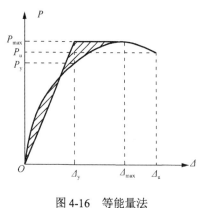

图 4-16　等能量法

相比于试件 CFRPSW，试件 CFRPSW+MRD 的屈服位移降低了 22.3%，极限位移基本相同，从而使 CFRPSW+MRD 的延性系数提高了 29.5%，说明外设阻尼器会使墙体的受力特性发生一定改变，使墙体较早地进入屈服阶段，从而表现出更好的塑性变形能力。与试件 CFRPSW 和试件 CFRPSW+MRD 相比，试件 SSW+MRD 的屈服位移最大，极限位移分别降低了 11.4%、11.9%，使其位移延性系数最小，分别比试件 CFRPSW 与 CFRPSW+MRD 的延性系数低了 19.6%、37.9%。主要是由于试件 SSW+MRD 的整体刚度大，屈服位移较大，在后期的加载阶段中受压侧混凝土剥落比较严重，削弱了混凝土对钢绞线的约束作用，钢绞线受压屈曲，从而拥有较小的极限位移。

总的来说，3 个试验构件的极限变形能力均远大于《高层建筑混凝土结构技术规程》（JGJ 3—2010）中所规定的层间弹塑性层间位移角限值 1/120。增设阻尼器或改变纵筋类型均会对构件的延性产生较大影响，具体表现为：配置钢绞线剪力墙的位移延性最低，配置 CFRP 筋剪力墙的位移延性较大，配置 CFRP 筋同时外设磁流变阻尼器剪力墙的延性性能最优。

5. 残余变形和残余裂缝宽度

通过对卸载后剪力墙的残余变形和残余裂缝宽度进行测试，绘制出了各试件残余变形、残余裂缝宽度和裂缝恢复率，分别如图 4-17 和图 4-18 所示。

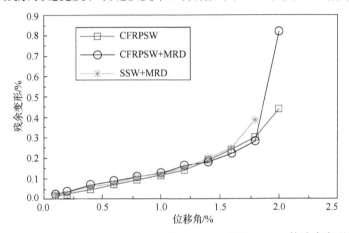

图 4-17　试件 CFRPSW、CFRPSW+MRD、SSW+MRD 的残余变形

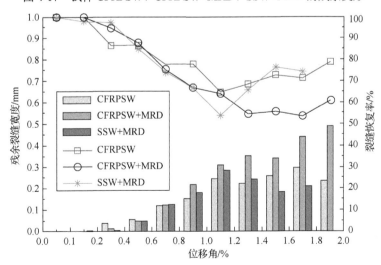

图 4-18　试件 CFRPSW、CFRPSW+MRD、SSW+MRD 的残余裂缝宽度和裂缝恢复率

在 1.2% 的层间位移角之前，3 个试件的残余变形和残余裂缝宽度随层间位移的增加而线性增大，从 1.4% 的加载等级开始，由于剪力墙的塑性损伤加重，残余

变形呈现出非线性的增大趋势。3 个试件在达到 2 倍规范规定的弹性层间位移角限值（1/1000）时的残余裂缝宽度均为 0mm；在达到规范规定的弹塑性层间位移角限值（1/120）时的残余裂缝宽度最大不超过 0.19mm；破坏前的残余变形均不大于 12mm，残余裂缝宽度也不超过 0.5mm，且在加载结束后的残余变形仅为变形值的 11.3%～22.5%，变形恢复了 77.5%～88.7%。由此可见，外置磁流变阻尼器对剪力墙残余变形和残余裂缝宽度的影响不明显，使剪力墙反映出良好的复位性能。

6. 耗能能力

通过对滞回环的面积进行分析，计算出各加载阶段 3 个试件的累积耗能和能量耗散系数，分别如图 4-19 和图 4-20 所示。

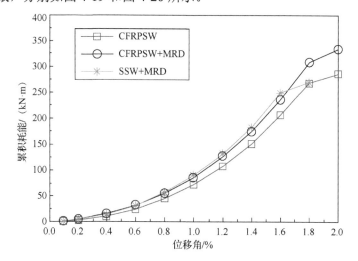

图 4-19　试件 CFRPSW、CFRPSW+MRD、SSW+MRD 的累积耗能

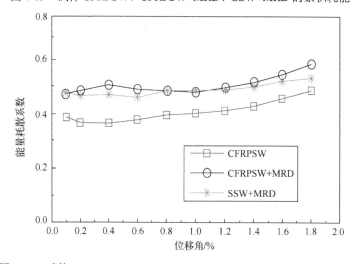

图 4-20　试件 CFRPSW、CFRPSW+MRD、SSW+MRD 的能量耗散系数

从图中可以看出，在相同层间位移角下，试件 CFRPW+MRD 的累积耗能均比试件 CFRPSW 高，破坏时的累积耗能增量为 16.6%；在 1.6% 的加载等级之前，试件 SSW+MRD 在同等层间位移下的累积耗能最高，但由于极限位移较小，其破坏时的累积耗能最低。3 个试件的能量耗散系数均随加载等级的提高而增大，试件 CFRPSW+MRD 在整个加载过程中的能量耗散系数始终保持最高，试件 SSW+MRD 次之，试件 CFRPSW+MRD 的能量耗散系数较试件 CFRPSW 提高了 13.0%～25.2%。说明外置磁流变阻尼器能够明显改善墙体的滞回特性，使滞回环更为饱满，提高了试件的累计耗能和能量耗散系数，体现出设置磁流变阻尼器剪力墙在耗能方面的优势。

为了对阻尼器在耗能方面的贡献程度做出具体的量化分析，通过对剪力墙试验过程中磁流变阻尼器的实时位移进行采集并结合磁流变阻尼器在静载试验下的滞回性能，得出了阻尼器在循环荷载作用下的累积耗能，并将外设磁流变阻尼器剪力墙累积耗能的增量分为两部分：磁流变阻尼器的累积耗能作为剪力墙累积耗能增量的第一部分，称为磁流变阻尼器直接贡献量；剪力墙累积耗能增量与磁流变阻尼器直接贡献量之差作为剪力墙累积耗能增量的第二部分，称为磁流变阻尼器间接贡献量。计算结果如图 4-21 所示。

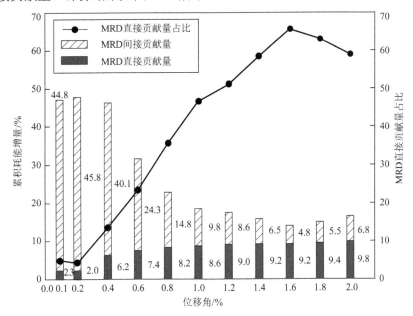

图 4-21　磁流变阻尼器耗能分析

在剪力墙屈服之前，侧向位移较小，磁流变阻尼器的相对变形也较小，裂缝发展得不充分，墙体损伤较少，墙体的弹性性能较好，使磁流变阻尼器的直接贡献量占比（磁流变阻尼器直接贡献量与对应累积耗能增量的比值）仅为 4.2%～

13.4%；随着加载等级的增大，墙体进入屈服阶段（层间位移角为 0.6%）以后，磁流变阻尼器活塞杆运动的相对位移随着剪力墙层间位移的增加而增大，使得磁流变阻尼器的直接贡献量得到明显提升，在 1.6%的层间位移角时可高达 65.7%；当达到极限位移时，磁流变阻尼器活塞杆的相对位移达到最大值，对应的单循环耗能达到最大，磁流变阻尼器直接贡献量仍能占据剪力墙累积耗能增量的 59.0%，进一步体现出外置磁流变阻尼器对提升剪力墙耗能能力的有效性。

7. 高强筋材应变分析

为了研究在反复荷载作用下墙体边缘暗柱内高强筋材应变的变化，绘制出了边缘构件中距墙底截面 300mm 处 CFRP 筋和钢绞线的应变-位移角关系曲线如图 4-22～图 4-24 所示。

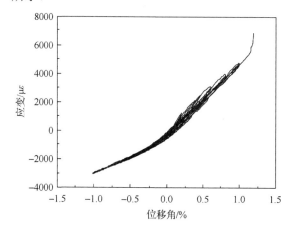

图 4-22　试件 CFRPSW 中 CFRP 筋的应变

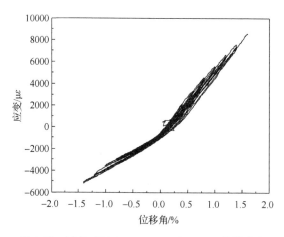

图 4-23　试件 CFRPSW+MRD 中 CFRP 筋的应变

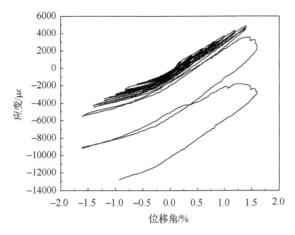

图 4-24　试件 SSW+MRD 中钢绞线的应变

通过图 4-22 和图 4-23 可以看出，在正向加载初期，混凝土参与程度较大，与筋材的协同受力较好，相同层间位移下的应变差别不明显；随着加载等级的逐步提高，剪力墙发生塑性变形，正反两个加载方向上 CFRP 筋的应变明显增大，但是由于阻尼器的作用，试件 CFRPSW+MRD 中 CFRP 筋应变均比试件 CFRPSW 中的小。当达到峰值荷载时，试件 CFRPSW 与 CFRPSW+MRD 中 CFRP 筋的拉应力可达到其抗拉强度的 38%～45%。

通过图 4-23 和图 4-24 可以看出：在初期加载阶段，试件 CFRPSW+MRD 中 CFRP 筋及试件 SSW+MRD 中钢绞线的应变较小，且相差不大；当试件进入到屈服阶段后，混凝土裂缝逐步得到发展，与筋材的协同受力作用减弱，由于钢绞线的弹性模量比 CFRP 筋大 34.7%，使得在相同加载等级下钢绞线受拉时的应变均比 CFRP 筋小。加载后期，当边缘暗柱中的 CFRP 筋或钢绞线处于受压状态时，由于受压区混凝土受压剥落，钢绞线受压屈曲，使钢绞线的压应变明显比 CFRP 筋的大。当达到峰值荷载时，边缘构件中钢绞线的拉应力达到其抗拉强度的 55%。

从整体上看，在剪力墙中外设磁流变阻尼器可以减小边缘构件中 CFRP 筋的应变，减缓 CFRP 筋的受力程度；在卸载过程中，随着剪力墙层间位移角的减小，CFRP 筋和钢绞线的应变近似线性减小，所表现出线弹性的特点使其为剪力墙提供了恢复力，从而使剪力墙具有良好的复位性能；当达到峰值荷载时，边缘构件中高强筋材（CFRP 筋和钢绞线）的拉应力达到其抗拉强度的 38%～55%，发挥了 CFRP 筋和钢绞线高抗拉强度的特点，使剪力墙拥有较高的承载力。

8. 侧移曲线

通过在墙体不同高度处所架设的水平位移计 DH0～DH8，绘制出了剪力墙试件在不同加载阶段（开裂、屈服、峰值、破坏）沿墙体高度（600mm、1200mm、1600mm、2000mm、2560mm）的侧移曲线如图 4-25～图 4-27 所示。

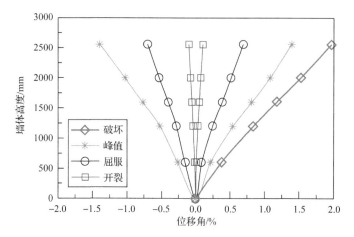

图 4-25　试件 CFRPSW 的侧移曲线

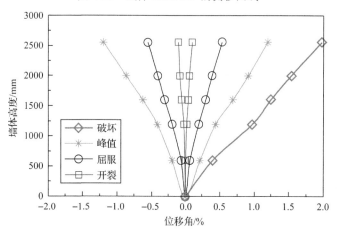

图 4-26　试件 CFRPSW+MRD 的侧移曲线

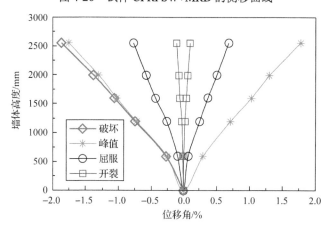

图 4-27　试件 SSW+MRD 的侧移曲线

从图中可以看出，开裂之前，剪力墙近似处于弹性阶段，初始刚度较大，所有试件沿墙体高度的侧移呈线性变化。屈服以后，剪力墙产生非弹性变形，出现塑性损伤，并开始形成塑性铰，试件的侧移曲线在塑性铰区内沿墙高呈现非线性的发展趋势，在塑性铰区高度外沿墙高呈现出近似线性的变化规律，侧移曲线在塑性铰区上段出现拐点。其中，试件 SSW+MRD 的整体侧移最大，试件 CFRPSW 的整体侧移次之，试件 CFRPSW+MRD 的整体侧移最小。当达到峰值荷载阶段时，侧移曲线在塑性铰区内外沿墙体高度所表现出的特征与屈服阶段相似，但塑性铰更为明显，试件 CFRPSW 的整体侧移平均比 CFRPSW+MRD 高出 20.1%。当试件处于破坏阶段时，塑性铰最为明显，试件 CFRPSW 与试件 CFRPSW+MRD 的整体侧移相差不多，平均比 SSW+MRD 高出了 16.6%、23.4%。

由此可见，外置磁流变阻尼器会减小剪力墙在屈服及峰值状态时的整体侧移；边缘构件采用钢绞线的剪力墙在峰值状态时的整体侧移较大，而在极限状态时的整体侧移较小。所有试件在反复荷载作用下均产生塑性铰，与弯曲型的破坏特征相适应，并由此可判断出剪力墙塑性铰区高度约为 500mm。

4.2　设置磁流变阻尼器自复位混凝土柱的抗震性能试验

4.2.1　试件概况

设计并制作了 3 个混凝土柱，其中 1 个是钢筋混凝土柱，另外 2 个是全 CFRP 筋混凝土柱。3 个混凝土柱的尺寸相同，均由底座、柱身、加载梁组成，其中柱身的长、宽、高分别为 300mm、300mm、1100mm，试件具体尺寸图如图 4-28 所示。

3 个试件的编号分别为 RCC、CFRP150、CFRP80，试件 RCC 代表 8 根纵筋为直径 12mm 的 HRB400 的钢筋混凝土柱；试件 CFRP150 代表 8 根纵筋为直径 12mm 的 CFRP 筋的混凝土柱，试验时柱身外部安装磁流变阻尼器，阻尼器的电流为 150mA；试件 CFRP80 代表 8 根纵筋为直径 12mm 的 CFRP 筋的混凝土柱，试验时柱身外部安装磁流变阻尼器，阻尼器的电流为 80mA。3 个混凝土柱的箍筋均为 HRB400，直径为 8mm，间距为 50mm。纵筋配筋率为 1%，体积配箍率为 1.6%，混凝土保护层厚度为 25mm。其中 CFRP 筋的锚固方式与图 4-3 剪力墙中 CFRP 筋的锚固方式相同。试件具体配筋图如图 4-29 所示。

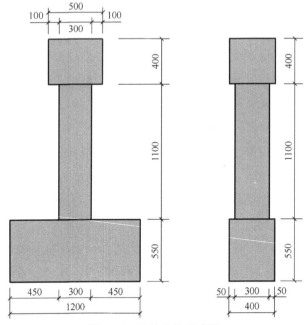

图 4-28　试件具体尺寸图

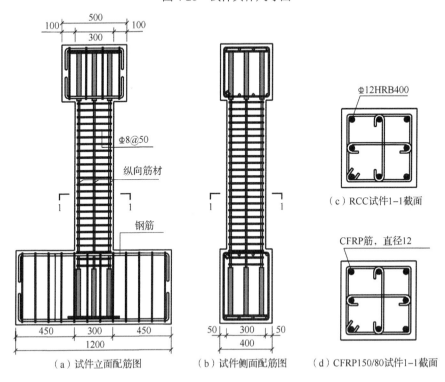

（a）试件立面配筋图　　　（b）试件侧面配筋图　　（d）CFRP150/80试件1-1截面

图 4-29　试件 RCC、CFRP150、CFRP80 的详细配筋图

4.2.2　抗震性能试验

1. 材料的力学性能

试件所用的混凝土立方体抗压强度为 49.8MPa，轴心抗压强度为 37.85MPa；HRB400、CFRP 筋的力学性能如表 4-4 所示。

表 4-4　钢筋、CFRP 筋的力学性能

筋材类别	直径/mm	屈服强度/MPa	极限强度/MPa	伸长率/%
HRB400	8	452	640	27.3
HRB400	12	433	615	27
CFRP 筋	12	—	2310.3	—

2. 拟静力试验

对 3 个混凝土柱进行水平低周反复试验以研究其抗震性能，试验装置加载示意图如图 4-30 所示。利用地锚螺杆的预紧力通过钢压梁将混凝土柱基座固定，同时在基座侧面放置千斤顶，通过两个方向上对基座底端的约束确保混凝土柱底不发生滑移现象。通过 4 根高强螺栓将混凝土柱的加载梁与作动器连接在一起，采用电液伺服系统对柱体进行拟静力加载。水平作动器的最大出力为 500kN，竖向液压千斤顶的最大出力为 1000kN；本次试验轴压比为 0.15，竖向力为 511kN，并在试验中保持不变。竖向千斤顶上部设有滑道，保证千斤顶可以随着柱体顶端同时移动。

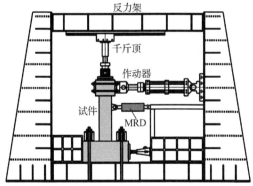

图 4-30　试验装置加载示意图

磁流变阻尼器与混凝土柱的连接方法是将磁流变阻尼器安装在 CFRP 筋混凝土柱身侧面，通过刚性支架与柱身两侧的预埋钢板将磁流变阻尼器与混凝土柱固定连接，安装高度为距离基座上表面 860mm 处，磁流变阻尼器一端的球头通过球头底座与钢板相连，保证磁流变阻尼器随着柱体的移动而同时移动，磁流变阻尼

器的另一端与刚性支架相连，确保其固结。

加载时采用位移控制的方法，以柱顶的水平位移作为位移幅值的测量标准，具体的加载制度如图 4-31 所示。在本次试验中柱身两侧共设置了 8 个水平位移计和 8 个竖直位移计，同时在磁流变阻尼器上设置水平位移计 DH10 监测阻尼器的位移变化，在柱顶设水平位移计 DH0 监测柱顶的水平位移变化。具体的位移计布置图如图 4-32 所示。在柱体 No.1～No.4 纵筋上粘贴应变片监测在加载过程中筋材的应变变化情况，其中，No.1 和 No.4 纵筋上应变片的粘贴位置相同，No.2 和 No.3 纵筋上应变片的粘贴位置相同，具体的应变片粘贴情况如图 4-33 所示。

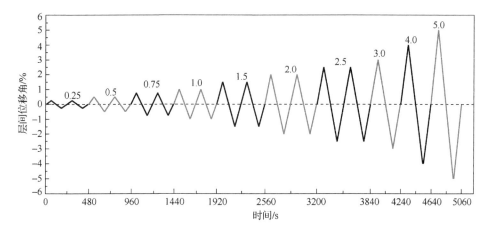

图 4-31　加载制度图

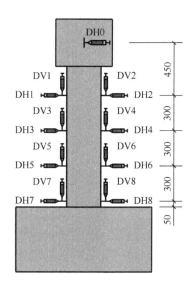

图 4-32　位移计布置图

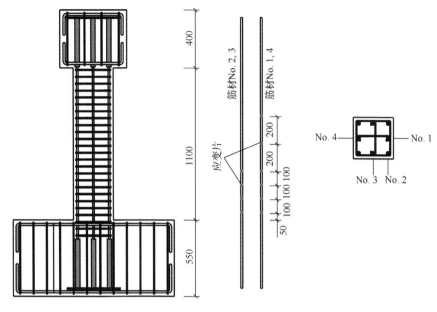

图 4-33　应变片布置图

安装在混凝土柱中的磁流变阻尼器的结构图与图 3-8 一致，主要结构参数设计值见表 4-5。磁流变阻尼器的电流施加方式如下：当加载有两个循环时，在第一个循环保持磁流变阻尼器电源始终开启状态，而在第二个循环中，当卸载为零时关闭磁流变阻尼器电源，待柱顶水平位移计示值稳定后再打开磁流变阻尼器电源继续加载。当加载只有一个循环时，按照上述第二循环进行加载。对磁流变阻尼器进行性能试验，得出磁流变阻尼器在电流为 150mA 和 80mA 下的阻尼力-位移曲线（图 4-34），从中可以看出，当磁流变阻尼器电流为 150mA 时，阻尼力维持在 60kN；当磁流变阻尼器电流为 80mA 时，阻尼力维持在 30kN。

表 4-5　磁流变阻尼器的主要结构参数设计值

参数	数值	参数	数值
行程/mm	±80	阻尼间隙高度/mm	1
线圈电阻/Ω	4×13.5	缸筒内径/mm	120
线圈槽深/mm	25	缸筒外径/mm	150
活塞杆直径/mm	40	线圈（个数×匝数）	4×1190

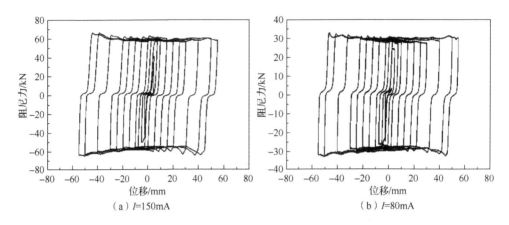

（a）I=150mA　　　　　　　　（b）I=80mA

图 4-34　磁流变阻尼器阻尼力-位移曲线

3. 试验现象和破坏形态

3 个试件都呈现明显的弯曲破坏形态。在层间位移角为 0.25%时，3 个试件均出现水平微裂缝，裂缝长度较小，裂缝宽度在 0.05mm 左右。在力卸载为零时，试件 RCC 和 CFRP80 的裂缝闭合，而试件 CFRP150 出现宽约 0.03mm 的残余裂缝。随着加载继续进行，除了在原有裂缝基础上继续延伸，宽度和长度都持续增加，新裂缝数量逐渐增多，且柱身侧面裂缝也在不断发展。水平裂缝在水平方向上延伸，随后斜向下发展，当层间位移角为 1.0%时，3 个试件的主裂缝贯通。当层间位移角为 1.5%时，试件 RCC 出现竖直裂缝，并达到峰值荷载，最大裂缝宽度和残余裂缝宽度进一步增加，塑性变形明显。试件 CFRP80 和试件 CFRP150 分别在加载等级为 2.0%和 2.5%出现竖直裂缝。随后混凝土保护层开始剥落，新裂缝几乎不再继续出现，只在原有裂缝上继续延伸和发展。当层间位移角为 4.0%时，试件 CFRP80 和 CFRP150 均达到峰值荷载，混凝土保护层进一步剥落，柱体角部破坏加重，而试件 RCC 承载力下降到峰值荷载的 85%，试件破坏。当层间位移角达到 5.0%时，试件 CFRP80 和试件 CFRP150 破坏，两者均在受压区距离基座100mm～200mm 高度处 CFRP 筋发生断裂。3 个柱体的裂缝分布图及破坏形态如图 4-35～图 4-37 所示。

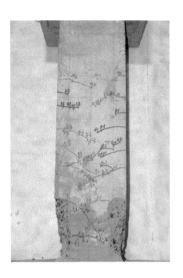
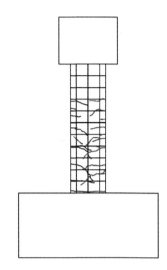

图 4-35　试件 RCC 的裂缝分布及破坏形态

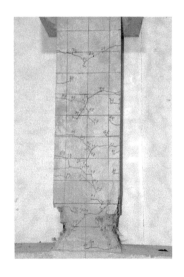
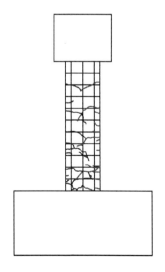

图 4-36　试件 CFRP150 裂缝分布及破坏形态

图 4-36（续）

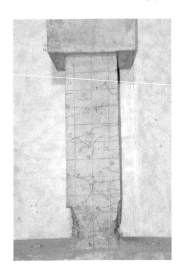 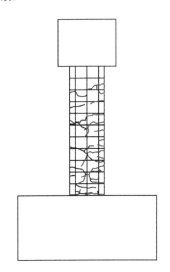

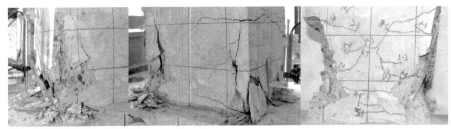

图 4-37　试件 CFRP80 的裂缝分布及破坏形态

测量每个加载等级下各试件的最大裂缝宽度，并陈列成如表 4-6 所示。从裂缝分布来看，3 个试件的裂缝均呈现斜向下 45°交叉发展。在加载初期，3 个试件的最大裂缝宽度均较小，随着加载进行，裂缝得到充分发展，特别是在试件临近破坏时，裂缝宽度急剧增加。从表中可以看出，同等级加载下，试件 CFRP150 的最大裂缝宽度略大于试件 CFRP80，且均大于普通钢筋混凝土柱。其中试件 RCC 裂缝发展较为集中，多在 500mm 高度以下，裂缝交叉点高度也较低，最高为 320mm，占柱体高度的 29.1%。试件 CFRP150 裂缝分布较为均匀，发展高度较高，最高在 900mm，而裂缝交叉点最高在 850mm 高度处，占柱体高度的 77.3%。试件 CFRP80 裂缝分布情况在试件 CFRP150 和试件 RCC 之间。磁流变阻尼器与 CFRP 筋混凝土柱的联合使用改变了传统钢筋混凝土柱的裂缝发展形式,裂缝分布范围更广,裂缝宽度较大,使得柱体受力更加均匀,且磁流变阻尼器的电流变化对裂缝宽度和发展也有较大影响,磁流变阻尼器电流越大,裂缝分布范围越高,裂缝宽度越宽。

表 4-6　各加载等级下各试件的最大裂缝宽度

位移角 θ /rad	最大裂缝宽度 ω_{max} /mm		
	RCC	CFRP150	CFRP80
0.25%	0.055	0.105	0.07
0.5%	0.195	0.28	0.27
0.75%	0.24	0.515	0.485
1.0%	0.315	0.715	0.635
1.5%	0.53	1.105	0.965
2.0%	0.65	1.39	1.33
2.5%	0.715	2.065	1.565
3.0%	0.755	2.075	2.28
4.0%	1.66	2.45	1.73
5.0%	—	3.66	1.76

4.2.3　抗震性能试验结果分析

1. 滞回曲线

在水平反复荷载作用下,混凝土柱所承受的水平荷载随柱顶产生水平位移值的变化曲线称为混凝土柱的滞回曲线。各混凝土柱的滞回曲线如图 4-38～图 4-40 所示。

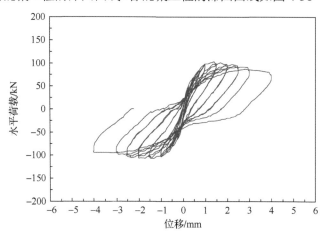

图 4-38　试件 RCC 的滞回曲线

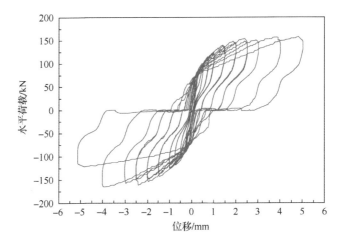

图 4-39　试件 CFRP150 的滞回曲线

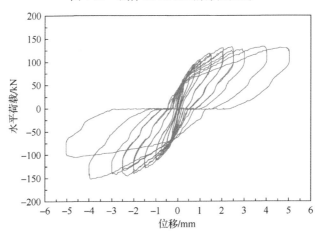

图 4-40　试件 CFRP80 的滞回曲线

　　在加载初期，3 个试件的刚度比较大，滞回曲线近似呈直线发展，试件所承受水平力和水平位移均较小，同时残余位移也较小。随着加载进行，试件 RCC 进入屈服阶段，承载力逐渐增大，滞回曲线开始向位移轴倾斜，同时残余位移也开始变大，在层间位移角为 1.5%时，达到其峰值荷载后，承载力开始缓慢下降，残余位移继续增大。直至加载到层间位移角为 4.0%时，试件破坏。而试件 CFRP150 与试件 CFRP80 的滞回曲线与试件 RCC 区别较大。附加磁流变阻尼器的混凝土柱承载力呈现先快速上涨，后上涨速度变慢甚至荷载持平阶段，最后破坏的现象，没有明显的较长的承载力下降阶段。同时可以明显地看出，在水平轴上发生柱子的残余位移减小的情况，这主要是因为在关闭磁流变阻尼器电源后，阻尼力消退，CFRP 筋混凝土柱获得一部分恢复力，同时依靠 CFRP 筋线弹性的特点使得柱子的残余位移大幅度减小。

总结来看，试件 CFRP150 和试件 CFRP80 的滞回曲线近似呈"旗帜形"，滞回曲线较为饱满，磁流变阻尼器在合理的使用方式下，试件的残余位移也较小。试件 CFRP150 和试件 CFRP80 破坏时的层间位移角均为 5.0%，比试件 RCC 多了一个加载等级，极限位移增大，同时承载力也较试件 RCC 大。设置磁流变阻尼器的混凝土柱呈现出高耗能能力和低残余变形的特点。相较于试件 CFRP80，试件 CFRP150 的滞回曲线更为饱满，承载力更高，但残余变形及极限变形相同。这充分说明了磁流变阻尼器电流越大，对承载力和耗能能力的提高越多。

2. 骨架曲线

3 个试件的骨架曲线对比图如图 4-41 所示。

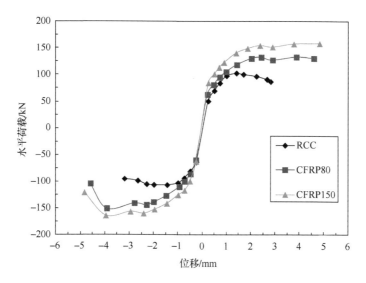

图 4-41 　试件 RCC、CFRP150、CFRP80 的骨架曲线对比图

试件 RCC 与试件 CFRP150、CFRP80 的骨架曲线呈现明显的不同。试件 RCC 的骨架曲线呈现先上升、缓慢下降的现象，而试件 CFRP150 和试件 CFRP80 的骨架曲线呈现快速上升、缓慢上升近似持荷、下降的现象。在加载初期，3 个试件的骨架曲线基本重合，这主要是因为 3 个试件处于弹性状态，随着加载继续进行，试件的刚度开始退化，承载力上升速度变慢，试件 RCC 有明显的屈服点，而试件 CFRP150 和试件 CFRP80 没有明显的承载力转折点。试件 CFRP150 与试件 CFRP80 的骨架曲线呈现相似的发展趋势，且两者均是在反向加载至层间位移角为 5.0%时破坏。但是试件 CFRP150 的骨架曲线外包络整个试件 CFRP80，且在加载后期，试件 CFRP150 与试件 CFRP80 的承载力差值较为稳定，这说明磁流变阻尼器的电流大小对试件承载力有着直接且稳定的影响。在整个加载过程中，试件 CFRP150 设置有磁流变阻尼器，且磁流变阻尼器电流最大，使得试件 CFRP150 的承载力始

终最大，试件 CFRP80 次之，试件 RCC 最小。试件 CFRP150 的峰值荷载比试件 CFRP80 和试件 RCC 分别大 8.85% 和 53.85%，这主要归因于试件 CFRP150 中磁流变阻尼器的电流较大和 CFRP 筋抗拉强度较高的特点。说明相较于普通钢筋混凝土柱，磁流变阻尼器与 CFRP 筋混凝土柱联合使用的承载力得到明显提高，且磁流变阻尼器电流越大，试件的承载力越高。

3. 刚度退化

混凝土柱在水平低周反复荷载下，刚度会出现退化现象。对试验数据进行计算得出各试件的刚度退化曲线图如图 4-42 所示。

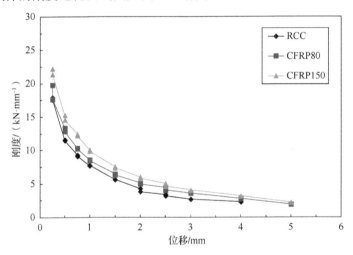

图 4-42　试件 RCC、CFRP150、CFRP80 的刚度退化曲线图

3 个试件的刚度退化呈现相同的发展趋势，在加载初期刚度退化较为严重，随着试验加载，刚度退化越来越缓慢。在整个加载过程中，在相同的加载等级处，试件 CFRP150 的刚度最大，试件 CFRP80 次之，试件 RCC 刚度最小。这主要是因为试件 CFRP150 中安装的磁流变阻尼器电流最大。试件 CFRP150 的初期刚度比试件 CFRP80 和试件 RCC 分别大 12.21% 和 23.73%，当层间位移角增大，3 个试件的刚度差值先变大后变小。当层间位移角为 4.0% 时，试件 CFRP150 的刚度分别比试件 CFRP80、试件 RCC 大 14.18% 和 37.43%。这说明试件 CFRP150 抵抗变形的能力更强。磁流变阻尼器的设置对增加构件刚度起到非常重要的作用，且磁流变阻尼器电流越大，试件刚度越大。试件 RCC、CFRP80、CFRP150 的残余刚度分别比初期刚度减小 87.05%、90.04%、90.01%，这说明了附加磁流变阻尼器的 CFRP 筋混凝土柱刚度退化情况略严重。

4. 残余变形和残余裂缝宽度

在卸载为零时，关闭磁流变阻尼器电源后，测量并记录试件的残余裂缝和残余变形，绘制出各试件的残余变形和残余裂缝如图 4-43 和图 4-44 所示。

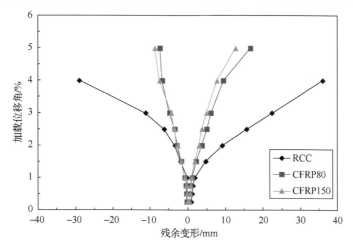

图 4-43　试件 RCC、CFRP150、CFRP80 的残余变形

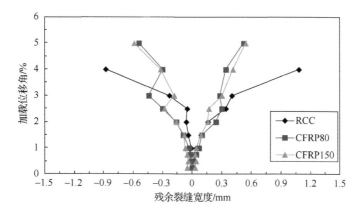

图 4-44　试件 RCC、CFRP150、CFRP80 的残余裂缝宽度

　　在加载初期，3 个试件均处于弹性状态，残余变形和残余裂缝值均较小，其中试件 RCC 和试件 CFRP80 的残余变形和残余裂缝在加载层间位移为 0.25%时均为 0mm。当加载至层间位移角为 1.5%时，试件 RCC 进入弹塑性阶段，残余变形值开始增大，且增大幅度较试件 CFRP150 和试件 CFRP80 快，与试件 CFRP150 和试件 CFRP80 的残余变形差值开始变大，随着加载进行，差值越来越大，试件 RCC 的残余变形值远大于试件 CFRP150 和试件 CFRP80。当层间位移角为 4.0%时，试件 RCC 破坏，此时试件 CFRP150 的残余变形值比试件 RCC 小 76.66%。在 3 个试件均达到破坏时，试件 CFRP150 和试件 CFRP80 的残余裂缝为 0.55mm 左右，而试件 RCC 的残余裂缝为 1.08mm，这主要是因为在关闭磁流变阻尼器电源后，阻尼力消退，CFRP 筋的线弹性特点使柱子获得一部分恢复力，所以 CFRP

筋柱的残余变形和残余裂缝值减小。说明相较于普通钢筋混凝土柱，磁流变阻尼器在合理的使用方式下，可明显减小结构的残余变形，增加结构的可恢复性。而试件 CFRP150 和试件 CFRP80 的残余变形值和残余裂缝值接近相同，这是因为关闭磁流变阻尼器电源后，试件 CFRP150 和试件 CFRP80 都没有附加力的影响，性能接近相同，因此残余变形值接近。

5. 耗能性能

通过对试件的滞回环分析，计算得出 3 个试件的累积耗能和能量耗散系数如图 4-45 和图 4-46 所示。

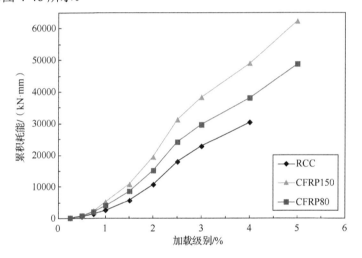

图 4-45　试件 RCC、CFRP150、CFRP80 的累积耗能

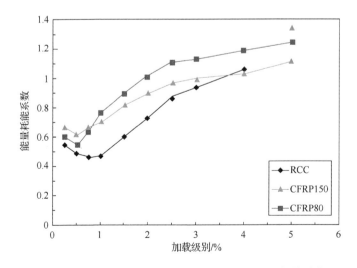

图 4-46　试件 RCC、CFRP150、CFRP80 的能量耗散系数

在试验加载初期，3 个试件的累积耗能相差不多，这主要是因为试件都处于弹性状态，且磁流变阻尼器在小位移下对试件耗能影响不大。在层间位移角为1.0%后，各试件的累积耗能和能量耗散系数开始增加，且试件 CFRP150 的累积耗能增长速率最大，试件 CFRP80 次之，RCC 最小。3 者的累积耗能差值越来越大，在层间位移角为 1.0%之后，试件 CFRP150 的能量耗散系数与试件 CFRP80 差值逐渐变大，最后破坏时略有减小，说明磁流变阻尼器在大位移时更能发挥其增加耗能作用。试件 CFRP150 的累积耗能始终处于 3 者中的最大值，试件 RCC 的累积耗能最小。当试件均破坏时，试件 CFRP150 的累积耗能分别比试件 CFRP80 和试件 RCC 大 27.63%和 104.9%。在加载后期，由于试件 RCC 进入塑性变形阶段，能量耗散系数增长速率变快。在试件均破坏时试件 CFRP150 的能量耗散系数分别比试件 CFRP80 和试件 RCC 大 11.5%和 18.1%。这充分说明了相较于普通钢筋混凝土柱，附加磁流变阻尼器的 CFRP 筋混凝土柱拥有更好的耗能性能，且磁流变阻尼器电流越大，对耗能能力的提升越明显。

为量化磁流变阻尼器对 CFRP 筋混凝土柱耗能性能的贡献，根据在磁流变阻尼器上装设的位移计示值和磁流变阻尼器性能试验中得到的滞回曲线，计算得出磁流变阻尼器在单圈循环中的耗能量和在 CFRP 筋混凝土柱整体耗能中磁流变阻尼器累积耗能所占比重，并绘成曲线图如图 4-47 和图 4-48 所示。

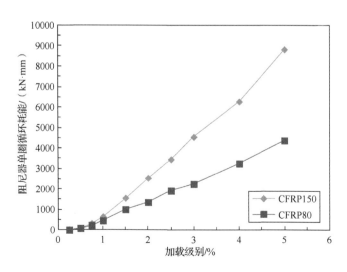

图 4-47　试件 CFRP、CFRP80 中磁流变阻尼器的单圈循环耗能

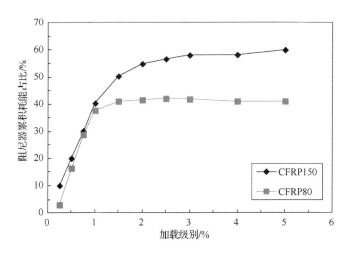

图 4-48　试件 CFRP150、CFRP80 中磁流变阻尼器的累积耗能占比

在加载等级为 1.0%前，磁流变阻尼器在单圈循环中的耗能量均较小，而在随后的加载等级中，磁流变阻尼器单圈循环耗能量增长速率较快，且试件 CFRP150 中磁流变阻尼器的单圈循环耗能量始终大于试件 CFRP80，且两者差值越来越大。这主要是因为磁流变阻尼器电流越大，阻尼力越大，相同的加载位移下，耗能量越大。而且两者的磁流变阻尼器的耗能量占比也是在加载等级为 1.0%时出现明显差异。在层间位移角为 1.0%前，试件 CFRP150 和试件 CFRP80 中磁流变阻尼器的耗能量占比较小，磁流变阻尼器累积耗能量占比随着层间位移角的增大呈现先增大后稳定的现象，说明在加载后期，CFRP 筋柱中的 CFRP 筋利用其较高的抗拉强度也为试件的耗能性能做了较大的贡献。试件 CFRP150 中磁流变阻尼器的累积耗能占比最大为 59.92%，而试件 CFRP80 中磁流变阻尼器的累积耗能占比最大为 42.02%，这充分说明了磁流变阻尼器的设置对 CFRP 筋混凝土柱耗能性能的提升作用，且磁流变阻尼器电流越大，试件的耗能性能越优越。

6. 纵筋应变分析

为分析混凝土柱在水平反复荷载作用下筋材的应变变化，选取在距离基座 350mm 高度处柱体角部 2 号筋材，并绘制 3 个试件的应变-位移曲线如图 4-49～图 4-51 所示。

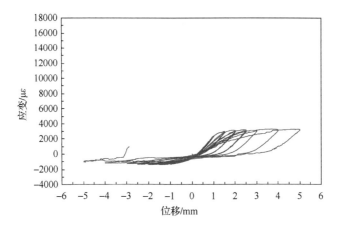

图 4-49　试件 RCC 中 2 号筋材的应变

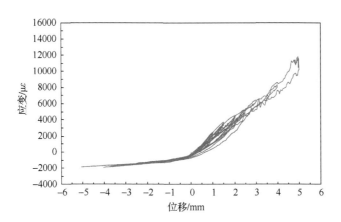

图 4-50　试件 CFRP80 中 2 号筋材的应变

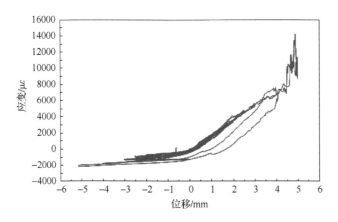

图 4-51　试件 CFRP150 中 2 号筋材的应变

从 3 个图中可以明显地看出 HRB400 级钢筋和 CFRP 筋的区别，HRB400 级钢筋存在明显的屈服点，而 CFRP 筋呈现明显的线弹性特点。在加载初期 3 个混凝土柱的 CFRP 筋应变值较小，混凝土发挥主要作用。应变值随着层间位移角增加而不断增大，且装设磁流变阻尼器的 CFRP 筋混凝土柱的应变值增长速率较快，试件 CFRP150 中筋材的应变值最大，试件 CFRP80 次之，试件 RCC 中最小，说明磁流变阻尼器电流大小对筋材应变影响较大。试件 RCC 中筋材应变值随着加载等级的提高呈现先快速增加后增加速度较慢的趋势，在加载后期，试件进入塑性阶段，筋材屈服，产生较大的残余变形，也使柱体的残余变形较大。而 CFRP 筋混凝土柱中由于 CFRP 筋线弹性的特点，残余变形较小，因此结构的自复位能力也较好。3 个试件的筋材应变均呈现拉应变较大，而压应变较小的现象。当试件 CFRP150 和试件 CFRP80 均达到其峰值荷载时，筋材的拉应力都达到了其抗拉强度的 68.22% 和 50.27%，抗拉强度得到了较好的发挥，也为其较高的承载力提供了一定的保障。

7. 侧移曲线

通过在混凝土柱上设置的水平位移计（高度为 50mm、350mm、650mm 和 950mm）绘制出了 3 个试件在各个层间位移角下沿柱体不同高度处的侧移曲线，如图 4-52～图 4-54 所示。

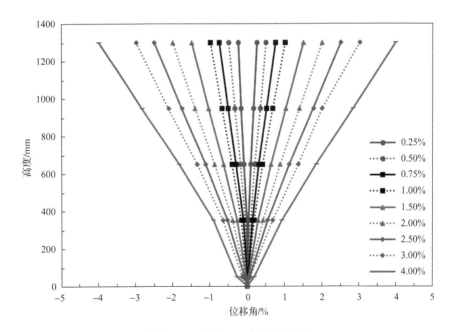

图 4-52　试件 RCC 的侧移曲线

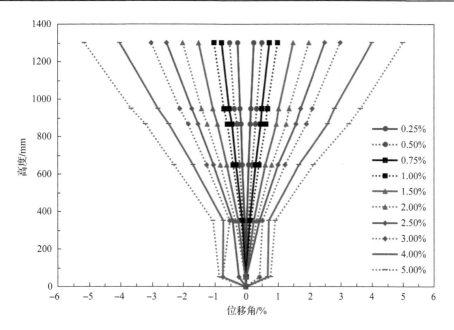

图 4-53　试件 CFRP150 的侧移曲线

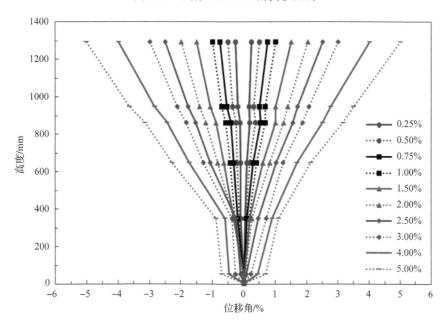

图 4-54　试件 CFRP80 的侧移曲线

从整体上看，试件 RCC 的侧移量与高度成正比例发展，试件 CFRP150 和试件 CFRP80 在加载初期侧移量随着高度的增加而线性增加，但在层间位移角为 1.0%后，在高度 350mm 以上侧移曲线呈线性变化，而在高度 350mm 以下侧移曲线出现弯折，加载等级越高，弯折程度越明显，说明底部侧移量较大，试件底部出现一定的转动变形。同时说明了试件的塑性铰区高度在柱体底部 350mm 左右。

定义 CFRP150K 表示试件 CFRP150 在开裂时的侧移量，CFRP150F 表示其在达到峰值时的侧移量，CFRP150P 表示其破坏时的侧移量；试件 CFRP80 和 RCC 的变量定义与此类同。从 3 个试件各阶段的侧移曲线图 4-55 中可以看出，3 个试件在开裂时的侧移量基本相同，且侧移曲线都呈现线性变化，但是试件 RCC 较早地达到了峰值阶段，从峰值阶段到破坏经历了较长阶段，侧面说明了试件 RCC 的延性较好。而当试件 RCC 破坏时，试件 CFRP150 和试件 CFRP80 还未达到峰值，说明其经历了较长的荷载上升段或持平段，而从峰值阶段到破坏阶段却只经历了一个加载循环。配置磁流变阻尼器的 CFRP 筋柱的整体侧移量均大于普通钢筋混凝土柱，当 3 个试件都破坏时，在最高处试件 CFRP150 的侧移量分别比试件 CFRP80 和试件 RCC 的侧移量增加了 5.53%和 51.32%，说明附加磁流变阻尼器的 CFRP 筋混凝土柱的侧移极限变形大于普通钢筋土柱，对提高构件的极限变形有较大帮助，但磁流变阻尼器电流大小对 CFRP 筋混凝土柱的极限变形影响较小。

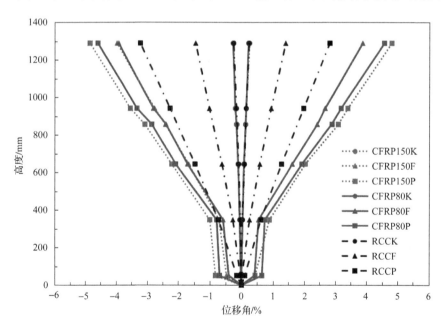

图 4-55　试件 RCC、CFRP150、CFRP80 的各阶段的侧移曲线

第5章　框架结构的数值建模理论基础

杆系结构和框架结构是土木工程中广泛采用的结构形式，对于设置磁流变阻尼器的钢筋混凝土框架结构而言，建立其计算模型并进行仿真分析是检验阻尼器减振控制效果或验证半主动控制算法优劣的一种经济有效的手段。然而，由于现有的通用有限元软件很难模拟磁流变阻尼器的力学模型及其控制算法，国内外研究学者多采用 MATLAB 自编程或 MATLAB 中的 Simulink 工具箱等方法对设置磁流变阻尼器的结构进行建模和仿真分析。因此，本书以杆系结构和框架结构为主介绍设置磁流变阻尼器结构的 MATLAB 编程仿真分析理论基础。

5.1　平面杆系单元

5.1.1　一维杆单元

一维杆单元的单元刚度矩阵推导过程如下。

杆件是最常用的承力构件，杆件两端一般都是铰接接头，因此，它主要是承受沿轴线方向的轴向力，不传递和承受弯矩。如图 5-1 所示，任意一维长杆单元，Ox 为该单元的局部坐标系，两端结点 1 和 2 沿坐标轴方向的结点力分别为 f_{N1} 和 f_{N2}，与之对应的结点位移为 u_1 和 u_2，单元自由度为 2。

图 5-1　任意一维杆单元

下面采用能量变分原理推导一维杆单元的刚度矩阵，设单元的位移场为 $u(x)$，将函数 $u(x)$ 展开为 Taylor 级数，并取 Taylor 级数展开式的前两项作为该单元的位移插值模式

$$u(x) = a_0 + a_1 x \tag{5-1}$$

式中：a_0 和 a_1 为待定系数。

单元结点条件为

$$\left.\begin{array}{l} u(x = 0) = u_1 \\ u(x = l) = u_2 \end{array}\right\} \tag{5-2}$$

将式（5-2）代入式（5-1），可求得 a_0 和 a_1 为

$$a_0 = u_1 \atop a_1 = \dfrac{u_2 - u_1}{l}\Bigg\} \qquad (5\text{-}3)$$

将式（5-3）代入式（5-1），可得

$$u(x) = u_1 + \frac{u_2 - u_1}{l}x = \left(1 - \frac{x}{l}\right)u_1 + \left(\frac{x}{l}\right)u_2 = \begin{bmatrix} 1-\xi & \xi \end{bmatrix}\begin{bmatrix} u_1 \\ u_2 \end{bmatrix} = \boldsymbol{N}(\xi) \cdot \boldsymbol{\delta}_e \quad (5\text{-}4)$$

式中：$\xi = \dfrac{x}{l}$；$\boldsymbol{N}(\xi) = \begin{bmatrix} 1-\xi & \xi \end{bmatrix}$ 为形状函数矩阵，记 $N_1 = 1-\xi$、$N_2 = \xi$；$\boldsymbol{\delta}_e = \begin{bmatrix} u_1 & u_2 \end{bmatrix}^{\mathrm{T}}$ 为结点位移列阵，下标 e 代表局部坐标系中单元的变量。

由弹性力学中的几何方程，单元内的应变可表示为

$$\varepsilon(x) = \frac{\mathrm{d}u(x)}{\mathrm{d}x} = \begin{bmatrix} -\dfrac{1}{l} & \dfrac{1}{l} \end{bmatrix}\begin{bmatrix} u_1 \\ u_2 \end{bmatrix} = \boldsymbol{B}(x) \cdot \boldsymbol{\delta}_e \qquad (5\text{-}5)$$

式中：$\boldsymbol{B}(x) = \begin{bmatrix} -\dfrac{1}{l} & \dfrac{1}{l} \end{bmatrix}$ 为几何矩阵，记 $B_1 = -\dfrac{1}{l}$、$B_2 = \dfrac{1}{l}$。

由弹性力学中的物理方程，单元内的应力可表示为

$$\sigma(x) = E\varepsilon(x) = E \cdot \boldsymbol{B}(x) \cdot \boldsymbol{\delta}_e = \boldsymbol{D} \cdot \boldsymbol{B}(x) \cdot \boldsymbol{\delta}_e = \boldsymbol{S}(x) \cdot \boldsymbol{\delta}_e \qquad (5\text{-}6)$$

式中：E 为材料的弹性模量；$\boldsymbol{D} = [E]$ 为一维杆单元的弹性矩阵；$\boldsymbol{S} = \begin{bmatrix} -\dfrac{E}{l} & \dfrac{E}{l} \end{bmatrix}$ 为应力矩阵。

基于式（5-5）和式（5-6），有单元的势能的表达式

$$
\begin{aligned}
\varPi_e &= U_e - W_e = \frac{1}{2}\int_{\Omega} \sigma(x) \cdot \varepsilon(x) \cdot \mathrm{d}\Omega - (f_{N1}u_1 + f_{N2}u_2) \\
&= \frac{1}{2}\int_0^l \boldsymbol{\delta}_e^{\mathrm{T}} \cdot \boldsymbol{S}^{\mathrm{T}}(x) \cdot \boldsymbol{B}(x) \cdot \boldsymbol{\delta}_e \cdot A \cdot \mathrm{d}x - (f_{N1}u_1 + f_{N2}u_2) \\
&= \frac{1}{2}\begin{bmatrix} u_1 & u_2 \end{bmatrix}\begin{bmatrix} \dfrac{EA}{l} & -\dfrac{EA}{l} \\[2mm] -\dfrac{EA}{l} & \dfrac{EA}{l} \end{bmatrix}\begin{bmatrix} u_1 \\ u_2 \end{bmatrix} - \begin{bmatrix} f_{N1} & f_{N2} \end{bmatrix}\begin{bmatrix} u_1 \\ u_2 \end{bmatrix} \\
&= \frac{1}{2}\boldsymbol{\delta}_e^{\mathrm{T}} \cdot \boldsymbol{k}_e \cdot \boldsymbol{\delta}_e - \boldsymbol{f}_e^{\mathrm{T}} \cdot \boldsymbol{\delta}_e \qquad (5\text{-}7)
\end{aligned}
$$

式中：$\boldsymbol{k}_e$ 为单元刚度矩阵；$\boldsymbol{f}_e$ 为单元的等效结点力向量。二者分别为

$$\boldsymbol{k}_e = \frac{EA}{l}\begin{bmatrix} 1 & -1 \\ -1 & 1 \end{bmatrix} \qquad (5\text{-}8)$$

$$\boldsymbol{f}_e = \begin{bmatrix} f_{N1} & f_{N2} \end{bmatrix}^{\mathrm{T}} \qquad (5\text{-}9)$$

对式（5-7）中的 $\boldsymbol{\delta}_e$ 取极小值，可得单元的刚度方程

$$\underset{(2\times2)}{\boldsymbol{k}_e} \cdot \underset{(2\times1)}{\boldsymbol{\delta}_e} = \underset{(2\times1)}{\boldsymbol{f}_e} \qquad (5\text{-}10)$$

5.1.2　二维梁单元

1. 平面纯弯梁单元

如图 5-2 所示的平面纯弯梁单元，其结点为 1 和 2，x 轴与梁轴重合。在结点 1 和 2 上所受的结点力为剪力 f_Q 和弯矩 f_M，与之对应的结点位移分别为挠度 v 和转角位移 θ，单元的自由度为 4。

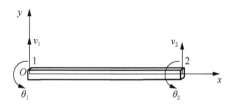

图 5-2　平面纯弯梁单元

同样采用最小势能原理来推导平面梁单元的单元刚度矩阵。由于有 4 个结点位移条件，故假设纯弯梁的位移场挠度 v 用三次多项式表示。于是有

$$v(x) = a_0 + a_1 x + a_2 x^2 + a_3 x^3 \tag{5-11}$$

式中：a_0、a_1、a_2、a_3 均为待定系数。

由单元的结点位移条件

$$\left. \begin{array}{l} v(x=0) = v_1 \\ v'(x=0) = \theta_1 \\ v(x=l) = v_2 \\ v'(x=l) = \theta_2 \end{array} \right\} \tag{5-12}$$

将式（5-12）代入式（5-11），可求得待定系数

$$\left. \begin{array}{l} a_0 = v_1 \\ a_1 = \theta_1 \\ a_2 = \dfrac{1}{l^2}\left(-3v_1 - 2\theta_1 l + 3v_2 - \theta_2 l\right) \\ a_3 = \dfrac{1}{l^3}\left(2v_1 + \theta_1 l - 2v_2 + \theta_2 l\right) \end{array} \right\} \tag{5-13}$$

将式（5-13）代入式（5-11），可得

$$v(x)=\left[\left(1-3\xi^2+2\xi^3\right)\quad l\left(\xi-2\xi^2+\xi^3\right)\quad\left(3\xi^2-2\xi^3\right)\quad l\left(\xi^3-\xi^2\right)\right]\begin{bmatrix}v_1\\\theta_1\\v_2\\\theta_2\end{bmatrix}=\boldsymbol{N}(\xi)\boldsymbol{\delta}_\mathrm{e}$$

（5-14）

式中：$\xi=\dfrac{x}{l}$；$\boldsymbol{N}(\xi)$ 是位移的形状函数矩阵；$\boldsymbol{\delta}_\mathrm{e}=\begin{bmatrix}v_1&\theta_1&v_2&\theta_2\end{bmatrix}^\mathrm{T}$ 为结点位移列阵。

$$\boldsymbol{N}(\xi)=\left[\left(1-3\xi^2+2\xi^3\right)\quad l\left(\xi-2\xi^2+\xi^3\right)\quad\left(3\xi^2-2\xi^3\right)\quad l\left(\xi^3-\xi^2\right)\right]\quad（5-15）$$

为区别式（5-4）形状函数矩阵中的元素，此处记 $N_3=1-3\xi^2+2\xi^3$、$N_4=l\left(\xi-2\xi^2+\xi^3\right)$、$N_5=3\xi^2-2\xi^3$、$N_6=l\left(\xi^3-\xi^2\right)$。

略去梁的剪切变形，由纯弯梁的几何方程，则有

$$\varepsilon(x,y)=-y\frac{\mathrm{d}^2v(x)}{\mathrm{d}x^2}$$

$$=-y\left[\frac{1}{l^2}(12\xi-6)\quad\frac{1}{l}(6\xi-4)\quad-\frac{1}{l^2}(12\xi-6)\quad\frac{1}{l}(6\xi-2)\right]\boldsymbol{\delta}_\mathrm{e}=\boldsymbol{B}(\xi)\boldsymbol{\delta}_\mathrm{e}\quad（5-16）$$

式中：y 是以横截面中性层为起点的 y 轴方向的变量；$\boldsymbol{B}(\xi)$ 为几何矩阵，即

$$\boldsymbol{B}(\xi)=-y\left[\frac{1}{l^2}(12\xi-6)\quad\frac{1}{l}(6\xi-4)\quad-\frac{1}{l^2}(12\xi-6)\quad\frac{1}{l}(6\xi-2)\right]\quad（5-17）$$

为区别式（5-5）几何矩阵中的元素，此处记 $B_3=-\dfrac{y}{l^2}(12\xi-6)$、$B_4=-\dfrac{y}{l}(6\xi-4)$、$B_5=\dfrac{y}{l^2}(12\xi-6)$、$B_6=-\dfrac{y}{l}(6\xi-2)$。

由梁的物理方程，可得单元的应力表达式

$$\sigma(x,y)=E\varepsilon(x,y)=E\boldsymbol{B}(x,y)\boldsymbol{\delta}_\mathrm{e}=\boldsymbol{S}(x,y)\boldsymbol{\delta}_\mathrm{e}\quad（5-18）$$

式中：$\boldsymbol{S}(x,y)$ 为单元的应力矩阵。

由单元的势能原理

$$\varPi_\mathrm{e}=U_\mathrm{e}-W_\mathrm{e}$$

$$=\frac{1}{2}\int_0^l\int_A\sigma(x)\cdot\varepsilon(x)\cdot\mathrm{d}A\cdot\mathrm{d}x-\left(f_{Q1}v_1+f_{M1}\theta_1+f_{Q2}v_2+f_{M2}\theta_2\right)$$

$$=\frac{1}{2}\boldsymbol{\delta}_\mathrm{e}^\mathrm{T}\left(\int_0^l\int_A\boldsymbol{B}^\mathrm{T}\cdot E\cdot\boldsymbol{B}\cdot\mathrm{d}A\cdot\mathrm{d}x\right)\boldsymbol{\delta}_\mathrm{e}-\boldsymbol{f}_\mathrm{e}^\mathrm{T}\cdot\boldsymbol{\delta}_\mathrm{e}$$

$$=\frac{1}{2}\boldsymbol{\delta}_\mathrm{e}^\mathrm{T}\cdot\boldsymbol{k}_\mathrm{e}\cdot\boldsymbol{\delta}_\mathrm{e}-\boldsymbol{f}_\mathrm{e}^\mathrm{T}\cdot\boldsymbol{\delta}_\mathrm{e}\quad（5-19）$$

式中：单元力矩阵 $\boldsymbol{f}_\mathrm{e}$ 和单元刚度矩阵 $\boldsymbol{k}_\mathrm{e}$ 的表达式为

$$\boldsymbol{f}_\mathrm{e}=\begin{bmatrix}f_{Q1}&f_{M1}&f_{Q2}&f_{M2}\end{bmatrix}^\mathrm{T}\quad（5-20）$$

$$k_e = \iiint\limits_{\Omega} \boldsymbol{B}^{\mathrm{T}} E \boldsymbol{B} \mathrm{d}\Omega = \int_0^l \int_A \begin{bmatrix} B_3 \\ B_4 \\ B_5 \\ B_6 \end{bmatrix} \cdot E \cdot \begin{bmatrix} B_3 & B_4 & B_5 & B_6 \end{bmatrix} \cdot \mathrm{d}A \cdot \mathrm{d}x$$

$$= \frac{EI_z}{l^3} \begin{bmatrix} 12 & 6l & -12 & 6l \\ 6l & 4l^2 & -6l & 2l^2 \\ -12 & -6l & 12 & -6l \\ 6l & 2l^2 & -6l & 4l^2 \end{bmatrix} \tag{5-21}$$

式中：I_z 为惯性矩。

将式（5-19）中的 $\varPi_e$ 对 $\boldsymbol{\delta}_e$ 取极小值，可得单元刚度方程

$$\underset{(4\times4)}{\boldsymbol{k}_e} \cdot \underset{(4\times1)}{\boldsymbol{\delta}_e} = \underset{(4\times1)}{\boldsymbol{f}_e} \tag{5-22}$$

2. 一般平面梁单元

对于一般平面弹性梁单元，在图 5-2 所示的纯弯梁的基础上叠加轴向位移（满足叠加原理），此时，结点 1 和 2 上所受的结点力为轴力 f_N、剪力 f_Q 和弯矩 f_M，与之对应的结点位移分别为沿 x 轴的轴向位移 u、挠度 v 和转角位移 θ，单元的自由度为 6，如图 5-3 所示。

图 5-3　任意平面梁单元

图 5-3 所示任意平面梁单元的结点位移列阵和结点力列阵为

$$\boldsymbol{\delta}_e = \begin{bmatrix} u_1 & v_1 & \theta_1 & u_2 & v_2 & \theta_2 \end{bmatrix}^{\mathrm{T}} \tag{5-23}$$

$$\boldsymbol{f}_e = \begin{bmatrix} f_{N1} & f_{Q1} & f_{M1} & f_{N2} & f_{Q2} & f_{M2} \end{bmatrix}^{\mathrm{T}} \tag{5-24}$$

将式（5-4）和式（5-14）进行线性组合，可得单元的位移场表达式为

$$\begin{bmatrix} u(x) \\ v(x) \end{bmatrix} = \boldsymbol{N}(\xi)\boldsymbol{\delta}_e \tag{5-25}$$

式中：形状函数矩阵 $\boldsymbol{N}(\xi)$ 为

$$\boldsymbol{N}(\xi) = \begin{bmatrix} N_1 & 0 & 0 & N_2 & 0 & 0 \\ 0 & N_3 & N_4 & 0 & N_5 & N_6 \end{bmatrix} \tag{5-26}$$

式中：N_1、N_2 见式（5-4）；N_3、N_4、N_5、N_6 见式（5-15）。

梁单元受拉压和弯曲作用时的线应变可分为两部分，即式（5-5）的拉压应变和式（5-16）弯曲应变，将式（5-5）和式（5-16）进行线性组合，可得单元的应变场表达式为

$$\boldsymbol{\varepsilon} = \begin{bmatrix} \varepsilon(x) \\ \varepsilon(x,y) \end{bmatrix} = \begin{bmatrix} \dfrac{\mathrm{d}u(x)}{\mathrm{d}x} \\ -y\dfrac{\mathrm{d}^2 v(x)}{\mathrm{d}x^2} \end{bmatrix} = \boldsymbol{B} \cdot \boldsymbol{\delta}_{\mathrm{e}} \qquad (5\text{-}27)$$

式中：几何矩阵 $\boldsymbol{B}$ 为

$$\boldsymbol{B} = \begin{bmatrix} B_1 & 0 & 0 & B_2 & 0 & 0 \\ 0 & B_3 & B_4 & 0 & B_5 & B_6 \end{bmatrix} \qquad (5\text{-}28)$$

式中：B_1、B_2 见式（5-5）；B_3、B_4、B_5、B_6 见式（5-17）。

将式（5-6）和式（5-18）进行线性组合，可得单元的应力表达式

$$\boldsymbol{\sigma} = \begin{bmatrix} \sigma(x) \\ \sigma(x,y) \end{bmatrix} = \boldsymbol{D} \cdot \boldsymbol{B} \cdot \boldsymbol{\delta}_{\mathrm{e}} \qquad (5\text{-}29)$$

式中：$\boldsymbol{D} = \mathrm{diag}(E, E)$。

相应的单元刚度方程为

$$\underset{(6\times6)}{\boldsymbol{k}_{\mathrm{e}}} \cdot \underset{(6\times1)}{\boldsymbol{\delta}_{\mathrm{e}}} = \underset{(6\times1)}{\boldsymbol{f}_{\mathrm{e}}} \qquad (5\text{-}30)$$

对应于图 5-3 的结点位移和式（5-23）中结点位移列阵的排列次序，将杆单元刚度矩阵式（5-8）与纯弯梁单元刚度矩阵式（5-21）进行组合，可得到式（5-30）中的单元刚度矩阵，即

$$\boldsymbol{k}_{\mathrm{e}} = \begin{bmatrix} \dfrac{EA}{l} & 0 & 0 & -\dfrac{EA}{l} & 0 & 0 \\ 0 & \dfrac{12EI_z}{l^3} & \dfrac{6EI_z}{l^2} & 0 & -\dfrac{12EI_z}{l^3} & \dfrac{6EI_z}{l^2} \\ 0 & \dfrac{6EI_z}{l^2} & \dfrac{4EI_z}{l} & 0 & -\dfrac{6EI_z}{l^2} & \dfrac{2EI_z}{l} \\ -\dfrac{EA}{l} & 0 & 0 & \dfrac{EA}{l} & 0 & 0 \\ 0 & -\dfrac{12EI_z}{l^3} & -\dfrac{6EI_z}{l^2} & 0 & \dfrac{12EI_z}{l^3} & -\dfrac{6EI_z}{l^2} \\ 0 & \dfrac{6EI_z}{l^2} & \dfrac{2EI_z}{l} & 0 & -\dfrac{6EI_z}{l^2} & \dfrac{4EI_z}{l} \end{bmatrix} \qquad (5\text{-}31)$$

5.2　空间梁单元

对于空间杆系结构和框架结构，需要采用空间杆件单元建模。对于空间梁单元，结点 1 和 2 上所受的结点力分别为轴力 f_N，剪力 f_{Qy} 和 f_{Qz}，弯矩 f_{Mx}、f_{My} 和 f_{Mz}；与之对应的结点位移分别为沿 x 轴的轴向位移 u，挠度 v 和 w，转角位移 θ_x、θ_y 和 θ_z；单元的自由度数为 12，见图 5-4。

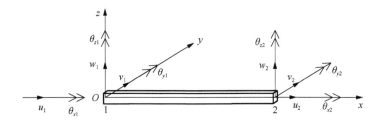

图 5-4　空间梁单元

图 5-4 所示空间梁单元的结点位移列阵和结点力列阵为

$$\boldsymbol{\delta}_e = \begin{bmatrix} u_1 & v_1 & w_1 & \theta_{x1} & \theta_{y1} & \theta_{z1} & u_2 & v_2 & w_2 & \theta_{x2} & \theta_{y2} & \theta_{z2} \end{bmatrix}^{\mathrm{T}} \quad (5\text{-}32)$$

$$\boldsymbol{f}_e = \begin{bmatrix} f_{N1} & f_{Qy1} & f_{Qz1} & f_{Mx1} & f_{My1} & f_{Mz1} & f_{N2} & f_{Qy2} & f_{Qz2} & f_{Mx2} & f_{My2} & f_{Mz2} \end{bmatrix}^{\mathrm{T}}$$
$$(5\text{-}33)$$

通过与推导平面梁单元刚度矩阵类似的方法，可以得到空间梁单元的单元刚度矩阵。轴向位移 u 和扭转角 θ_x 的位移模式取 x 的线性函数，而挠度 v 和 w 则用三次多项式来表示。于是有

$$\left. \begin{aligned} u(x) &= a_0 + a_1 x, & v(x) &= b_0 + b_1 x + b_2 x^2 + b_3 x^3 \\ \theta_x(x) &= c_0 + c_1 x, & w(x) &= d_0 + d_1 x + d_2 x^2 + d_3 x^3 \end{aligned} \right\} \quad (5\text{-}34)$$

根据结点的位移模式，将结点轴向位移、挠度和转角记为

$$\left. \begin{aligned} \boldsymbol{\delta}_u &= \begin{bmatrix} u_1 & u_2 \end{bmatrix}^{\mathrm{T}}, & \boldsymbol{\delta}_v &= \begin{bmatrix} v_1 & \theta_{z1} & v_2 & \theta_{z2} \end{bmatrix}^{\mathrm{T}} \\ \boldsymbol{\delta}_\theta &= \begin{bmatrix} \theta_{x1} & \theta_{x2} \end{bmatrix}^{\mathrm{T}}, & \boldsymbol{\delta}_w &= \begin{bmatrix} w_1 & \theta_{y1} & w_2 & \theta_{y2} \end{bmatrix}^{\mathrm{T}} \end{aligned} \right\} \quad (5\text{-}35)$$

可得到空间梁单元用结点位移表示的位移模式。它的矩阵公式为

$$u(x) = \boldsymbol{N}_u(\xi)\boldsymbol{\delta}_u, \quad \theta_x(x) = \boldsymbol{N}_\theta(\xi)\boldsymbol{\delta}_\theta, \quad v(x) = \boldsymbol{N}_v(\xi)\boldsymbol{\delta}_v, \quad w(x) = \boldsymbol{N}_w(\xi)\boldsymbol{\delta}_w$$
$$(5\text{-}36)$$

式中：

$$N_u(\xi) = N_\theta(\xi), \quad N_v(\xi) = N_w(\xi) \tag{5-37}$$

$$\begin{bmatrix} u(x) \\ v(x) \\ w(x) \\ \theta_x(x) \end{bmatrix} = \begin{bmatrix} N_u(\xi) \\ N_v(\xi) \\ N_w(\xi) \\ N_\theta(\xi) \end{bmatrix} \boldsymbol{\delta}_e = N(\xi)\boldsymbol{\delta}_e \tag{5-38}$$

式中：形状函数矩阵 $N(\xi)$ 为

$$N(\xi) = \begin{bmatrix} N_1 & 0 & 0 & 0 & 0 & 0 & N_2 & 0 & 0 & 0 & 0 & 0 \\ 0 & N_3 & 0 & 0 & 0 & N_4 & 0 & N_5 & 0 & 0 & 0 & N_6 \\ 0 & 0 & N_3 & 0 & N_4 & 0 & 0 & 0 & N_5 & 0 & N_6 & 0 \\ 0 & 0 & 0 & N_1 & 0 & 0 & 0 & 0 & 0 & N_2 & 0 & 0 \end{bmatrix} \tag{5-39}$$

式中：N_1、N_2 见式（5-4）；N_3、N_4、N_5、N_6 见式（5-15）。

梁单元受到拉压、弯曲和扭转变形后，它的正应变可以分成拉压应变 ε_0，弯曲应变 ε_{by} 和 ε_{bz}，扭转产生剪应变 γ，于是有

$$\boldsymbol{\varepsilon} = \begin{bmatrix} \varepsilon_0 \\ \varepsilon_{by} \\ \varepsilon_{bz} \\ \gamma \end{bmatrix} = \begin{bmatrix} u' \\ -yv'' \\ -zw'' \\ r\theta_x' \end{bmatrix} = \begin{bmatrix} B_u \\ B_v \\ B_w \\ B_\theta \end{bmatrix} \boldsymbol{\delta}_e = B\boldsymbol{\delta}_e \tag{5-40}$$

式中：y 和 z 分别为以梁横截面中性层为起点的 y 轴、z 轴方向的坐标；r 为梁横截面坐标点到 x 轴的距离；几何矩阵 B 为

$$B = \begin{bmatrix} B_1 & 0 & 0 & 0 & 0 & 0 & B_2 & 0 & 0 & 0 & 0 & 0 \\ 0 & B_3 & 0 & 0 & 0 & B_4 & 0 & B_5 & 0 & 0 & 0 & B_6 \\ 0 & 0 & B_7 & 0 & B_8 & 0 & 0 & 0 & B_9 & 0 & B_{10} & 0 \\ 0 & 0 & 0 & B_{11} & 0 & 0 & 0 & 0 & 0 & B_{12} & 0 & 0 \end{bmatrix} \tag{5-41}$$

式中：B_1、B_2 见式（5-5）；B_3、B_4、B_5、B_6 见式（5-17）；$B_7 = -\dfrac{z}{l^2}(12\xi - 6)$；

$B_8 = -\dfrac{z}{l}(6\xi - 4)$；$B_9 = \dfrac{z}{l^2}(12\xi - 6)$；$B_{10} = -\dfrac{z}{l}(6\xi - 2)$；$B_{11} = -\dfrac{r}{l}$；$B_{12} = \dfrac{r}{l}$。

由Hook定理，就得到用结点位移表示单元应力的表达式

$$\boldsymbol{\sigma} = \begin{bmatrix} \sigma_0 \\ \sigma_{by} \\ \sigma_{bz} \\ \tau \end{bmatrix} = \boldsymbol{D} \cdot \boldsymbol{B} \cdot \boldsymbol{\delta}_e \tag{5-42}$$

式中：

$$\boldsymbol{D} = \text{diag}(E, E, E, G) \tag{5-43}$$

由单元的最小势能原理，可得单元刚度方程

$$\underset{(12\times12)}{\boldsymbol{k}_e} \cdot \underset{(12\times1)}{\boldsymbol{\delta}_e} = \underset{(12\times1)}{\boldsymbol{f}_e} \tag{5-44}$$

式中：空间梁单元的单元刚度矩阵 $\boldsymbol{k}_e$ 为

$$\boldsymbol{k}_e = \iint \mathrm{d}A \int_0^l \boldsymbol{B}^\mathrm{T} \boldsymbol{D} \boldsymbol{B} \mathrm{d}x = \begin{bmatrix} \boldsymbol{k}_{11} & \boldsymbol{k}_{12} \\ \boldsymbol{k}_{21} & \boldsymbol{k}_{22} \end{bmatrix} \tag{5-45}$$

式中：

$$\boldsymbol{k}_{11} = \begin{bmatrix} \dfrac{EA}{l} & 0 & 0 & 0 & 0 & 0 \\[2mm] 0 & \dfrac{12EI_z}{l^3} & 0 & 0 & 0 & \dfrac{6EI_z}{l^2} \\[2mm] 0 & 0 & \dfrac{12EI_y}{l^3} & 0 & -\dfrac{6EI_y}{l^2} & 0 \\[2mm] 0 & 0 & 0 & \dfrac{GJ}{l} & 0 & 0 \\[2mm] 0 & 0 & -\dfrac{6EI_y}{l^2} & 0 & \dfrac{4EI_y}{l} & 0 \\[2mm] 0 & \dfrac{6EI_z}{l^2} & 0 & 0 & 0 & \dfrac{4EI_z}{l} \end{bmatrix}$$

$$\boldsymbol{k}_{22} = \begin{bmatrix} \dfrac{EA}{l} & 0 & 0 & 0 & 0 & 0 \\[2mm] 0 & \dfrac{12EI_z}{l^3} & 0 & 0 & 0 & -\dfrac{6EI_z}{l^2} \\[2mm] 0 & 0 & \dfrac{12EI_y}{l^3} & 0 & \dfrac{6EI_y}{l^2} & 0 \\[2mm] 0 & 0 & 0 & \dfrac{GJ}{l} & 0 & 0 \\[2mm] 0 & 0 & \dfrac{6EI_y}{l^2} & 0 & \dfrac{4EI_y}{l} & 0 \\[2mm] 0 & -\dfrac{6EI_z}{l^2} & 0 & 0 & 0 & \dfrac{4EI_z}{l} \end{bmatrix}$$

$$k_{12} = k_{21}^{\mathrm{T}} = \begin{bmatrix} -\dfrac{EA}{l} & 0 & 0 & 0 & 0 & 0 \\ 0 & -\dfrac{12EI_z}{l^3} & 0 & 0 & 0 & \dfrac{6EI_z}{l^2} \\ 0 & 0 & -\dfrac{12EI_y}{l^3} & 0 & -\dfrac{6EI_y}{l^2} & 0 \\ 0 & 0 & 0 & -\dfrac{GJ}{l} & 0 & 0 \\ 0 & 0 & \dfrac{6EI_y}{l^2} & 0 & \dfrac{2EI_y}{l} & 0 \\ 0 & -\dfrac{6EI_z}{l^2} & 0 & 0 & 0 & \dfrac{2EI_z}{l} \end{bmatrix}$$

式中：I_y、I_z 为梁单元截面对 y 和 z 轴的主惯性矩；J 为横截面对 x 轴的极惯性矩。

5.3　板　壳　单　元

板和壳是指厚度比其他尺寸要小得多的平面或曲面构件，在工程中应用广泛，如框架结构中的楼面板和屋面板。矩形单元是薄板单元中比较简单的一种，这里仅讨论 4 结点矩形板壳单元。

5.3.1　矩形 4 结点 8 自由度平面单元

如图 5-5 中所示的 4 结点（1、2、3、4）矩形单元，矩形的两边分别与局部坐标 x、y 轴平行，边长分别为 $2a$、$2b$。忽略结点在平面内的转动位移，每个结点（角点位置）有两个位移分量，分别为沿 x 轴的位移 u 和沿 y 轴的位移 v，整个矩形单元共有 8 个自由度。

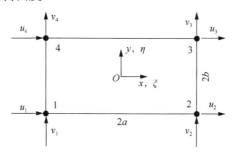

图 5-5　矩形 4 结点 8 自由度平面单元

如图 5-5 所示，局部坐标的原点取在矩形的形心，根据矩形单元的形状特点，引入一个无量纲坐标系 $\xi O \eta$，取矩形的中心为无量纲坐标系的原点，ξ 和 η 轴分别与坐标轴 x 和 y 平行，且方向一致，若采用无量纲坐标，则

$$
\left.\begin{array}{l}
\xi = \dfrac{x}{a} \\[2mm]
\eta = \dfrac{y}{b}
\end{array}\right\} \tag{5-46}
$$

单元 4 个结点的几何位置为

$$
\left.\begin{array}{ll}
\xi_1 = -1, & \eta_1 = -1 \\
\xi_2 = 1, & \eta_2 = -1 \\
\xi_3 = 1, & \eta_3 = 1 \\
\xi_4 = -1, & \eta_4 = 1
\end{array}\right\} \tag{5-47}
$$

图 5-5 所示平面 4 结点矩形单元的结点位移列阵和结点力列阵为

$$
\boldsymbol{\delta}_e^{\mathrm{p}} = \begin{bmatrix} u_1 & v_1 & u_2 & v_2 & u_3 & v_3 & u_4 & v_4 \end{bmatrix}^{\mathrm{T}} \tag{5-48}
$$

$$
\boldsymbol{f}_e^{\mathrm{p}} = \begin{bmatrix} f_{Nx1} & f_{Ny1} & f_{Nx2} & f_{Ny2} & f_{Nx3} & f_{Ny3} & f_{Nx4} & f_{Ny4} \end{bmatrix}^{\mathrm{T}} \tag{5-49}
$$

式中：上标 p 代表平面矩阵。

从图 5-5 可以看出，结点条件共有 8 个，即 x 向 4 个（u_1, u_2, u_3, u_4），y 向 4 个（v_1, v_2, v_3, v_4），x 和 y 向的位移场可以各有 4 个待定系数，因此，取单元的位移场模式为

$$
\left.\begin{array}{l}
u(x,y) = a_0 + a_1 x + a_2 y + a_3 xy \\
v(x,y) = b_0 + b_1 x + b_2 y + b_3 xy
\end{array}\right\} \tag{5-50}
$$

由结点位移条件得

$$
\left.\begin{array}{l}
u(x_i, y_i) = u_i \\
v(x_i, y_i) = v_i
\end{array}\right\}, \quad (i = 1,2,3,4) \tag{5-51}
$$

联立方程式（5-51）和式（5-50），从而可以分别解出未知参数 a_0、a_1、a_2、a_3 和 b_0、b_1、b_2、b_3，便可得到用结点位移表示的位移模式

$$
u(x,y) = \sum_{i=1}^{4} N_i(x,y) u_i, \quad v(x,y) = \sum_{i=1}^{4} N_i(x,y) v_i \tag{5-52}
$$

式中：

$$
\left.\begin{array}{l}
N_1(x,y) = \dfrac{1}{4}\left(1 - \dfrac{x}{a}\right)\left(1 - \dfrac{y}{b}\right) \\[3mm]
N_2(x,y) = \dfrac{1}{4}\left(1 + \dfrac{x}{a}\right)\left(1 - \dfrac{y}{b}\right) \\[3mm]
N_3(x,y) = \dfrac{1}{4}\left(1 + \dfrac{x}{a}\right)\left(1 + \dfrac{y}{b}\right) \\[3mm]
N_4(x,y) = \dfrac{1}{4}\left(1 - \dfrac{x}{a}\right)\left(1 + \dfrac{y}{b}\right)
\end{array}\right\} \tag{5-53}
$$

如以无量纲坐标系来表达，式（5-53）可以写成

$$N_i\left(x,y\right)=\frac{(1+\xi_i\xi)(1+\eta_i\eta)}{4},\quad\left(i=1,2,3,4\right) \tag{5-54}$$

将式（5-52）写成矩阵形式

$$\boldsymbol{u}^{\mathrm{p}}\left(x,y\right)=\begin{bmatrix}u\left(x,y\right)\\v\left(x,y\right)\end{bmatrix}=\begin{bmatrix}\boldsymbol{N}_1^{\mathrm{p}}&\boldsymbol{N}_2^{\mathrm{p}}&\boldsymbol{N}_3^{\mathrm{p}}&\boldsymbol{N}_4^{\mathrm{p}}\end{bmatrix}\begin{bmatrix}\boldsymbol{\delta}_1^{\mathrm{p}}\\\boldsymbol{\delta}_2^{\mathrm{p}}\\\boldsymbol{\delta}_3^{\mathrm{p}}\\\boldsymbol{\delta}_4^{\mathrm{p}}\end{bmatrix}=\boldsymbol{N}^{\mathrm{p}}\boldsymbol{\delta}_{\mathrm{e}}^{\mathrm{p}} \tag{5-55}$$

式中：$\boldsymbol{N}^{\mathrm{p}}$ 为单元的形状函数矩阵；$\boldsymbol{N}_i^{\mathrm{p}}=\begin{bmatrix}N_i&0\\0&N_i\end{bmatrix}$；$\boldsymbol{\delta}_i^{\mathrm{p}}=\begin{bmatrix}u_i\\v_i\end{bmatrix}$。

由弹性力学的几何方程，可求出单元的应变

$$\boldsymbol{\varepsilon}^{\mathrm{p}}\left(x,y\right)=\begin{bmatrix}\varepsilon_x\\\varepsilon_y\\\gamma_{xy}\end{bmatrix}=\begin{bmatrix}\partial\end{bmatrix}\boldsymbol{u}^{\mathrm{p}}=\begin{bmatrix}\partial\end{bmatrix}\boldsymbol{N}^{\mathrm{p}}\cdot\boldsymbol{\delta}_{\mathrm{e}}^{\mathrm{p}}=\boldsymbol{B}^{\mathrm{p}}\cdot\boldsymbol{\delta}_{\mathrm{e}}^{\mathrm{p}} \tag{5-56}$$

式中：

$$\boldsymbol{B}^{\mathrm{p}}=\begin{bmatrix}\partial\end{bmatrix}\boldsymbol{N}^{\mathrm{p}}=\begin{bmatrix}\dfrac{\partial}{\partial x}&0\\0&\dfrac{\partial}{\partial y}\\\dfrac{\partial}{\partial y}&\dfrac{\partial}{\partial x}\end{bmatrix}\begin{bmatrix}\boldsymbol{N}_1^{\mathrm{p}}&\boldsymbol{N}_2^{\mathrm{p}}&\boldsymbol{N}_3^{\mathrm{p}}&\boldsymbol{N}_4^{\mathrm{p}}\end{bmatrix}=\begin{bmatrix}\boldsymbol{B}_1^{\mathrm{p}}&\boldsymbol{B}_2^{\mathrm{p}}&\boldsymbol{B}_3^{\mathrm{p}}&\boldsymbol{B}_4^{\mathrm{p}}\end{bmatrix} \tag{5-57}$$

将式（5-54）代入式（5-57）可得

$$\boldsymbol{B}_i^{\mathrm{p}}=\begin{bmatrix}\dfrac{\partial N_i}{\partial x}&0\\0&\dfrac{\partial N_i}{\partial y}\\\dfrac{\partial N_i}{\partial y}&\dfrac{\partial N_i}{\partial x}\end{bmatrix}=\frac{1}{ab}\begin{bmatrix}b\dfrac{\partial N_i}{\partial\xi}&0\\0&a\dfrac{\partial N_i}{\partial\eta}\\a\dfrac{\partial N_i}{\partial\eta}&b\dfrac{\partial N_i}{\partial\xi}\end{bmatrix}=\frac{1}{4ab}\begin{bmatrix}b\xi_i(1+\eta_i\eta)&0\\0&a\eta_i(1+\xi_i\xi)\\a\eta_i(1+\xi_i\xi)&b\xi_i(1+\eta_i\eta)\end{bmatrix},\quad\left(i=1,2,3,4\right)$$

$$\tag{5-58}$$

利用应力应变关系，可以得到用结点位移表示的单元应力

$$\boldsymbol{\sigma}^{\mathrm{p}}=\boldsymbol{D}\boldsymbol{\varepsilon}^{\mathrm{p}}=\boldsymbol{D}\cdot\boldsymbol{B}^{\mathrm{p}}\cdot\boldsymbol{\delta}_{\mathrm{e}}^{\mathrm{p}} \tag{5-59}$$

对于平面应力问题

$$D = \frac{E}{1-\mu^2} \begin{bmatrix} 1 & \mu & 0 \\ \mu & 1 & 0 \\ 0 & 0 & \dfrac{1-\mu}{2} \end{bmatrix} \tag{5-60}$$

式中：μ 为泊松比。

由单元的最小势能原理，可得单元刚度方程

$$\underset{(8\times8)}{\boldsymbol{k}_{e}^{p}} \cdot \underset{(8\times1)}{\boldsymbol{\delta}_{e}^{p}} = \underset{(8\times1)}{\boldsymbol{f}_{e}^{p}} \tag{5-61}$$

式中：矩形 4 结点 8 自由度平面单元的单元刚度矩阵 $\boldsymbol{k}_{e}^{p}$ 为

$$\boldsymbol{k}_{e}^{p} = \iint \boldsymbol{B}^{pT} \boldsymbol{D} \boldsymbol{B}^{p} \mathrm{d}x\,\mathrm{d}y \cdot h = \begin{bmatrix} \boldsymbol{k}_{11}^{p} & \boldsymbol{k}_{12}^{p} & \boldsymbol{k}_{13}^{p} & \boldsymbol{k}_{14}^{p} \\ \boldsymbol{k}_{21}^{p} & \boldsymbol{k}_{22}^{p} & \boldsymbol{k}_{23}^{p} & \boldsymbol{k}_{24}^{p} \\ \boldsymbol{k}_{31}^{p} & \boldsymbol{k}_{32}^{p} & \boldsymbol{k}_{33}^{p} & \boldsymbol{k}_{34}^{p} \\ \boldsymbol{k}_{41}^{p} & \boldsymbol{k}_{42}^{p} & \boldsymbol{k}_{43}^{p} & \boldsymbol{k}_{44}^{p} \end{bmatrix} \tag{5-62}$$

式中：h 为平面单元的厚度；子矩阵可由下式计算

$$\boldsymbol{k}_{ij}^{p} = \iint \boldsymbol{B}_{i}^{pT} \boldsymbol{D} \boldsymbol{B}_{j}^{p} \mathrm{d}x\mathrm{d}y \cdot h = ab \int_{-1}^{1}\int_{-1}^{1} \boldsymbol{B}_{i}^{pT} \boldsymbol{D} \boldsymbol{B}_{j}^{p} \mathrm{d}\xi\mathrm{d}\eta \cdot h, \quad (i, j = 1, 2, 3, 4) \tag{5-63}$$

子矩阵的显示表达式为

$$\boldsymbol{k}_{ij}^{p} = \frac{Eh}{4(1-\mu^2)} \begin{bmatrix} k_1 & k_2 \\ k_3 & k_4 \end{bmatrix} \tag{5-64}$$

式中：

$$\left. \begin{aligned} k_1 &= \frac{b}{a}\xi_i\xi_j\left(1+\frac{1}{3}\eta_i\eta_j\right) + \frac{1-\mu}{2}\frac{a}{b}\eta_i\eta_j\left(1+\frac{1}{3}\xi_i\xi_j\right) \\ k_2 &= \mu\xi_i\eta_j + \frac{1-\mu}{2}\eta_i\xi_j \\ k_3 &= \mu\eta_i\xi_j + \frac{1-\mu}{2}\xi_i\eta_j \\ k_4 &= \frac{a}{b}\eta_i\eta_j\left(1+\frac{1}{3}\xi_i\xi_j\right) + \frac{1-\mu}{2}\frac{b}{a}\xi_i\xi_j\left(1+\frac{1}{3}\eta_i\eta_j\right) \end{aligned} \right\}, \quad (i, j = 1, 2, 3, 4) \tag{5-65}$$

5.3.2　矩形板的弯曲

如图 5-6 中所示的 4 结点（1、2、3、4）矩形单元，单元长、宽和坐标系同图 5-5。每个结点（角点位置）有 3 个位移分量，分别为沿 z 轴的位移 w、绕 x 轴的角位移 θ_x 和绕 y 轴的角位移 θ_y，整个矩形单元共有 12 个自由度，单元的结点位移列阵和结点力列阵为

$$\boldsymbol{\delta}_{e}^{b} = \begin{bmatrix} w_1 & \theta_{x1} & \theta_{y1} & w_2 & \theta_{x2} & \theta_{y2} & w_3 & \theta_{x3} & \theta_{y3} & w_4 & \theta_{x4} & \theta_{y4} \end{bmatrix}^{T} \tag{5-66}$$

$$\boldsymbol{f}_{\mathrm{e}}^{\mathrm{b}}=\begin{bmatrix} f_{Q1} & f_{Mx1} & f_{My1} & f_{Q2} & f_{Mx2} & f_{My2} & f_{Q3} & f_{Mx3} & f_{My3} & f_{Q4} & f_{Mx4} & f_{My4} \end{bmatrix}^{\mathrm{T}}$$

（5-67）

式中：上标 b 代表弯曲矩阵。

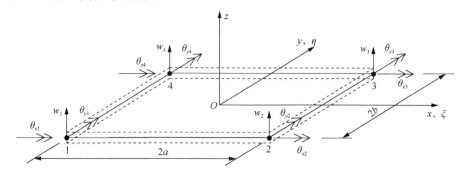

图 5-6　矩形 4 结点 12 自由度平面单元

由于 4 结点矩形单元共有 12 个结点位移分量，可选取含有 12 个参数的多项式作为位移模式，即

$$w=\alpha_1+\alpha_2\xi+\alpha_3\eta+\alpha_4\xi^2+\alpha_5\xi\eta+\alpha_6\eta^2+\alpha_7\xi^3$$
$$+\alpha_8\xi^2\eta+\alpha_9\xi\eta^2+\alpha_{10}\eta^3+\alpha_{11}\xi^3\eta+\alpha_{12}\xi\eta^3$$

（5-68）

式中：ξ 及 η 见式（5-46）。

按照上式可以得出转角位移为

$$\theta_x=\frac{\partial w}{\partial y}=\frac{\partial w}{b\partial \eta}=\frac{1}{b}\left(a_3+a_5\xi+2a_6\eta+a_8\xi^2+2a_9\xi\eta+3a_{10}\eta^2+a_{11}\xi^3+3a_{12}\xi\eta^2\right)$$

（5-69）

$$\theta_y=\frac{\partial w}{\partial x}=-\frac{\partial w}{a\partial \xi}=-\frac{1}{a}\left(a_2+2a_4\xi+a_5\eta+3a_7\xi^2+2a_8\xi\eta+a_9\eta^2+2a_{11}\xi^2\eta+a_{12}\eta^3\right)$$

（5-70）

将矩形单元的 4 个结点坐标（ξ_i、η_i）和结点位移（w_i、θ_{xi}、θ_{yi}）分别代入式（5-68）～式（5-70），就可以得到关于这 12 个参数的联立方程组。从中解出 $a_1 \sim a_{12}$，再代入式（5-68），经整理后得到

$$w=\sum_{i=1}^{4}\left(N_i w_i+N_{xi}\theta_{xi}+N_{yi}\theta_{yi}\right)=\sum_{i=1}^{4}N_i\delta_i$$

（5-71）

或者写成矩阵形式

$$w=\begin{bmatrix} \boldsymbol{N}_1^{\mathrm{b}} & \boldsymbol{N}_2^{\mathrm{b}} & \boldsymbol{N}_3^{\mathrm{b}} & \boldsymbol{N}_4^{\mathrm{b}} \end{bmatrix}\begin{bmatrix} \boldsymbol{\delta}_1^{\mathrm{b}} \\ \boldsymbol{\delta}_2^{\mathrm{b}} \\ \boldsymbol{\delta}_3^{\mathrm{b}} \\ \boldsymbol{\delta}_4^{\mathrm{b}} \end{bmatrix}=\boldsymbol{N}^{\mathrm{b}}\boldsymbol{\delta}_{\mathrm{e}}^{\mathrm{b}}$$

（5-72）

$$\boldsymbol{N}^{\mathrm{b}} = \begin{bmatrix} \boldsymbol{N}_1^{\mathrm{b}} & \boldsymbol{N}_2^{\mathrm{b}} & \boldsymbol{N}_3^{\mathrm{b}} & \boldsymbol{N}_4^{\mathrm{b}} \end{bmatrix} \tag{5-73}$$

$$\boldsymbol{N}_i^{\mathrm{b}} = \begin{bmatrix} N_i & N_{xi} & N_{yi} \end{bmatrix}, \quad (i=1,2,3,4) \tag{5-74}$$

形状函数是

$$\left. \begin{aligned} N_i &= \frac{1}{8}\left(1+\xi_i\xi\right)\left(1+\eta_i\eta\right)\left(2+\xi_i\xi+\eta_i\eta-\xi^2-\eta^2\right) \\ N_{xi} &= -\frac{1}{8}b\eta_i\left(1+\xi_i\xi\right)\left(1+\eta_i\eta\right)\left(1-\eta^2\right) \\ N_{yi} &= \frac{1}{8}a\xi_i\left(1+\xi_i\xi\right)\left(1+\eta_i\eta\right)\left(1-\xi^2\right) \end{aligned} \right\}, \quad (i=1,2,3,4) \tag{5-75}$$

由弹性力学的几何方程，可求出单元的应变

$$\boldsymbol{\varepsilon}^{\mathrm{b}} = \begin{bmatrix} \boldsymbol{B}_1^{\mathrm{b}} & \boldsymbol{B}_2^{\mathrm{b}} & \boldsymbol{B}_3^{\mathrm{b}} & \boldsymbol{B}_4^{\mathrm{b}} \end{bmatrix} \begin{bmatrix} \boldsymbol{\delta}_1^{\mathrm{b}} \\ \boldsymbol{\delta}_2^{\mathrm{b}} \\ \boldsymbol{\delta}_3^{\mathrm{b}} \\ \boldsymbol{\delta}_4^{\mathrm{b}} \end{bmatrix} = \boldsymbol{B}^{\mathrm{b}}\boldsymbol{\delta}_{\mathrm{e}}^{\mathrm{b}} \tag{5-76}$$

$$\boldsymbol{B}_i^{\mathrm{b}} = -z\begin{bmatrix} \dfrac{\partial^2 \boldsymbol{N}_i^{\mathrm{b}}}{\partial x^2} \\[2mm] \dfrac{\partial^2 \boldsymbol{N}_i^{\mathrm{b}}}{\partial y^2} \\[2mm] 2\dfrac{\partial^2 \boldsymbol{N}_i^{\mathrm{b}}}{\partial x\partial y} \end{bmatrix} = -z\begin{bmatrix} \dfrac{1}{a^2}\dfrac{\partial^2 \boldsymbol{N}_i^{\mathrm{b}}}{\partial \xi^2} \\[2mm] \dfrac{1}{b^2}\dfrac{\partial^2 \boldsymbol{N}_i^{\mathrm{b}}}{\partial \eta^2} \\[2mm] \dfrac{2}{ab}\dfrac{\partial^2 \boldsymbol{N}_i^{\mathrm{b}}}{\partial \xi\partial \eta} \end{bmatrix} = -\dfrac{z}{ab}\begin{bmatrix} \dfrac{b}{a}\dfrac{\partial^2 \boldsymbol{N}_i^{\mathrm{b}}}{\partial \xi^2} \\[2mm] \dfrac{a}{b}\dfrac{\partial^2 \boldsymbol{N}_i^{\mathrm{b}}}{\partial \eta^2} \\[2mm] 2\dfrac{\partial^2 \boldsymbol{N}_i^{\mathrm{b}}}{\partial \xi\partial \eta} \end{bmatrix}, \quad (i=1,2,3,4) \tag{5-77}$$

将式（5-74）代入式（5-77），可得

$$-\frac{b}{a}\frac{\partial^2 \boldsymbol{N}_i^{\mathrm{b}}}{\partial \xi^2} = \frac{1}{4}\begin{bmatrix} \dfrac{3b}{a}\xi_i\xi\left(1+\eta_i\eta\right) & 0 & b\xi_i\left(1+3\xi_i\xi\right)\left(1+\eta_i\eta\right) \end{bmatrix} \tag{5-78}$$

$$-\frac{a}{b}\frac{\partial^2 \boldsymbol{N}_i^{\mathrm{b}}}{\partial \eta^2} = \frac{1}{4}\begin{bmatrix} \dfrac{3a}{b}\eta_i\eta\left(1+\xi_i\xi\right) & -a\eta_i\left(1+\xi_i\xi\right)\left(1+3\eta_i\eta\right) & 0 \end{bmatrix} \tag{5-79}$$

$$-2\frac{\partial^2 \boldsymbol{N}_i^{\mathrm{b}}}{\partial \xi\partial \eta} = \frac{1}{4}\begin{bmatrix} \xi_i\eta_i\left(3\xi^2+3\eta^2-4\right) & -b\xi_i\left(3\eta^2+2\eta_i\eta-1\right) & a\eta_i\left(3\xi^2+2\xi_i\xi-1\right) \end{bmatrix} \tag{5-80}$$

$$\boldsymbol{B}_i^{\mathrm{b}} = \frac{z}{4ab}\begin{bmatrix} \dfrac{3b}{a}\xi_i\xi\left(1+\eta_i\eta\right) & 0 & b\xi_i\left(1+3\xi_i\xi\right)\left(1+\eta_i\eta\right) \\[2mm] \dfrac{3a}{b}\eta_i\eta\left(1+\xi_i\xi\right) & -a\eta_i\left(1+\xi_i\xi\right)\left(1+3\eta_i\eta\right) & 0 \\[2mm] \xi_i\eta_i\left(3\xi^2+3\eta^2-4\right) & -b\xi_i\left(3\eta^2+2\eta_i\eta-1\right) & a\eta_i\left(3\xi^2+2\xi_i\xi-1\right) \end{bmatrix} \tag{5-81}$$

利用应力应变关系，可以得到用结点位移表示的单元应力

$$\boldsymbol{\sigma}^{b} = \boldsymbol{D}\boldsymbol{\varepsilon}^{b} = \boldsymbol{D} \cdot \boldsymbol{B}^{b} \cdot \boldsymbol{\delta}_{e}^{b} \tag{5-82}$$

由单元的最小势能原理，可得单元刚度方程

$$\underset{(12\times12)}{\boldsymbol{k}_{e}^{b}} \cdot \underset{(12\times1)}{\boldsymbol{\delta}_{e}^{b}} = \underset{(12\times1)}{\boldsymbol{f}_{e}^{b}} \tag{5-83}$$

式中：矩形 4 结点 12 自由度平面单元的单元刚度矩阵 $\boldsymbol{k}_{e}^{b}$ 为

$$\boldsymbol{k}_{e}^{b} = \begin{bmatrix} \boldsymbol{k}_{11}^{b} & \boldsymbol{k}_{12}^{b} & \boldsymbol{k}_{13}^{b} & \boldsymbol{k}_{14}^{b} \\ \boldsymbol{k}_{21}^{b} & \boldsymbol{k}_{22}^{b} & \boldsymbol{k}_{23}^{b} & \boldsymbol{k}_{24}^{b} \\ \boldsymbol{k}_{31}^{b} & \boldsymbol{k}_{32}^{b} & \boldsymbol{k}_{33}^{b} & \boldsymbol{k}_{34}^{b} \\ \boldsymbol{k}_{41}^{b} & \boldsymbol{k}_{42}^{b} & \boldsymbol{k}_{43}^{b} & \boldsymbol{k}_{44}^{b} \end{bmatrix} \tag{5-84}$$

式中：子矩阵可由下式计算

$$\boldsymbol{k}_{ij}^{b} = \iiint \boldsymbol{B}_{i}^{bT} \boldsymbol{D} \boldsymbol{B}_{j}^{b} \mathrm{d}x\mathrm{d}y\mathrm{d}z = \int_{-h/2}^{h/2}\int_{-1}^{1}\int_{-1}^{1} \boldsymbol{B}_{i}^{bT} \boldsymbol{D} \boldsymbol{B}_{j}^{b} ab\mathrm{d}\xi\mathrm{d}\eta\mathrm{d}z, \quad (i=1,2,3,4) \tag{5-85}$$

子矩阵的显示表达式为

$$\boldsymbol{k}_{ij}^{b} = \begin{bmatrix} k_{11} & k_{12} & k_{13} \\ k_{21} & k_{22} & k_{23} \\ k_{31} & k_{32} & k_{33} \end{bmatrix} \tag{5-86}$$

式中：

$$\left.\begin{aligned}
k_{11} &= 3H\left[15\left(\frac{b^{2}}{a^{2}}\xi_{0} + \frac{a^{2}}{b^{2}}\eta_{0}\right) + \left(14 - 4\mu + 5\frac{b^{2}}{a^{2}} + 5\frac{a^{2}}{b^{2}}\right)\xi_{0}\eta_{0}\right] \\
k_{12} &= -3Hb\left[\left(2 + 3\mu + 5\frac{a^{2}}{b^{2}}\right)\xi_{0}\eta_{i} + 15\frac{a^{2}}{b^{2}}\eta_{i} + 5\mu\xi_{0}\eta_{j}\right] \\
k_{13} &= 3Ha\left[\left(2 + 3\mu + 5\frac{b^{2}}{a^{2}}\right)\xi_{i}\eta_{0} + 15\frac{b^{2}}{a^{2}}\xi_{i} + 5\mu\xi_{j}\eta_{0}\right] \\
k_{21} &= -3Hb\left[\left(2 + 3\mu + 5\frac{a^{2}}{b^{2}}\right)\xi_{0}\eta_{j} + 15\frac{a^{2}}{b^{2}}\eta_{j} + 5\mu\xi_{0}\eta_{i}\right] \\
k_{22} &= Hb^{2}\left[2(1-\mu)\xi_{0}(3+5\eta_{0}) + 5\frac{a^{2}}{b^{2}}(3+\xi_{0})(3+\eta_{0})\right] \\
k_{23} &= k_{32} = -15H\mu ab(\xi_{i} + \xi_{j})(\eta_{i} + \eta_{j}) \\
k_{31} &= 3Ha\left[\left(2 + 3\mu + 5\frac{b^{2}}{a^{2}}\right)\xi_{j}\eta_{0} + 15\frac{b^{2}}{a^{2}}\xi_{j} + 5\mu\xi_{i}\eta_{0}\right] \\
k_{33} &= Ha^{2}\left[2(1-\mu)\eta_{0}(3+5\xi_{0}) + 5\frac{b^{2}}{a^{2}}(3+\xi_{0})(3+\eta_{0})\right]
\end{aligned}\right\}, \quad (i,j=1,2,3,4)$$

$$\tag{5-87}$$

式中：$H = \dfrac{D}{60ab}$；　$\xi_0 = \xi_i\xi_j$；　$\eta_0 = \eta_i\eta_j$；　$D = \dfrac{Eh^3}{12\left(1-\mu^2\right)}$。

5.3.3　壳体单元

壳体是从平板演变而来的，在分析壳体的应力时，平板理论中的基本假定同样有效。壳体的变形与平板变形相比有很大不同，它除了弯曲变形外还存在着中面变形，因此壳体中的内力包括弯曲内力和中面内力，在构造壳体平面单元时，只要将平面单元与平板单元进行线性组合即可。壳体荷载可以分为两组，一组是作用在平面内，另一组则是垂直作用于平面。如图 5-7 所示得到，壳体单元在局部坐标系中，每个结点有 5 个广义结点位移和对应的结点力，即

$$\boldsymbol{\delta}_i = \begin{bmatrix} u_i & v_i & w_i & \theta_{xi} & \theta_{yi} \end{bmatrix}^{\mathrm{T}} \tag{5-88}$$

$$\boldsymbol{f}_i = \begin{bmatrix} f_{Nxi} & f_{Nyi} & f_{Qi} & f_{Mxi} & f_{Myi} \end{bmatrix}^{\mathrm{T}} \tag{5-89}$$

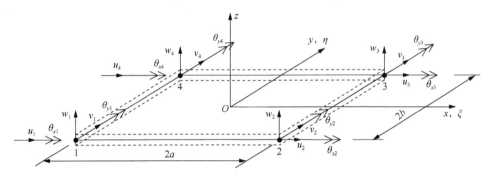

图 5-7　矩形 4 结点 20 自由度壳体单元

式（5-88）和式（5-89）中前两个分量对应于平面应力问题，后三个分量对应于平板弯曲问题。由于在整体坐标系中，结点位移和结点力分别具有 6 个分量，因此，为了不影响对整体坐标系下各特征量的计算，可将局部坐标系下的结点力和结点位移分量扩展为 6 个，即

$$\boldsymbol{\delta}_i = \begin{bmatrix} u_i & v_i & w_i & \theta_{xi} & \theta_{yi} & \theta_{zi} \end{bmatrix}^{\mathrm{T}} \tag{5-90}$$

$$\boldsymbol{f}_i = \begin{bmatrix} f_{Nxi} & f_{Nyi} & f_{Qi} & f_{Mxi} & f_{Myi} & f_{Mzi} \end{bmatrix}^{\mathrm{T}} \tag{5-91}$$

式中：θ_{zi} 和 f_{Mzi} 总是等于零。

通过将式（5-62）和式（5-84）叠加，即可得到壳体单元的单元刚度矩阵为

$$\boldsymbol{k}_e = \begin{bmatrix} \boldsymbol{k}_{11} & \boldsymbol{k}_{12} & \boldsymbol{k}_{13} & \boldsymbol{k}_{14} \\ \boldsymbol{k}_{21} & \boldsymbol{k}_{22} & \boldsymbol{k}_{23} & \boldsymbol{k}_{24} \\ \boldsymbol{k}_{31} & \boldsymbol{k}_{32} & \boldsymbol{k}_{33} & \boldsymbol{k}_{34} \\ \boldsymbol{k}_{41} & \boldsymbol{k}_{42} & \boldsymbol{k}_{43} & \boldsymbol{k}_{44} \end{bmatrix} \tag{5-92}$$

式中：单元刚度矩阵的子矩阵 $\boldsymbol{k}_{ij}$ 都是 6×6 阶的，具体表达式为

$$\boldsymbol{k}_{ij} = \begin{bmatrix} \boldsymbol{k}_{ij}^{\mathrm{p}} & \boldsymbol{0} & \boldsymbol{0} \\ \boldsymbol{0} & \boldsymbol{k}_{ij}^{\mathrm{b}} & \boldsymbol{0} \\ \boldsymbol{0} & \boldsymbol{0} & \boldsymbol{0} \end{bmatrix}, \quad i, j = 1, 2, 3, 4 \tag{5-93}$$

式中：$\boldsymbol{k}_{ij}^{\mathrm{p}}$ 同式（5-64）；$\boldsymbol{k}_{ij}^{\mathrm{b}}$ 同式（5-86）。

5.4　单元的坐标变换

5.1～5.3 节中的单元刚度矩阵都是在局部坐标系中推导的，考虑到框架结构的一般性，无论如何选择整体坐标系，一般总会有部分单元的局部坐标系和整体坐标系不一致。因此，在单元刚度矩阵组装成整体刚度矩阵之前，需要通过坐标变换矩阵得到各单元在整体坐标系下的单元刚度矩阵。

5.4.1　一维杆单元的坐标变换

1. 一维杆单元的平面坐标变换

在工程实际中，一维杆单元可能处于平面整体坐标系中的任意一个位置，如图 5-8 所示，这需要将原来在局部坐标系中得到的单元表达等价地变换到整体坐标系中，这样，不同位置的单元才有公共的坐标基准，以便对各个单元进行集成。图 5-8 中的整体坐标系为 XOY，局部坐标系为 xoy。

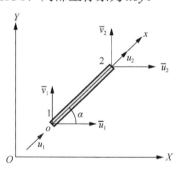

图 5-8　平面杆单元的坐标变换

局部坐标系中的结点位移列阵为

$$\boldsymbol{\delta}_{\mathrm{e}} = \begin{bmatrix} u_1 & u_2 \end{bmatrix}^{\mathrm{T}} \tag{5-94}$$

整体坐标系中的结点位移列阵为

$$\bar{\boldsymbol{\delta}}_{\mathrm{e}} = \begin{bmatrix} \bar{u}_1 & \bar{v}_1 & \bar{u}_2 & \bar{v}_2 \end{bmatrix}^{\mathrm{T}} \tag{5-95}$$

如图 5-8 所示，结点 1 在整体坐标系下的结点位移 $\bar{u}_1$ 和 $\bar{v}_1$ 应完全等效于其在

局部坐标系中的 u_1，结点 2 在整体坐标系下的结点位移 $\bar{u}_2$ 和 $\bar{v}_2$ 应完全等效于其在局部坐标系中的 u_2，即存在以下等价变换关系：

$$u_1 = \bar{u}_1 \cos\alpha + \bar{v}_1 \sin\alpha \qquad (5\text{-}96)$$

$$u_2 = \bar{u}_2 \cos\alpha + \bar{v}_2 \sin\alpha \qquad (5\text{-}97)$$

写成矩阵形式为

$$\boldsymbol{\delta}_e = \begin{bmatrix} u_1 \\ u_2 \end{bmatrix} = \begin{bmatrix} \cos\alpha & \sin\alpha & 0 & 0 \\ 0 & 0 & \cos\alpha & \sin\alpha \end{bmatrix} \begin{bmatrix} \bar{u}_1 \\ \bar{v}_1 \\ \bar{u}_2 \\ \bar{v}_2 \end{bmatrix} = \boldsymbol{T} \cdot \bar{\boldsymbol{\delta}}_e \qquad (5\text{-}98)$$

式中：$\boldsymbol{T}$ 为平面杆单元的坐标变换矩阵，即

$$\boldsymbol{T} = \begin{bmatrix} \cos\alpha & \sin\alpha & 0 & 0 \\ 0 & 0 & \cos\alpha & \sin\alpha \end{bmatrix} \qquad (5\text{-}99)$$

由于单元的势能是一个标量，不会因坐标系的不同而改变，因此，可将结点位移的坐标变换关系式（5-98）代入原来基于局部坐标系的势能表达式（5-7）中，有

$$\begin{aligned} \Pi_e &= \frac{1}{2} \boldsymbol{\delta}_e^{\mathrm{T}} \cdot \boldsymbol{k}_e \cdot \boldsymbol{\delta}_e - \boldsymbol{f}_e^{\mathrm{T}} \cdot \boldsymbol{\delta}_e \\ &= \frac{1}{2} \bar{\boldsymbol{\delta}}_e^{\mathrm{T}} \left(\boldsymbol{T}^{\mathrm{T}} \boldsymbol{k}_e \boldsymbol{T} \right) \bar{\boldsymbol{\delta}}_e - (\boldsymbol{T}^{\mathrm{T}} \cdot \boldsymbol{f}_e)^{\mathrm{T}} \cdot \bar{\boldsymbol{\delta}}_e \\ &= \frac{1}{2} \bar{\boldsymbol{\delta}}_e^{\mathrm{T}} \boldsymbol{K}_e \bar{\boldsymbol{\delta}}_e - \boldsymbol{F}_e^{\mathrm{T}} \bar{\boldsymbol{\delta}}_e \end{aligned} \qquad (5\text{-}100)$$

式中：$\boldsymbol{K}_e$ 为整体坐标系下的单元刚度矩阵；$\boldsymbol{F}_e$ 为整体坐标系下的单元结点力矩阵，即

$$\left. \begin{aligned} \boldsymbol{K}_e &= \boldsymbol{T}^{\mathrm{T}} \boldsymbol{k}_e \boldsymbol{T} \\ \boldsymbol{F}_e &= \boldsymbol{T}^{\mathrm{T}} \cdot \boldsymbol{f}_e \end{aligned} \right\} \qquad (5\text{-}101)$$

由最小势能原理，将式（5-100）对待定的结点位移列阵 $\bar{\boldsymbol{\delta}}_e$ 取极小值，可得到整体坐标系中的刚度方程

$$\underset{(4\times4)}{\boldsymbol{K}_e} \cdot \underset{(4\times2)}{\bar{\boldsymbol{\delta}}_e} = \underset{(4\times2)}{\boldsymbol{F}_e} \qquad (5\text{-}102)$$

对于如图 5-8 所示的杆单元

$$\underset{(4\times4)}{\boldsymbol{K}_e} = \frac{EA}{l} \begin{bmatrix} \cos^2\alpha & \cos\alpha\sin\alpha & -\cos^2\alpha & -\cos\alpha\sin\alpha \\ \cos\alpha\sin\alpha & \sin^2\alpha & -\cos\alpha\sin\alpha & -\sin^2\alpha \\ -\cos^2\alpha & -\cos\alpha\sin\alpha & \cos^2\alpha & \cos\alpha\sin\alpha \\ -\cos\alpha\sin\alpha & -\sin^2\alpha & \cos\alpha\sin\alpha & \sin^2\alpha \end{bmatrix} \qquad (5\text{-}103)$$

2. 一维杆单元的空间坐标变换

空间问题中的一维杆单元如图 5-9 所示，单元局部坐标系中的结点位移同式（5-94），整体坐标系中的结点位移列阵为

$$\bar{\boldsymbol{\delta}}_e = \begin{bmatrix} \bar{u}_1 & \bar{v}_1 & \bar{w}_2 & \bar{u}_2 & \bar{v}_2 & \bar{w}_2 \end{bmatrix}^{\mathrm{T}} \tag{5-104}$$

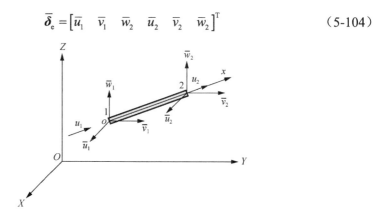

图 5-9　一维杆单元的空间坐标变换

杆单元轴线在整体坐标系中的方向余弦为

$$\cos(x,X) = \frac{\bar{x}_2 - \bar{x}_1}{l}, \quad \cos(x,Y) = \frac{\bar{y}_2 - \bar{y}_1}{l}, \quad \cos(x,Z) = \frac{\bar{z}_2 - \bar{z}_1}{l} \tag{5-105}$$

式中：$(\bar{x}_1,\ \bar{y}_1,\ \bar{z}_1)$ 和 $(\bar{x}_2,\ \bar{y}_2,\ \bar{z}_2)$ 分别为结点 1 和结点 2 在整体坐标系中的位置；l 为杆单元的长度。和平面情形类似，$\boldsymbol{\delta}_e$ 和 $\bar{\boldsymbol{\delta}}_e$ 之间存在以下转换关系

$$\boldsymbol{\delta}_e = \begin{bmatrix} u_1 \\ u_2 \end{bmatrix} = \begin{bmatrix} \cos(x,X) & \cos(x,Y) & \cos(x,Z) & 0 & 0 & 0 \\ 0 & 0 & 0 & \cos(x,X) & \cos(x,Y) & \cos(x,Z) \end{bmatrix} \begin{bmatrix} \bar{u}_1 \\ \bar{v}_1 \\ \bar{w}_1 \\ \bar{u}_2 \\ \bar{v}_2 \\ \bar{w}_2 \end{bmatrix}$$

$$= \boldsymbol{T} \cdot \bar{\boldsymbol{\delta}}_e \tag{5-106}$$

式中：$\boldsymbol{T}$ 为空间杆单元的坐标变换矩阵，即

$$\boldsymbol{T} = \begin{bmatrix} \cos(x,X) & \cos(x,Y) & \cos(x,Z) & 0 & 0 & 0 \\ 0 & 0 & 0 & \cos(x,X) & \cos(x,Y) & \cos(x,Z) \end{bmatrix} \tag{5-107}$$

式中：$\cos(x,X)$、$\cos(x,Y)$、$\cos(x,Z)$ 分别表示局部坐标轴 x 对整体坐标轴 X、Y、Z 的方向余弦。

刚度矩阵和结点力的变换与前述平面情形相同，即为

$$\underset{(6\times6)}{\boldsymbol{K}_{\mathrm{e}}} = \underset{(6\times2)}{\boldsymbol{T}^{\mathrm{T}}} \ \underset{(2\times2)}{\boldsymbol{k}_{\mathrm{e}}} \ \underset{(2\times6)}{\boldsymbol{T}} \tag{5-108}$$

$$\underset{(6\times1)}{\boldsymbol{F}_{\mathrm{e}}} = \underset{(6\times2)}{\boldsymbol{T}^{\mathrm{T}}} \ \underset{(2\times1)}{\boldsymbol{f}_{\mathrm{e}}} \tag{5-109}$$

5.4.2　梁单元的坐标变换

1. 平面梁单元的坐标变换

图 5-10 所示为一整体坐标系中的平面梁单元，设局部坐标系下的结点位移列阵为

$$\boldsymbol{\delta}_{\mathrm{e}} = \begin{bmatrix} u_1 & v_1 & \theta_1 & u_2 & v_2 & \theta_2 \end{bmatrix}^{\mathrm{T}} \tag{5-110}$$

整体坐标系中的结点位移列阵为

$$\overline{\boldsymbol{\delta}}_{\mathrm{e}} = \begin{bmatrix} \overline{u}_1 & \overline{v}_1 & \theta_1 & \overline{u}_2 & \overline{v}_2 & \theta_2 \end{bmatrix}^{\mathrm{T}} \tag{5-111}$$

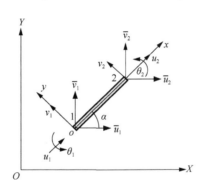

图 5-10　平面梁单元的坐标变换

转角 θ_1 和 θ_2 在两个坐标系中是相同的。按照两个坐标系中的位移向量等效的原则，可推导出以下变换关系。

$$\left. \begin{aligned} u_1 &= \overline{u}_1 \cos\alpha + \overline{v}_1 \sin\alpha \\ v_1 &= -\overline{u}_1 \sin\alpha + \overline{v}_1 \cos\alpha \\ u_2 &= \overline{u}_2 \cos\alpha + \overline{v}_2 \sin\alpha \\ v_2 &= -\overline{u}_2 \sin\alpha + \overline{v}_2 \cos\alpha \end{aligned} \right\} \tag{5-112}$$

写成矩阵形式有

$$\underset{(6\times1)}{\boldsymbol{\delta}_{\mathrm{e}}} = \underset{(6\times6)}{\boldsymbol{T}} \cdot \underset{(6\times1)}{\overline{\boldsymbol{\delta}}_{\mathrm{e}}} \tag{5-113}$$

式中：$\boldsymbol{T}$ 为单元的坐标变换矩阵，即

$$T = \begin{bmatrix} \cos\alpha & \sin\alpha & 0 & 0 & 0 & 0 \\ -\sin\alpha & \cos\alpha & 0 & 0 & 0 & 0 \\ 0 & 0 & 1 & 0 & 0 & 0 \\ 0 & 0 & 0 & \cos\alpha & \sin\alpha & 0 \\ 0 & 0 & 0 & -\sin\alpha & \cos\alpha & 0 \\ 0 & 0 & 0 & 0 & 0 & 1 \end{bmatrix} \tag{5-114}$$

与平面杆单元的坐标变换类似，梁单元在整体坐标系中的刚度方程为

$$\underset{(6\times6)}{\boldsymbol{K}_{\mathrm{e}}} \cdot \underset{(6\times1)}{\boldsymbol{\bar{\delta}}_{\mathrm{e}}} = \underset{(6\times1)}{\boldsymbol{F}_{\mathrm{e}}} \tag{5-115}$$

式中：

$$\underset{(6\times6)}{\boldsymbol{K}_{\mathrm{e}}} = \underset{(6\times6)}{\boldsymbol{T}^{\mathrm{T}}} \underset{(6\times6)}{\boldsymbol{k}_{\mathrm{e}}} \underset{(6\times6)}{\boldsymbol{T}} \tag{5-116}$$

$$\underset{(6\times1)}{\boldsymbol{F}_{\mathrm{e}}} = \underset{(6\times6)}{\boldsymbol{T}^{\mathrm{T}}} \underset{(6\times1)}{\boldsymbol{f}_{\mathrm{e}}} \tag{5-117}$$

2. 空间梁单元的坐标变换

空间梁单元坐标变换的原理和方法与平面梁单元的坐标变换相同，只要分别写出两个坐标系中的位移向量的等效关系即可得到坐标变换矩阵，局部坐标系中空间梁单元的结点位移列阵为

$$\boldsymbol{\delta}_{\mathrm{e}} = \begin{bmatrix} u_1 & v_1 & w_1 & \theta_{x1} & \theta_{y1} & \theta_{z1} & u_2 & v_2 & w_2 & \theta_{x2} & \theta_{y2} & \theta_{z2} \end{bmatrix}^{\mathrm{T}} \tag{5-118}$$

整体坐标系中的结点位移列阵为

$$\boldsymbol{\bar{\delta}}_{\mathrm{e}} = \begin{bmatrix} \bar{u}_1 & \bar{v}_1 & \bar{w}_1 & \bar{\theta}_{x1} & \bar{\theta}_{y1} & \bar{\theta}_{z1} & \bar{u}_2 & \bar{v}_2 & \bar{w}_2 & \bar{\theta}_{x2} & \bar{\theta}_{y2} & \bar{\theta}_{z2} \end{bmatrix}^{\mathrm{T}} \tag{5-119}$$

对应于式（5-119）中的各组位移分量，可分别推导相应的转换关系，对于端结点 1，有

$$\begin{bmatrix} u_1 \\ v_1 \\ w_1 \end{bmatrix} = \begin{bmatrix} \bar{u}_1 \cos(x,X) + \bar{v}_1 \cos(x,Y) + \bar{w}_1 \cos(x,Z) \\ \bar{u}_1 \cos(y,X) + \bar{v}_1 \cos(y,Y) + \bar{w}_1 \cos(y,Z) \\ \bar{u}_1 \cos(z,X) + \bar{v}_1 \cos(z,Y) + \bar{w}_1 \cos(z,Z) \end{bmatrix} = \boldsymbol{t} \begin{bmatrix} \bar{u}_1 \\ \bar{v}_1 \\ \bar{w}_1 \end{bmatrix} \tag{5-120}$$

$$\begin{bmatrix} \theta_{x1} \\ \theta_{y1} \\ \theta_{z1} \end{bmatrix} = \begin{bmatrix} \bar{\theta}_{x1} \cos(x,X) + \bar{\theta}_{y1} \cos(x,Y) + \bar{\theta}_{z1} \cos(x,Z) \\ \bar{\theta}_{x1} \cos(y,X) + \bar{\theta}_{y1} \cos(y,Y) + \bar{\theta}_{z1} \cos(y,Z) \\ \bar{\theta}_{x1} \cos(z,X) + \bar{\theta}_{y1} \cos(z,Y) + \bar{\theta}_{z1} \cos(z,Z) \end{bmatrix} = \boldsymbol{t} \begin{bmatrix} \bar{\theta}_{x1} \\ \bar{\theta}_{y1} \\ \bar{\theta}_{z1} \end{bmatrix} \tag{5-121}$$

式中：$\boldsymbol{t}$ 为结点的坐标变换矩阵。

$$\boldsymbol{t} = \begin{bmatrix} \cos(x,X) & \cos(x,Y) & \cos(x,Z) \\ \cos(y,X) & \cos(y,Y) & \cos(y,Z) \\ \cos(z,X) & \cos(z,Y) & \cos(z,Z) \end{bmatrix} \tag{5-122}$$

式中：$\cos(x,X)$、$\cdots$、$\cos(z,Z)$ 分别表示局部坐标轴（x、y、z）对整体坐标轴（X、Y、Z）的方向余弦。

端结点 2 的转换关系与端结点 1 完全相同，写成矩阵形式

$$\underset{(12\times1)}{\boldsymbol{\delta}_{\mathrm{e}}} = \underset{(12\times12)}{\boldsymbol{T}} \cdot \underset{(12\times1)}{\overline{\boldsymbol{\delta}}_{\mathrm{e}}} \tag{5-123}$$

式中：$\boldsymbol{T}$ 为单元的坐标变换矩阵，即

$$\boldsymbol{T} = \begin{bmatrix} \boldsymbol{t} & \boldsymbol{0} & \boldsymbol{0} & \boldsymbol{0} \\ \boldsymbol{0} & \boldsymbol{t} & \boldsymbol{0} & \boldsymbol{0} \\ \boldsymbol{0} & \boldsymbol{0} & \boldsymbol{t} & \boldsymbol{0} \\ \boldsymbol{0} & \boldsymbol{0} & \boldsymbol{0} & \boldsymbol{t} \end{bmatrix} \tag{5-124}$$

空间梁单元在整体坐标系下的单元刚度矩阵可表示为

$$\underset{(12\times12)}{\boldsymbol{K}_{\mathrm{e}}} = \underset{(12\times12)}{\boldsymbol{T}^{\mathrm{T}}} \underset{(12\times12)}{\boldsymbol{k}_{\mathrm{e}}} \underset{(12\times12)}{\boldsymbol{T}} \tag{5-125}$$

5.4.3　壳体单元的坐标变换

5.3.3 小节介绍的壳体单元具有 4 个结点，根据式（5-90），壳单元的每个结点自由度可扩展到 6 个，与空间梁单元端结点的坐标变换类似，壳体单元结点的坐标变换矩阵 $\boldsymbol{t}$ 与空间梁单元端结点的坐标变换矩阵 $\boldsymbol{t}$ 完全相同，并且壳体单元 4 个结点的转换关系也完全相同，因此，壳体单元局部坐标系下的结点位移与整体坐标系下的位移关系的矩阵表达式为

$$\underset{(24\times1)}{\boldsymbol{\delta}_{\mathrm{e}}} = \underset{(24\times24)}{\boldsymbol{T}} \cdot \underset{(24\times1)}{\overline{\boldsymbol{\delta}}_{\mathrm{e}}} \tag{5-126}$$

式中：$\boldsymbol{T}$ 为单元的坐标变换矩阵，即

$$\boldsymbol{T} = \begin{bmatrix} \boldsymbol{t} & \boldsymbol{0} & \boldsymbol{0} & \boldsymbol{0} & \boldsymbol{0} & \boldsymbol{0} & \boldsymbol{0} & \boldsymbol{0} \\ \boldsymbol{0} & \boldsymbol{t} & \boldsymbol{0} & \boldsymbol{0} & \boldsymbol{0} & \boldsymbol{0} & \boldsymbol{0} & \boldsymbol{0} \\ \boldsymbol{0} & \boldsymbol{0} & \boldsymbol{t} & \boldsymbol{0} & \boldsymbol{0} & \boldsymbol{0} & \boldsymbol{0} & \boldsymbol{0} \\ \boldsymbol{0} & \boldsymbol{0} & \boldsymbol{0} & \boldsymbol{t} & \boldsymbol{0} & \boldsymbol{0} & \boldsymbol{0} & \boldsymbol{0} \\ \boldsymbol{0} & \boldsymbol{0} & \boldsymbol{0} & \boldsymbol{0} & \boldsymbol{t} & \boldsymbol{0} & \boldsymbol{0} & \boldsymbol{0} \\ \boldsymbol{0} & \boldsymbol{0} & \boldsymbol{0} & \boldsymbol{0} & \boldsymbol{0} & \boldsymbol{t} & \boldsymbol{0} & \boldsymbol{0} \\ \boldsymbol{0} & \boldsymbol{0} & \boldsymbol{0} & \boldsymbol{0} & \boldsymbol{0} & \boldsymbol{0} & \boldsymbol{t} & \boldsymbol{0} \\ \boldsymbol{0} & \boldsymbol{0} & \boldsymbol{0} & \boldsymbol{0} & \boldsymbol{0} & \boldsymbol{0} & \boldsymbol{0} & \boldsymbol{t} \end{bmatrix} \tag{5-127}$$

式中：$\boldsymbol{t}$ 的表达式同式（5-122）。

壳体单元在整体坐标系下的单元刚度矩阵可表示为

$$\underset{(24\times24)}{\boldsymbol{K}_{\mathrm{e}}} = \underset{(24\times24)}{\boldsymbol{T}^{\mathrm{T}}} \underset{(24\times24)}{\boldsymbol{k}_{\mathrm{e}}} \underset{(24\times24)}{\boldsymbol{T}} \tag{5-128}$$

5.5　整体刚度矩阵的集成

在得到整体坐标系中的单元刚度矩阵之后，结构的整体刚度矩阵可以通过叠加法组装而成。为此，必须把整体坐标系下的单元矩阵做适当的扩大改写，使得所有单元的刚度矩阵具有统一的格式后再进行组装。

以板壳结构为例，设整个结构被离散成 n_e 个板壳单元和 n 个结点，整个板壳结构的结点位移列阵为

$$\boldsymbol{\delta}_{6n\times1} = \begin{bmatrix} \boldsymbol{\delta}_1^{\mathrm{T}} & \boldsymbol{\delta}_2^{\mathrm{T}} & \cdots & \boldsymbol{\delta}_n^{\mathrm{T}} \end{bmatrix} \tag{5-129}$$

上式是由各结点位移按照结点的编号从小到大排列组成的。再将原来的 24 阶单元刚度矩阵加以扩大，写成 $6n\times6n$ 的方阵如下：

$$\boldsymbol{K}_e' = \begin{array}{cccccccccc} & \cdots & i & \cdots & j & \cdots & k & \cdots & m & \cdots \\ \left[\begin{array}{ccccccccc} & \vdots & & \vdots & & \vdots & & \vdots & \\ \cdots & \boldsymbol{K}_{ii} & \cdots & \boldsymbol{K}_{ij} & \cdots & \boldsymbol{K}_{ik} & \cdots & \boldsymbol{K}_{im} & \\ & \vdots & & \vdots & & \vdots & & \vdots & \\ \cdots & \boldsymbol{K}_{ji} & \cdots & \boldsymbol{K}_{jj} & \cdots & \boldsymbol{K}_{jk} & \cdots & \boldsymbol{K}_{jm} & \\ & \vdots & & \vdots & & \vdots & & \vdots & \\ \cdots & \boldsymbol{K}_{ki} & \cdots & \boldsymbol{K}_{kj} & \cdots & \boldsymbol{K}_{kk} & \cdots & \boldsymbol{K}_{km} & \\ & \vdots & & \vdots & & \vdots & & \vdots & \\ \cdots & \boldsymbol{K}_{mi} & \cdots & \boldsymbol{K}_{mj} & \cdots & \boldsymbol{K}_{mk} & \cdots & \boldsymbol{K}_{mm} & \\ & \vdots & & \vdots & & \vdots & & \vdots & \end{array}\right] & \begin{array}{c} \vdots \\ i \\ \vdots \\ j \\ \vdots \\ k \\ \vdots \\ m \\ \vdots \end{array} \end{array} \tag{5-130}$$

式中：$\boldsymbol{K}_e'$ 为扩大的整体坐标系下的单元刚度矩阵；$\boldsymbol{K}_{ij}$ 为式（5-92）经式（5-128）坐标变换后得到的整体坐标系下单元刚度矩阵的子矩阵，而矩阵符号外面的 i 和 j 表示分块意义下，子矩阵 $\boldsymbol{K}_{ij}$ 等所在的行和列（实际上是 6 行 6 列），例如 $\boldsymbol{K}_{im}$，这个 6 阶方阵就放在分块意义下的第 i 行和第 m 列的位置上，这里 i 和 m 的顺序也是按照结点编号从小到大排列的；虚点和空处的元素均为零矩阵。显然，经过这样扩大后的方阵（5-130）仍是对称的，而且所有其他单元刚度矩阵中的 16 个子矩阵都可按照其下标（由单元的结点的编号组成）在式（5-130）的格式中对号叠加。

同样，把单元的等效结点力加以扩大，改写成 $6n\times1$ 阶的列阵

$$\boldsymbol{F}_e' = \begin{bmatrix} \cdots & \overset{i}{\boldsymbol{F}_i^{\mathrm{T}}} & \cdots & \overset{j}{\boldsymbol{F}_j^{\mathrm{T}}} & \cdots \end{bmatrix}_{6n\times1}^{\mathrm{T}} \tag{5-131}$$

之后，就可以按照叠加规则直接相加，得到整体刚度矩阵和结点力列阵，即

$$\boldsymbol{K} = \sum_{n_e=1}^{n_e} \boldsymbol{K}_e', \quad \boldsymbol{F}_e = \sum_{n_e=1}^{n_e} \boldsymbol{F}_e' \tag{5-132}$$

最后得到整个结构的平衡方程

$$K\delta = F \tag{5-133}$$

式中：δ 为整个结构的结点位移列阵；F 为结点荷载列阵，它已经包含了非结点荷载的等效结点力；K 为结构的整体刚度矩阵。式（5-133）中，K、F 和 δ 中各元素的排列顺序应注意按相同的顺序，一般是按照结点编号从小到大排列。式（5-133）实际上是包含 $6n$ 个以结点位移分量为基本未知量的线性代数方程组，它们是在 n 个结点上列出的 $6n$ 个平衡方程。

结构整体刚度矩阵是由单元刚度矩阵组装而成的，因此与单元刚度矩阵有类似的物理意义，其主要性质介绍如下。

1）对称性：源于单元刚度矩阵的对称性。

2）带状特性：在连续体离散为有限个单元后，每个结点的相关单元只是围绕在该单元周围为数不多的几个，一个结点通过相关单元与之发生关系的相关结点也只是它周围的少数几个，这样根据整体刚度矩阵元素的物理意义，为了在结构某个结点位移方向上有单位位移而结构其他结点位移方向上位移全为零，只需要在该结点和其周围关联结点上施加力就可以了，其余无关结点上并不需要有结点力，且无关结点一定是绝大多数，这样在每一列元素中都是零元素占多数。因此虽然结构总单元数和结点数很多，结构整体刚度阶数很高，但刚度系数中非零元素却很少，只要结点编号是合理的，也就是说相邻结点间的编号不要相差过远，这些稀疏的非零元素将集中在以主对角线为中心的一条带状区域内，即具有带状分布的特点。

3）奇异性：整体刚度矩阵是一个奇异阵。因为物体在受到平衡力作用时，可以是静止不动，但也可以做匀速运动，即物体的绝对位移不能确定，也就是说整体刚度矩阵不存在逆矩阵，所以它是奇异矩阵。在排除刚体位移后，它是正定阵。

5.6　边界约束条件的处理方法

5.5 节讨论整体刚度矩阵的奇异性时已经指出，必须考虑边界约束条件，排除系统的刚体位移，才能从方程组（5-133）求解结点位移。在有限元方法中，为避免出现刚体运动，边界条件的形式往往是在若干个结点上给定场函数的值（可以是零值，也可以是非零值），即 $\delta_i = \Delta_i$。

对于静力学问题，求解位移场问题时，至少要提出足以约束系统刚体位移的几何边界条件，以消除结构整体刚度矩阵的奇异性，一般可以使用以下方法来施加位移约束条件。

5.6.1　消去法

不妨考察下面只有 6 个结点的结构平衡方程，假定结点的自由度为 6。方程（5-133）展开成如下的形式：

$$
\begin{bmatrix}
K_{11} & K_{12} & K_{13} & K_{14} & K_{15} & K_{16} \\
K_{21} & K_{22} & K_{23} & K_{24} & K_{25} & K_{26} \\
K_{31} & K_{32} & K_{33} & K_{34} & K_{35} & K_{36} \\
K_{41} & K_{42} & K_{43} & K_{44} & K_{45} & K_{46} \\
K_{51} & K_{52} & K_{53} & K_{54} & K_{55} & K_{56} \\
K_{61} & K_{62} & K_{63} & K_{64} & K_{65} & K_{66}
\end{bmatrix}
\begin{bmatrix}
\delta_1 \\ \delta_2 \\ \delta_3 \\ \delta_4 \\ \delta_5 \\ \delta_6
\end{bmatrix}
=
\begin{bmatrix}
f_1 \\ f_2 \\ f_3 \\ f_4 \\ f_5 \\ f_6
\end{bmatrix}
\tag{5-134}
$$

设结点 2 的位移 δ_2 满足

$$
\delta_2 = \varDelta_2
\tag{5-135}
$$

由于结点位移 δ_2 已知，可以将方程组（5-134）改写成如下修正方程组

$$
\begin{bmatrix}
K_{11} & K_{13} & K_{14} & K_{15} & K_{16} \\
K_{31} & K_{33} & K_{34} & K_{35} & K_{36} \\
K_{41} & K_{43} & K_{44} & K_{45} & K_{46} \\
K_{51} & K_{53} & K_{54} & K_{55} & K_{56} \\
K_{61} & K_{63} & K_{64} & K_{65} & K_{66}
\end{bmatrix}
\begin{bmatrix}
\delta_1 \\ \delta_3 \\ \delta_4 \\ \delta_5 \\ \delta_6
\end{bmatrix}
=
\begin{bmatrix}
f_1 - K_{12}\varDelta_2 \\
f_3 - K_{32}\varDelta_2 \\
f_4 - K_{42}\varDelta_2 \\
f_5 - K_{52}\varDelta_2 \\
f_6 - K_{62}\varDelta_2
\end{bmatrix}
\tag{5-136}
$$

显然，用这组修正方程组来求解其余位移分量仍为原来的解答。若总结点为 n 个，其中有已知结点位移 m 个，则得到一组求解 $6n-m$ 个待定结点位移的修正方程组，修正方程组的意义是在原来的 $6n$ 个方程中，只保留与待定位移相对应的 $6n-m$ 个方程，并将方程中左端的已知位移和相应刚度系数的乘积移至方程右端作为荷载修正项。

如果已知结点位移全部为零，那么可以直接将与已知零结点位移相对应的刚度矩阵中的行和列全部删除，并在荷载向量中也将相对应的行元素删除，从而形成新的修正方程组。这种重新组合方程的做法可以降低方程阶数，但是在组合过程中，结点位移的顺序被改变，为了正确理解将来的计算结果，必须对结果进行编号还原。

5.6.2　划 0 置 1 法

如果已知结点位移全部为零，可以在刚度矩阵 K 中将与已知零结点位移相对应的行、列中主对角位置的子矩阵改为单位矩阵，并将该行和该列中其他子矩阵改为 **0**；在荷载向量中也将相应的子矩阵改为 **0**。例如，结点位移中的第 j 个结点为已知零位移，那么应将 K 中的第 j 行和第 j 列子矩阵除了 K_{jj} 改为单位矩阵之外，第 j 行其他子矩阵 $K_{ji}\left(j \neq i\right)$ 和第 j 列其他子矩阵 $K_{ij}\left(i \neq j\right)$ 全部改为 **0**；同时将荷

载向量中的第 j 个子矩阵也改为 **0**。

这样对所有已知零位移完成相应的修改，可以在不改变原方程阶数和结点未知量的顺序编号的情况下，简单地引入位移边界条件，但是这种方法只能用于给定零位移。

5.6.3　乘大数法

另一种考虑指定结点位移的方法，是将 **K** 中与指定结点位移有关的主对角元乘上一个大数 λ，同时将 **F** 的对应元素换上结点位移指定值与同一个大数以及主对角元相乘的乘积。实际上，这种方法就是使得 **K** 中相应行的修正项远大于非修正项。

仍假定结点 2 的位移满足 $\delta_2 = \Delta_2$，则方程组（5-134）将成为

$$\begin{bmatrix} K_{11} & K_{12} & K_{13} & K_{14} & K_{15} & K_{16} \\ K_{21} & K_{22}\lambda & K_{23} & K_{24} & K_{25} & K_{26} \\ K_{31} & K_{32} & K_{33} & K_{34} & K_{35} & K_{36} \\ K_{41} & K_{42} & K_{43} & K_{44} & K_{45} & K_{46} \\ K_{51} & K_{52} & K_{53} & K_{54} & K_{55} & K_{56} \\ K_{61} & K_{62} & K_{63} & K_{64} & K_{65} & K_{66} \end{bmatrix} \begin{bmatrix} \delta_1 \\ \delta_2 \\ \delta_3 \\ \delta_4 \\ \delta_5 \\ \delta_6 \end{bmatrix} = \begin{bmatrix} F_1 \\ K_{22}\Delta_2\lambda \\ F_3 \\ F_4 \\ F_5 \\ F_6 \end{bmatrix} \quad （5\text{-}137）$$

为了看出此方程能给出所需的结果，我们来考察此方程组的第二个方程：

$$K_{21}\delta_1 + K_{22}\lambda\delta_2 + K_{23}\delta_3 + K_{24}\delta_4 + K_{25}\delta_5 + K_{26}\delta_6 = K_{22}\Delta_2\lambda \quad （5\text{-}138）$$

由于 λ 足够大，故 $K_{22}\lambda\delta_2 \gg K_{2j}\lambda\delta_j$ $(j=1,3,4,5,6)$，从数值计算的结果来看，式（5-138）与下式相同：

$$K_{22}\lambda\delta_2 \approx K_{22}\Delta_2\lambda \quad （5\text{-}139）$$

这种方法对零值和非零值的给定位移都适用，引入位移边界条件时，不改变结点位移顺序。对总自由度较小的结构可以考虑这种方法；而对总自由度较大的结构，可以考虑采取直接代入法来降低方程阶数，以节省求解时间。

上述为静力学中常用的 3 种引入位移边界条件的方法。对于动力学问题，求解系统固有频率和振型时，可以不施加任何约束，这样计算得到的固有频率中的前 6 阶应该是接近零的数值，对应于系统的 6 个刚体位移模态。在求解结构的动力响应时，一般需要合适的约束以保持系统不至于在该激励下产生刚体位移。由于动力学问题的计算量一般都远远大于相同自由度数目的静力学问题，能够降低计算量的方法具有更加重要的意义。因此在动力学问题中，一般都采用消去法在运动方程中消去约束自由度。在编程中可以不必先组装再消去约束自由度，而是可以在组装之前，就先对系统位移进行重新编号，在新的编号中不包括被约束的位移，然后按照新的编号完成组装过程。在动力学问题中引入不为零约束的方法比较复杂，这里不做讨论。

第6章 设置磁流变阻尼器结构的动力分析理论基础

结构动力分析一般分为振动特性分析和动力响应分析两种。结构的振动特性是结构的固有属性，结构的振动特性分析也称模态分析，主要包括频率和振型的计算。动力响应分析是指结构在外力作用下的强迫振动，主要求解结构的位移、速度和加速度等物理量随时间的变化情况。本章主要介绍设置磁流变阻尼器建筑结构的动力分析理论和编程方法。

6.1 设置阻尼器结构的动力学微分方程

6.1.1 结构动力学分析的基本方程

与静力学问题相比，描述结构动力学特征的基本力学变量和方程都随时间变化，且方程增加了惯性力项和阻尼力项。如图 6-1 所示，二维单元的三大类变量分别为：位移 $u(\xi,t)$、$v(\xi,t)$，应变 $\varepsilon_x(\xi,t)$、$\varepsilon_y(\xi,t)$、$\gamma_{xy}(\xi,t)$，应力 $\sigma_x(\xi,t)$、$\sigma_y(\xi,t)$、$\tau_{xy}(\xi,t)$，三者均是坐标位置 $\xi(x,y,z)$ 和时间 t 的函数。

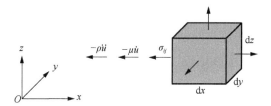

图 6-1 微元体 dxdydz 在动力学状态下的平衡关系

图 6-1 为微元体 dxdydz 在动力学状态下的平衡关系，利用达朗伯（D'Alembert）原理将惯性力等效到静力平衡方程中，再考虑阻尼力的作用，可得图 6-1 所示微元的平衡方程：

$$\left.\begin{array}{l} \dfrac{\partial \sigma_x(t)}{\partial x} + \dfrac{\partial \tau_{xy}(t)}{\partial y} + f_{bx}(t) - \rho \ddot{u}(t) - c\dot{u}(t) = 0 \\[3mm] \dfrac{\partial \tau_{xy}(t)}{\partial x} + \dfrac{\partial \sigma_y(t)}{\partial y} + f_{by}(t) - \rho \ddot{v}(t) - c\dot{v}(t) = 0 \end{array}\right\} \qquad (6\text{-}1)$$

式中：ρ 为密度；c 为阻尼系数；$f_{bx}(t)$ 和 $f_{by}(t)$ 分别为沿 x 和 y 方向的体积力；$\ddot{u}(t)$ 和 $\dot{u}(t)$ 分别为沿 x 向的加速度和速度；$\ddot{v}(t)$ 和 $\dot{v}(t)$ 分别为沿 y 向的加速度和速度。

图 6-1 所示微元的几何方程：

$$
\left.\begin{aligned}
\varepsilon_x(t) &= \frac{\partial u(t)}{\partial x} \\
\varepsilon_y(t) &= \frac{\partial v(t)}{\partial y} \\
\gamma_{xy}(t) &= \frac{\partial v(t)}{\partial x} + \frac{\partial u(t)}{\partial y}
\end{aligned}\right\}
\tag{6-2}
$$

图 6-1 所示微元的物理方程：

$$
\left.\begin{aligned}
\varepsilon_x(t) &= \frac{1}{E}\Big[\sigma_x(t) - \mu\sigma_y(t)\Big] \\
\varepsilon_y(t) &= \frac{1}{E}\Big[\sigma_y(t) - \mu\sigma_x(t)\Big] \\
\gamma_{xy}(t) &= \frac{1}{G}\tau_{xy}(t)
\end{aligned}\right\}
\tag{6-3}
$$

式中：E 为弹性模量；μ 为泊松比；G 为剪切模量。

图 6-1 所示微元的边界条件/初始条件如下。

位移边界条件：

$$
\left.\begin{aligned}
u(t) &= u_s(t) \\
v(t) &= v_s(t)
\end{aligned}\right\}
\tag{6-4}
$$

力边界条件：

$$
\left.\begin{aligned}
\sigma_x(t)n_x + \tau_{xy}(t)n_y &= f_{sx}(t) \\
\tau_{xy}(t)n_x + \sigma_y(t)n_y &= f_{sy}(t)
\end{aligned}\right\}
\tag{6-5}
$$

初始条件：

$$
\left.\begin{aligned}
u(\xi, t=0) &= u_0(\xi) \\
v(\xi, t=0) &= v_0(\xi)
\end{aligned}\right\}
\tag{6-6}
$$

$$
\left.\begin{aligned}
\dot{u}(\xi, t=0) &= \dot{u}_0(\xi) \\
\dot{v}(\xi, t=0) &= \dot{v}_0(\xi)
\end{aligned}\right\}
\tag{6-7}
$$

式中：$u_s(t)$、$v_s(t)$ 为在位移边界上给定的位移值；$f_{sx}(t)$、$f_{sy}(t)$ 为在力边界上 S_f 给定的分布荷载；$u_0(\xi)$、$v_0(\xi)$、$\dot{u}_0(\xi)$、$\dot{v}_0(\xi)$ 为初始时刻结构的位移和速度状态。

基于上述基本方程，可以写出平衡方程及力边界条件的等效积分形式

$$\delta \Pi = -\int_{\Omega} \left\{ \left[\frac{\partial \sigma_x(t)}{\partial x} + \frac{\partial \tau_{xy}(t)}{\partial y} + f_{bx}(t) - \rho \ddot{u}(t) - c\dot{u}(t) \right] \delta u \right.$$

$$+ \left[\frac{\partial \tau_{xy}(t)}{\partial x} + \frac{\partial \sigma_y(t)}{\partial y} + f_{by}(t) - \rho \ddot{v}(t) - c\dot{v}(t) \right] \delta v \right\} \mathrm{d}\Omega$$

$$+ \int_{S_f} \left\{ \left[\sigma_x(t) n_x + \tau_{xy}(t) n_y - f_{sx}(t) \right] \delta u \right.$$

$$\left. + \left[\tau_{xy}(t) n_x + \sigma_y(t) n_y - f_{sy}(t) \right] \delta v \right\} \mathrm{d}A = 0 \qquad (6\text{-}8)$$

对上述方程右端的第一项进行部分积分（应用 Gauss-Green 公式），经整理后，有

$$\int_{\Omega} \left[\sigma_x \delta \varepsilon_x + \sigma_y \delta \varepsilon_y + \tau_{xy} \delta \gamma_{xy} + \rho \ddot{u} \delta u + \rho \ddot{v} \delta v + c\dot{u} \delta u + c\dot{v} \delta v \right] \mathrm{d}\Omega$$

$$- \left[\int_{\Omega} \left(f_{bx} \delta u + f_{by} \delta v \right) \mathrm{d}\Omega + \int_{S_f} \left(f_{sx} \delta u + f_{sy} \delta v \right) \mathrm{d}A \right] = 0 \qquad (6\text{-}9)$$

这就是动力学问题的虚位移方程。

6.1.2　结构动力学问题的有限元方程

用于动力学问题分析的单元构造与前面静力问题分析时相同，不同之处是所有基于结点的基本力学变量也都是时间的函数。下面给出用于动力学问题单元构造的基本表达式。

单元的结点位移列阵为

$$\boldsymbol{\delta}_e(t) = \begin{bmatrix} u_1(t) & v_1(t) & w_1(t) \cdots u_n(t) & v_n(t) & w_n(t) \end{bmatrix}^{\mathrm{T}} \qquad (6\text{-}10)$$

单元内的位移插值函数为

$$\boldsymbol{u}_e(\xi, t) = \boldsymbol{N}(\xi) \boldsymbol{\delta}_e(t) \qquad (6\text{-}11)$$

式中：$\boldsymbol{N}(\xi)$ 为单元的形状函数矩阵，与相对应的静力问题单元的形状函数矩阵完全相同；ξ 为单元中的几何位置坐标。

基于上面的几何方程和物理方程以及式（6-11），将相关的物理量（应变和应力）表达为结点位移的关系，有

$$\left. \begin{aligned} \boldsymbol{\varepsilon}_e(\xi, t) &= [\partial] \boldsymbol{u}_e = [\partial] \boldsymbol{N}(\xi) \cdot \boldsymbol{\delta}_e(t) = \boldsymbol{B}(\xi) \cdot \boldsymbol{\delta}_e(t) \\ \boldsymbol{\sigma}_e(\xi, t) &= \boldsymbol{D} \cdot \boldsymbol{\varepsilon}_e = \boldsymbol{D} \cdot \boldsymbol{B}(\xi) \cdot \boldsymbol{\delta}_e(t) = \boldsymbol{S}(\xi) \cdot \boldsymbol{\delta}_e(t) \\ \dot{\boldsymbol{u}}_e(\xi, t) &= \boldsymbol{N}(\xi) \cdot \dot{\boldsymbol{\delta}}_e(t) \\ \ddot{\boldsymbol{u}}_e(\xi, t) &= \boldsymbol{N}(\xi) \cdot \ddot{\boldsymbol{\delta}}_e(t) \end{aligned} \right\} \qquad (6\text{-}12)$$

将式（6-12）代入以上虚功方程（6-9）中，有

$$\delta \Pi = \left[\boldsymbol{m}_e \ddot{\boldsymbol{\delta}}_e(t) + \boldsymbol{c}_e \dot{\boldsymbol{\delta}}_e(t) + \boldsymbol{k}_e \boldsymbol{\delta}_e(t) - \boldsymbol{f}_e(t) \right]^{\mathrm{T}} \cdot \delta \boldsymbol{\delta}_e(t) = 0 \qquad (6\text{-}13)$$

由于结点位移的变分增量 $\delta \boldsymbol{\delta}_e(t)$ 具有任意性，消去该项后，有

$$\boldsymbol{m}_\mathrm{e}\ddot{\boldsymbol{\delta}}_\mathrm{e}\left(t\right)+\boldsymbol{c}_\mathrm{e}\dot{\boldsymbol{\delta}}_\mathrm{e}\left(t\right)+\boldsymbol{k}_\mathrm{e}\boldsymbol{\delta}_\mathrm{e}\left(t\right)=\boldsymbol{f}_\mathrm{e}\left(t\right) \tag{6-14}$$

式中：

$$\boldsymbol{m}_\mathrm{e}=\int_\Omega\rho\boldsymbol{N}^\mathrm{T}\boldsymbol{N}\mathrm{d}\Omega \tag{6-15}$$

$$\boldsymbol{c}_\mathrm{e}=\int_\Omega c\boldsymbol{N}^\mathrm{T}\boldsymbol{N}\mathrm{d}\Omega \tag{6-16}$$

$$\boldsymbol{k}_\mathrm{e}=\int_\Omega\boldsymbol{B}^\mathrm{T}\boldsymbol{D}\boldsymbol{B}\mathrm{d}\Omega \tag{6-17}$$

$$\boldsymbol{f}_\mathrm{e}=\int_\Omega\boldsymbol{N}^\mathrm{T}\boldsymbol{f}_\mathrm{b}\mathrm{d}\Omega+\int_{S_\mathrm{f}}\boldsymbol{N}^\mathrm{T}\boldsymbol{f}_\mathrm{s}\mathrm{d}A \tag{6-18}$$

式中：$\boldsymbol{m}_\mathrm{e}$ 为单元在局部坐标系下的单元质量矩阵，将局部坐标系下单元的各个矩阵转换成整体坐标系下的整体矩阵后再进行组装，可形成结构的整体有限元方程，即

$$\boldsymbol{M}\ddot{\boldsymbol{\delta}}(t)+\boldsymbol{C}\dot{\boldsymbol{\delta}}(t)+\boldsymbol{K}\boldsymbol{\delta}(t)=\boldsymbol{F}(t) \tag{6-19}$$

接下来讨论式（6-19）的几种情况。

（1）静力学情形

由于与时间无关，方程（6-19）退化为

$$\boldsymbol{K}\boldsymbol{\delta}=\boldsymbol{F} \tag{6-20}$$

这就是结构静力学分析的整体刚度方程。

（2）无阻尼情形

此时 $\boldsymbol{C}=0$，因此方程（6-19）退化为

$$\boldsymbol{M}\ddot{\boldsymbol{\delta}}(t)+\boldsymbol{K}\boldsymbol{\delta}(t)=\boldsymbol{F}(t) \tag{6-21}$$

（3）无阻尼自由振动情形

此时 $\boldsymbol{C}=0$，$\boldsymbol{F}(t)=0$，因此方程（6-19）退化为

$$\boldsymbol{M}\ddot{\boldsymbol{\delta}}(t)+\boldsymbol{K}\boldsymbol{\delta}(t)=0 \tag{6-22}$$

这是一个二阶常系数齐次常微分方程，其解的形式为

$$\boldsymbol{\delta}(t)=\boldsymbol{\varphi}\sin(\omega t) \tag{6-23}$$

式中：ω 为结构的自振圆频率；$\boldsymbol{\varphi}$ 为对应于 ω 的特征向量。把式（6-23）代入式（6-22），便得到

$$\left(\boldsymbol{K}-\omega^2\boldsymbol{M}\right)\boldsymbol{\varphi}=0 \tag{6-24}$$

这是一个 n 阶线性齐次方程组，若要有非零解，则其系数矩阵的行列式必须为零，即

$$\left|\boldsymbol{K}-\omega^2\boldsymbol{M}\right|=0 \tag{6-25}$$

它是 ω^2 的 n 次实系数方程，称为常微分方程组（6-22）的特征方程，它的根称为特征值，是结构频率的平方。对于实际结构，可由式（6-25）求得 n 个振动频率：

$$\omega_1\leqslant\omega_2\leqslant\cdots\leqslant\omega_n \tag{6-26}$$

对于每个自振频率，可由式（6-24）确定一组各结点的振幅值 $\varphi_i(i=1,2,\cdots,n)$，它们的每一个分量之间的比值保持不变，数值大小可取任意值，称为特征向量，在振动理论中常称为结构自由振动的振型。

（4）地震作用下设置耗能减震装置的情形

地震作用时，设地面加速度为 $\ddot{\delta}_g(t)$，结构相对于地面的加速度为 $\ddot{\delta}(t)$，结构各结点的实际加速度等于 $\ddot{\delta}(t)+I\ddot{\delta}_g(t)$，$I$ 为元素全为 1 的列向量，在计算惯性力时用结点的实际加速度代替式（6-19）中的 $\ddot{\delta}(t)$。在结构中设置耗能装置时，可根据耗能装置的特点以附加阻尼 C'、附加刚度 K' 或附加阻尼力 $F_d(t)$ 的方式施加在方程的左侧，上述三种方式都需要通过耗能装置的位置矩阵 H 将耗能装置施加到结构的相应位置。由于没有外荷载，式（6-19）等号右侧的 $F(t)=0$。当以附加阻尼力的方式施加时，方程（6-19）变化为

$$M\ddot{\delta}(t)+C\dot{\delta}(t)+K\delta(t)=-MI\ddot{\delta}_g(t)-HF_d(t) \tag{6-27}$$

式中：M、C 和 K 分别为 $n\times n$ 阶质量、阻尼和刚度矩阵，n 为结构的自由度数；$\delta(t)$ 为 n 维位移向量；$\ddot{\delta}_g(t)$ 为 r 维干扰力向量；$F_d(t)$ 为 m 维控制力列向量，m 为控制装置的个数；$n\times m$ 阶矩阵 H 和 $n\times 1$ 阶矩阵 I 分别为控制力和地震力的位置矩阵。这就是地震作用下设置耗能减震装置结构的动力学微分方程。

6.2　质　量　矩　阵

结构振动分析将涉及结构的刚度矩阵、质量矩阵和阻尼矩阵，由式（6-17）可知，动力学问题中的刚度矩阵与静力问题的刚度矩阵完全相同，而质量矩阵则通过式（6-15）来进行计算。对于任意类型的单元，只要得到它的形状函数矩阵，就可以容易地计算出质量矩阵。下面给出常见单元的质量矩阵。

6.2.1　杆单元的质量矩阵

图 5-1 所示的一维杆单元的集中质量矩阵和一致质量矩阵如下。

（1）集中质量矩阵

将二结点一维杆单元的质量直接对半平分，集中到两个结点上，就可以得到集中质量矩阵：

$$m_e=\frac{\rho A l}{2}I_{2\times2} \tag{6-28}$$

式中：ρ 为材料密度；A 为杆的横截面积；l 为杆单元的长度；$I_{2\times2}$ 表示单位矩阵。

（2）一致质量矩阵

对于局部坐标系下的二结点一维杆单元的一致质量矩阵，可由式（5-4）中形状函数矩阵 N 通过式（6-15）计算：

$$\boldsymbol{m}_{\mathrm{e}} = \int_{\Omega} \rho \boldsymbol{N}^{\mathrm{T}} \boldsymbol{N} \mathrm{d}\Omega = \frac{\rho A l}{6} \begin{bmatrix} 2 & 1 \\ 1 & 2 \end{bmatrix} \tag{6-29}$$

所谓一致质量矩阵是指推导质量矩阵时与推导刚度矩阵时所使用的形状函数矩阵相"一致"。

杆单元的质量矩阵为 2×2 阶的方阵，质量矩阵的行、列由小到大分别与单元的自由度 u_1、u_2 对应。

6.2.2　平面梁单元的质量矩阵

1. 平面纯弯梁单元

图 5-2 所示的平面纯弯梁单元的集中质量矩阵和一致质量矩阵如下。

（1）集中质量矩阵

$$\boldsymbol{m}_{\mathrm{e}} = \frac{\rho A l}{2} \begin{bmatrix} 1 & 0 & 0 & 0 \\ 0 & 0 & 0 & 0 \\ 0 & 0 & 1 & 0 \\ 0 & 0 & 0 & 0 \end{bmatrix} \tag{6-30}$$

（2）一致质量矩阵

$$\boldsymbol{m}_{\mathrm{e}} = \frac{\rho A l}{420} \begin{bmatrix} 156 & 22l & 54 & -13l \\ 22l & 4l^2 & 13l & -3l^2 \\ 54 & 13l & 156 & -22l \\ -13l & -3l^2 & -22l & 4l^2 \end{bmatrix} \tag{6-31}$$

平面纯弯梁单元的质量矩阵为 4×4 阶的方阵，质量矩阵的行、列由小到大分别与单元的自由度 v_1、θ_1、v_2、θ_2 对应。

2. 一般平面梁单元

图 5-3 所示的一般平面梁单元的集中质量矩阵和一致质量矩阵如下。

（1）集中质量矩阵

$$\boldsymbol{m}_{\mathrm{e}} = \frac{\rho A l}{24} \begin{bmatrix} 12 & 0 & 0 & 0 & 0 & 0 \\ 0 & 12 & 0 & 0 & 0 & 0 \\ 0 & 0 & l^2 & 0 & 0 & 0 \\ 0 & 0 & 0 & 12 & 0 & 0 \\ 0 & 0 & 0 & 0 & 12 & 0 \\ 0 & 0 & 0 & 0 & 0 & l^2 \end{bmatrix} \tag{6-32}$$

（2）一致质量矩阵

$$m_{\mathrm{e}} = \frac{\rho A l}{420} \begin{bmatrix} 140 & 0 & 0 & 70 & 0 & 0 \\ 0 & 156 & 22l & 0 & 54 & -13l \\ 0 & 22l & 4l^2 & 0 & 13l & -3l^2 \\ 70 & 0 & 0 & 140 & 0 & 0 \\ 0 & 54 & 13l & 0 & 156 & -22l \\ 0 & -13l & -3l^2 & 0 & -22l & 4l^2 \end{bmatrix} \tag{6-33}$$

一般平面梁单元的质量矩阵为 6×6 阶的方阵，质量矩阵的行、列由小到大分别与单元的自由度 u_1、v_1、θ_1、u_2、v_2、θ_2 对应。

6.2.3　空间梁单元的质量矩阵

图 5-4 所示的空间梁单元的集中质量矩阵和一致质量矩阵如下。

（1）集中质量矩阵

$$m_{\mathrm{e}} = \frac{\rho A l}{24} \begin{bmatrix} 12 & 0 & 0 & 0 & 0 & 0 & 0 & 0 & 0 & 0 & 0 & 0 \\ 0 & 12 & 0 & 0 & 0 & 0 & 0 & 0 & 0 & 0 & 0 & 0 \\ 0 & 0 & 12 & 0 & 0 & 0 & 0 & 0 & 0 & 0 & 0 & 0 \\ 0 & 0 & 0 & l^2 & 0 & 0 & 0 & 0 & 0 & 0 & 0 & 0 \\ 0 & 0 & 0 & 0 & l^2 & 0 & 0 & 0 & 0 & 0 & 0 & 0 \\ 0 & 0 & 0 & 0 & 0 & l^2 & 0 & 0 & 0 & 0 & 0 & 0 \\ 0 & 0 & 0 & 0 & 0 & 0 & 12 & 0 & 0 & 0 & 0 & 0 \\ 0 & 0 & 0 & 0 & 0 & 0 & 0 & 12 & 0 & 0 & 0 & 0 \\ 0 & 0 & 0 & 0 & 0 & 0 & 0 & 0 & 12 & 0 & 0 & 0 \\ 0 & 0 & 0 & 0 & 0 & 0 & 0 & 0 & 0 & l^2 & 0 & 0 \\ 0 & 0 & 0 & 0 & 0 & 0 & 0 & 0 & 0 & 0 & l^2 & 0 \\ 0 & 0 & 0 & 0 & 0 & 0 & 0 & 0 & 0 & 0 & 0 & l^2 \end{bmatrix} \tag{6-34}$$

（2）一致质量矩阵

$$m_{\mathrm{e}} = \frac{\rho A L}{420} \begin{bmatrix} m_{11} & m_{12} \\ m_{21} & m_{22} \end{bmatrix} \tag{6-35}$$

式中：

$$
\boldsymbol{m}_{11} =
\begin{bmatrix}
140 & 0 & 0 & 0 & 0 & 0 \\
0 & 156 & 0 & 0 & 0 & 22L \\
0 & 0 & 156 & 0 & -22L & 0 \\
0 & 0 & 0 & \dfrac{140J}{A} & 0 & 0 \\
0 & 0 & -22L & 0 & 4L^2 & 0 \\
0 & 22L & 0 & 0 & 0 & 4L^2
\end{bmatrix}
\tag{6-36}
$$

$$
\boldsymbol{m}_{22} =
\begin{bmatrix}
140 & 0 & 0 & 0 & 0 & 0 \\
0 & 156 & 0 & 0 & 0 & -22L \\
0 & 0 & 156 & 0 & 22L & 0 \\
0 & 0 & 0 & \dfrac{140J}{A} & 0 & 0 \\
0 & 0 & 22L & 0 & 4L^2 & 0 \\
0 & -22L & 0 & 0 & 0 & 4L^2
\end{bmatrix}
\tag{6-37}
$$

$$
\boldsymbol{m}_{12} = \boldsymbol{m}_{21}{}^{\mathrm{T}} =
\begin{bmatrix}
70 & 0 & 0 & 0 & 0 & 0 \\
0 & 54 & 0 & 0 & 0 & -13L \\
0 & 0 & 54 & 0 & 13L & 0 \\
0 & 0 & 0 & \dfrac{70J}{A} & 0 & 0 \\
0 & 0 & -13L & 0 & -3L^2 & 0 \\
0 & 13L & 0 & 0 & 0 & -3L^2
\end{bmatrix}
\tag{6-38}
$$

式中：J 为扭转惯性矩。

空间梁单元的质量矩阵为 12×12 阶的方阵，质量矩阵的行、列由小到大分别与单元的自由度 u_1、v_1、w_1、θ_{x1}、θ_{y1}、θ_{z1}、u_2、v_2、w_2、θ_{x2}、θ_{y2}、θ_{z2} 对应。

6.2.4　平面 4 结点矩形单元的质量矩阵

图 5-5 所示的 4 结点平面板单元的集中质量矩阵和一致质量矩阵如下。

（1）集中质量矩阵

$$
\boldsymbol{m}_{\mathrm{e}}^{\mathrm{p}} =
\begin{bmatrix}
\boldsymbol{m}_{11}^{\mathrm{p}} & \boldsymbol{m}_{12}^{\mathrm{p}} & \boldsymbol{m}_{13}^{\mathrm{p}} & \boldsymbol{m}_{14}^{\mathrm{p}} \\
\boldsymbol{m}_{21}^{\mathrm{p}} & \boldsymbol{m}_{22}^{\mathrm{p}} & \boldsymbol{m}_{23}^{\mathrm{p}} & \boldsymbol{m}_{24}^{\mathrm{p}} \\
\boldsymbol{m}_{31}^{\mathrm{p}} & \boldsymbol{m}_{32}^{\mathrm{p}} & \boldsymbol{m}_{33}^{\mathrm{p}} & \boldsymbol{m}_{34}^{\mathrm{p}} \\
\boldsymbol{m}_{41}^{\mathrm{p}} & \boldsymbol{m}_{42}^{\mathrm{p}} & \boldsymbol{m}_{43}^{\mathrm{p}} & \boldsymbol{m}_{44}^{\mathrm{p}}
\end{bmatrix}
= \dfrac{\rho A h}{4}
\begin{bmatrix}
1 & 0 & 0 & 0 & 0 & 0 & 0 & 0 \\
0 & 1 & 0 & 0 & 0 & 0 & 0 & 0 \\
0 & 0 & 1 & 0 & 0 & 0 & 0 & 0 \\
0 & 0 & 0 & 1 & 0 & 0 & 0 & 0 \\
0 & 0 & 0 & 0 & 1 & 0 & 0 & 0 \\
0 & 0 & 0 & 0 & 0 & 1 & 0 & 0 \\
0 & 0 & 0 & 0 & 0 & 0 & 1 & 0 \\
0 & 0 & 0 & 0 & 0 & 0 & 0 & 1
\end{bmatrix}
\tag{6-39}
$$

式中：上标 p 代表平面矩阵；h 为单元厚度。

（2）一致质量矩阵

$$\boldsymbol{m}_{\mathrm{e}}^{\mathrm{p}} = \begin{bmatrix} m_{11}^{\mathrm{p}} & m_{12}^{\mathrm{p}} & m_{13}^{\mathrm{p}} & m_{14}^{\mathrm{p}} \\ m_{21}^{\mathrm{p}} & m_{22}^{\mathrm{p}} & m_{23}^{\mathrm{p}} & m_{24}^{\mathrm{p}} \\ m_{31}^{\mathrm{p}} & m_{32}^{\mathrm{p}} & m_{33}^{\mathrm{p}} & m_{34}^{\mathrm{p}} \\ m_{41}^{\mathrm{p}} & m_{42}^{\mathrm{p}} & m_{43}^{\mathrm{p}} & m_{44}^{\mathrm{p}} \end{bmatrix} = \frac{\rho A h}{36} \begin{bmatrix} 4 & 0 & 2 & 0 & 1 & 0 & 2 & 0 \\ 0 & 4 & 0 & 2 & 0 & 1 & 0 & 2 \\ 2 & 0 & 4 & 0 & 2 & 0 & 1 & 0 \\ 0 & 2 & 0 & 4 & 0 & 2 & 0 & 1 \\ 1 & 0 & 2 & 0 & 4 & 0 & 2 & 0 \\ 0 & 1 & 0 & 2 & 0 & 4 & 0 & 2 \\ 2 & 0 & 1 & 0 & 2 & 0 & 4 & 0 \\ 0 & 2 & 0 & 1 & 0 & 2 & 0 & 4 \end{bmatrix} \tag{6-40}$$

4 结点平面板单元的质量矩阵为 8×8 阶的方阵，质量矩阵的行、列由小到大分别与单元的自由度 u_1、v_1、u_2、v_2、u_3、v_3、u_4、v_4 对应。

6.2.5　4 结点矩形弯曲板单元的质量矩阵

图 5-6 所示的 4 结点平面弯曲板单元的一致单元质量矩阵可用下式表示：

$$\boldsymbol{m}_{\mathrm{e}}^{\mathrm{b}} = \begin{bmatrix} m_{11}^{\mathrm{b}} & m_{12}^{\mathrm{b}} & m_{13}^{\mathrm{b}} & m_{14}^{\mathrm{b}} \\ m_{21}^{\mathrm{b}} & m_{22}^{\mathrm{b}} & m_{23}^{\mathrm{b}} & m_{24}^{\mathrm{b}} \\ m_{31}^{\mathrm{b}} & m_{32}^{\mathrm{b}} & m_{33}^{\mathrm{b}} & m_{34}^{\mathrm{b}} \\ m_{41}^{\mathrm{b}} & m_{42}^{\mathrm{b}} & m_{43}^{\mathrm{b}} & m_{44}^{\mathrm{b}} \end{bmatrix} \tag{6-41}$$

式中：上标 b 代表弯曲矩阵，每个子矩阵是一个 3×3 阶的矩阵，可由下式计算得出：

$$\boldsymbol{m}_{ij}^{\mathrm{b}} = \iint \rho \boldsymbol{N}_i^{\mathrm{bT}} \boldsymbol{N}_j^{\mathrm{b}} h \mathrm{d}x \mathrm{d}y, \qquad (i, j = 1, 2, 3, 4) \tag{6-42}$$

式中：

$$\boldsymbol{N}_i^{\mathrm{b}} = \begin{bmatrix} N_i & N_{xi} & N_{yi} \end{bmatrix}, \qquad (i = 1, 2, 3, 4) \tag{6-43}$$

其中：N_i、N_{xi}、N_{yi} 同式（5-75）。

由于式（6-42）积分过程较为复杂且容易出错，这里不再给出平面弯曲板单元质量矩阵的显示表达式。

4 结点弯曲板单元的质量矩阵为 12×12 阶的方阵，质量矩阵的行、列由小到大分别与单元的自由度 w_1、θ_{x1}、θ_{y1}、w_2、θ_{x2}、θ_{y2}、w_3、θ_{x3}、θ_{y3}、w_4、θ_{x4}、θ_{y4} 对应。

6.2.6　壳体单元的质量矩阵

与局部坐标系下壳体单元的刚度矩阵类似，图 5-7 所示的壳体单元局部坐标系下的单元质量矩阵通过将式（6-40）和式（6-41）叠加得到。

$$m_\mathrm{e} = \begin{bmatrix} m_{11} & m_{12} & m_{13} & m_{14} \\ m_{21} & m_{22} & m_{23} & m_{24} \\ m_{31} & m_{32} & m_{33} & m_{34} \\ m_{41} & m_{42} & m_{43} & m_{44} \end{bmatrix} \tag{6-44}$$

式中：单元质量矩阵的子矩阵 m_{ij} 都是 6×6 阶的，具体表达式为

$$m_{ij} = \begin{bmatrix} m_{ij}^\mathrm{p} & 0 & 0 \\ 0 & m_{ij}^\mathrm{b} & 0 \\ 0 & 0 & 0 \end{bmatrix}, \quad (i, j = 1, 2, 3, 4) \tag{6-45}$$

4 结点壳体单元的质量矩阵为 24×24 阶的方阵，质量矩阵的行、列由小到大分别与单元的自由度 u_1、v_1、w_1、θ_{x1}、θ_{y1}、θ_{z1}、u_2、v_2、w_2、θ_{x2}、θ_{y2}、θ_{z2}、u_3、v_3、w_3、θ_{x3}、θ_{y3}、θ_{z3}、u_4、v_4、w_4、θ_{x4}、θ_{y4}、θ_{z4} 对应。

6.3　设置磁流变阻尼器结构的动力响应求解方法

6.3.1　动力特性分析

1. 矢量迭代法

矢量迭代法分为逆迭代法和正迭代法两种，逆迭代法向结构的最低频率和振型收敛，而正迭代法向结构的最高频率和振型收敛。由于实际工程中结构的低阶自振频率和振型更具有参考价值，一般情况下常采用逆迭代法求解结构的最小特征值和特征向量。

逆迭代法是利用柔度矩阵表示的结构自由振动方程（6-24）进行计算的，由式（6-24）得

$$K\varphi = \lambda M\varphi \tag{6-46}$$

式中：$\lambda = \omega^2$。

逆迭代法除了求最小特征值和特征向量外，和 Gram-Schmidt 正交化过程相结合，可用来求取最低的几阶特征对。对于第 j 阶特征对的求取，设有初始向量 $\tilde{x}_j(0)$，则其迭代公式为

$$K\tilde{x}_j(k+1) = Mx_j(k), \quad (k=1,2,\cdots,n) \tag{6-47}$$

清理模型（即清型）是求取了最小特征对之后求其余特征对时所必须进行的一步，不仅包括特征对求取的迭代初始向量与前 $j-1$ 阶特征向量正交，且每次迭代过程中都要进行正交化处理，不断把前 $j-1$ 阶特征向量从迭代向量中清除掉，由于实际计算的误差，在迭代过程中不可避免地会产生低阶特征向量，迭代到最后还是得到最低阶的特征向量。Gram-Schmidt 正交化过程如下

$$\tilde{x}_{j+1}(0) = x_{j+1}(0) - \sum_{i=1}^{j} \boldsymbol{\varphi}_i^{\mathrm{T}} \boldsymbol{M} x_{j+1}(0) \boldsymbol{\varphi}_i \qquad (6\text{-}48)$$

初始向量对迭代的效率影响极大，一般情况下，初始向量应尽可能接近所求的振型。一种简单的选取方法是，把结构简单地考虑为各个自由度是互不耦合的，即

$$\boldsymbol{K} = \mathrm{diag}[k_{11} \quad k_{22} \quad \cdots \quad k_{nn}] \qquad (6\text{-}49)$$

$$\boldsymbol{M} = \mathrm{diag}[m_{11} \quad m_{22} \quad \cdots \quad m_{nn}] \qquad (6\text{-}50)$$

相应式（6-49）和式（6-50）的特征方程为非耦合形式

$$k_{ii}\delta_i = \lambda_i m_{ii}\delta_i, \quad (i=1,2,\cdots,n) \qquad (6\text{-}51)$$

则有 $\lambda_i = k_{ii}/m_{ii}$，$\delta_i = 1$。将 λ_i 从小到大排序，设 λ_i 排在第 j 位。

一般选取第一阶初始向量为

$$\boldsymbol{M}x_1(0) = [m_{11} \quad m_{22} \quad \cdots \quad m_{nn}]^{\mathrm{T}} \qquad (6\text{-}52)$$

取第 j+1 阶初始向量为

$$\boldsymbol{M}x_{j+1}(0) = [\overset{1}{0} \quad \overset{2}{0} \quad \overset{\cdots}{\cdots} \quad 0 \quad \overset{i}{1} \quad 0 \quad \cdots \quad \overset{n}{0}]^{\mathrm{T}} \qquad (6\text{-}53)$$

对于第 j（$j=1,2,\cdots,p$）阶特征对的求取，矢量迭代法的计算步骤如下。

1）选取 n 维初始向量 $y_j(0)$。

2）对于 k（$k=1,2,\cdots$）次迭代，计算 $\tilde{x}_j(k+1) = \boldsymbol{K}^{-1}y_j(k)$。

3）计算 $\tilde{y}_j(k+1) = \boldsymbol{M}\tilde{x}_j(k+1)$。

4）计算近似特征值 $\lambda_j(k+1) = \dfrac{\left[\tilde{x}_j(k+1)\right]^{\mathrm{T}} y_j(k)}{\left[\tilde{x}_j(k+1)\right]^{\mathrm{T}} \tilde{y}_j(k+1)}$。

5）如果特征值的精度满足条件 $\left|\dfrac{\lambda_j(k+1) - \lambda_j(k)}{\lambda_j(k+1)}\right| \leqslant \varepsilon$，则终止内循环，计算

特征向量 $\boldsymbol{\varphi}_j = \dfrac{\tilde{x}_j(k+1)}{\sqrt{\left[\tilde{x}_j(k+1)\right]^{\mathrm{T}} \tilde{y}_j(k+1)}}$；Gram-Schmidt 正交化，$\tilde{x}_{j+1}(0) = x_{j+1}(0) -$

$\sum_{i=1}^{j} \boldsymbol{\varphi}_i^{\mathrm{T}} \boldsymbol{M} x_{j+1}(0) \boldsymbol{\varphi}_i$。

6）否则计算第 k+1 次迭代的初始向量 $y_j(k+1) = \dfrac{\tilde{y}_j(k+1)}{\sqrt{\left[\tilde{x}_j(k+1)\right]^{\mathrm{T}} \tilde{y}_j(k+1)}}$。

2. 子空间迭代法

子空间迭代法是求解大型结构自振频率和振型的最有效方法之一，其基本思想是把逆迭代法和 Ritz 法结合起来，既利用 Ritz 法来缩减自由度，又在计算过程中利用逆迭代法使振型逐步趋于其精确值，因而计算效果比较好。

对于 n 阶实对称矩阵 $\boldsymbol{M}$ 与 $\boldsymbol{K}$，可取迭代式为

$$\boldsymbol{K}\boldsymbol{X}_{k+1} = \boldsymbol{M}\hat{\boldsymbol{X}}_k \tag{6-54}$$

式中：$\boldsymbol{X}_{k+1}$ 是 $n \times m$ 阶矩阵，且 $m < n$；$\hat{\boldsymbol{X}}_k$ 是 $\boldsymbol{X}_k$ 关于 $\boldsymbol{M}$ 的正交归一化矩阵。$\hat{\boldsymbol{X}}_k$ 的正交归一化可进行如下：借变换 $\boldsymbol{X}_k$，经 Ritz 缩聚后，有

$$\boldsymbol{M}_k = \boldsymbol{X}_k^{\mathrm{T}}\boldsymbol{M}\boldsymbol{X}_k, \quad \boldsymbol{K}_k = \boldsymbol{X}_k^{\mathrm{T}}\boldsymbol{K}\boldsymbol{X}_k \tag{6-55}$$

分别记缩聚系统 $(\boldsymbol{M}_k, \boldsymbol{K}_k)$ 的特征值矩阵与特征矢量矩阵为 $\boldsymbol{\lambda}_k^*$ 与 $\boldsymbol{P}_k$，有

$$\boldsymbol{K}_k\boldsymbol{P}_k = \boldsymbol{M}_k\boldsymbol{P}_k\boldsymbol{\lambda}_k^* \tag{6-56}$$

式中：$\boldsymbol{\lambda}_k^*$ 是对角阵；$\boldsymbol{P}_k$ 是关于 $\boldsymbol{M}_k$ 的正归一化矩阵。

故在下一步迭代中可取

$$\hat{\boldsymbol{X}}_k = \boldsymbol{X}_k\boldsymbol{P}_k \tag{6-57}$$

需要指出的是，在子空间迭代法中，初始向量的选取将直接影响到迭代的收敛速度。根据实践经验，初始向量的第 1 列的元素全部置为 1，以后各列按 m_{ii}/k_{ii} 中的大小排序，分别在该顺序对应的位置上置 $1/m_{kk}$，而该列其余元素皆置 0，其中 k 即是指第 k 个元素最大。

子空间迭代的基本流程如下。

1）选定初始向量 $\hat{\boldsymbol{X}}_1 = \begin{bmatrix} \boldsymbol{x}_1(1) & \boldsymbol{x}_2(1) & \cdots & \boldsymbol{x}_m(1) \end{bmatrix}$。

2）进行迭代计算 $\boldsymbol{Y}_k = \boldsymbol{M}\hat{\boldsymbol{X}}_k$，$\boldsymbol{K}\boldsymbol{X}_{k+1} = \boldsymbol{Y}_k$。

3）进行 Ritz 方法运算 $\hat{\boldsymbol{X}}_{k+1} = \boldsymbol{X}_{k+1}\boldsymbol{P}_{k+1}$。

4）求解新的降阶的广义特征值问题 $\boldsymbol{K}_{k+1}\boldsymbol{P}_{k+1} = \boldsymbol{M}_{k+1}\boldsymbol{P}_{k+1}\boldsymbol{\lambda}_{k+1}$，其中，$\boldsymbol{M}_{k+1} = \boldsymbol{X}_{k+1}^{\mathrm{T}}\boldsymbol{M}\boldsymbol{X}_{k+1}$，$\boldsymbol{K}_{k+1} = \boldsymbol{X}_{k+1}^{\mathrm{T}}\boldsymbol{K}\boldsymbol{X}_{k+1}$。

5）如果特征值的精度满足要求，则终止循环。计算原特征值问题的特征值和特征向量为 $\boldsymbol{\lambda}_i \approx \boldsymbol{\lambda}_i^*$，$\boldsymbol{\varphi}_i \approx \boldsymbol{X}_{k+1}\boldsymbol{P}_{k+1,i}$。

3. MATLAB 专用函数法

MATLAB 提供了专门的 eig 和 eigs 函数来计算矩阵的特征值，eig 一般用来求解维数较小的全部特征值，eigs 一般用来获取大型特征值问题的某几个特征对，其调用格式如下：

```
E=eig(K,M);        %由 eig(K,M)返回 n×n 阶方阵 K 和 M 的 n 个广义特征值，构成向
                     量 E。
[v,d]=eig(K,M);    %由 eig(K,M)返回方阵 K 和 M 的 n 个广义特征值，构成 n×n
                     阶对角阵 d，其对角线上的 n 个元素即为相应的广义特征值，同
                     时将返回相应的特征向量构成 n×n 阶满秩矩阵，且满足 Kv=Mvd。
[v,d]=eig(K,M,flag);       %flag='chol' or 'qz' 由 flag 指定算法计算特
                            征值 d 和特征向量 v。flag 的可能值为：'chol' 表
```

示对 M 使用 Cholesky 分解算法，这里 K 为对称 Hermitian 矩阵，M 为正定阵；'qz' 表示使用 QZ 算法，这里 K、M 为非对称或非 Hermitian 矩阵。

[v,d]=eig(K,M,p,SIGMA); %p 为返回特征值和特征向量的个数；SIGMA='SM' or 'LM'，'SM' 表示绝对值最小的特征值，'LM' 表示绝对值最大的特征值。

6.3.2　时程响应分析

对于式（6-27）给出的设置磁流变阻尼器结构的动力学方程，目前已发展了一系列的时域直接数值计算方法，例如分段解析法、中心差分法、平均常加速度法、线性加速度法、Newmark-β 法、Wilson-θ 法。本书介绍常用的三种方法，即 Wilson-θ 法、Newmark-β 法和状态空间法。

1. Wilson-θ 法

Wilson 于 1966 年在线性加速度法的基础上提出了一种无条件收敛的计算方法，该方法假设在时间段 $[t, t+\Delta t]$ 内加速度 $\ddot{\delta}(t)$、速度 $\dot{\delta}(t)$、位移 $\delta(t)$ 均为线性变化，一个延长积分步长 $\tau = \theta\Delta t$ 的范围内的外荷载向量按线性变化。首先计算 $t+\theta\Delta t$ 时刻的运动，其中 $\theta > 1$，然后通过内插得到时刻 $t+\Delta t$ 的运动。可以证明当 $\theta \geqslant 1.37$ 时，Wilson-θ 法具有无条件稳定性，但 θ 取得太大时，会出现较大的计算误差，一般取 $\theta = 1.4$。

对于式（6-27），t 时刻与 $t+\Delta t$ 时刻的运动方程两式相减可以得到运动方程的增量形式：

$$M\Delta\ddot{\delta} + C\Delta\dot{\delta} + K\Delta\delta = -MI\Delta\ddot{\delta}_g - H\Delta F_d \tag{6-58}$$

对于多质点体系，计算时刻 $t+\tau$（$0 \leqslant \tau \leqslant \theta\Delta t$）的加速度、速度和位移为

$$\ddot{\delta}(t+\tau) = \ddot{\delta}(t) + \frac{\tau}{\theta\Delta t}\left[\ddot{\delta}(t+\theta\Delta t) - \ddot{\delta}(t)\right] \tag{6-59}$$

$$\dot{\delta}(t+\tau) = \dot{\delta}(t) + \tau\ddot{\delta}(t) + \frac{\tau^2}{2\theta\Delta t}\left[\ddot{\delta}(t+\theta\Delta t) - \ddot{\delta}(t)\right] \tag{6-60}$$

$$\delta(t+\tau) = \delta(t) + \tau\dot{\delta}(t) + \frac{\tau^2}{2}\ddot{\delta}(t) + \frac{\tau^3}{6\theta\Delta t}\left[\ddot{\delta}(t+\theta\Delta t) - \ddot{\delta}(t)\right] \tag{6-61}$$

式中：速度 $\dot{\delta}(t+\tau)$ 和位移 $\delta(t+\tau)$ 分别由加速度 $\ddot{\delta}(t+\tau)$ 和速度 $\dot{\delta}(t+\tau)$ 对 τ 积分一次得到。令 $\tau = \theta\Delta t$，得

$$\dot{\delta}(t+\theta\Delta t) = \dot{\delta}(t) + \theta\Delta t\ddot{\delta}(t) + \frac{\theta\Delta t}{2}\left[\ddot{\delta}(t+\theta\Delta t) - \ddot{\delta}(t)\right] \tag{6-62}$$

$$\delta(t+\theta\Delta t) = \delta(t) + \theta\Delta t\dot{\delta}(t) + \frac{\theta^2\Delta t^2}{6}\left[\ddot{\delta}(t+\theta\Delta t) + 2\ddot{\delta}(t)\right] \tag{6-63}$$

式（6-63）经变换得

$$\ddot{\pmb{\delta}}\left(t+\theta\Delta t\right)-\ddot{\pmb{\delta}}\left(t\right)=\frac{6}{\theta^2\Delta t^2}\left[\pmb{\delta}\left(t+\theta\Delta t\right)-\pmb{\delta}\left(t\right)-\theta\Delta t\dot{\pmb{\delta}}\left(t\right)\right]-3\ddot{\pmb{\delta}}\left(t\right) \tag{6-64}$$

将上式代入式（6-62）得

$$\dot{\pmb{\delta}}\left(t+\theta\Delta t\right)-\dot{\pmb{\delta}}\left(t\right)=\frac{3}{\theta\Delta t}\left[\pmb{\delta}\left(t+\theta\Delta t\right)-\pmb{\delta}\left(t\right)\right]-3\dot{\pmb{\delta}}\left(t\right)-\frac{\theta\Delta t}{2}\ddot{\pmb{\delta}}\left(t\right) \tag{6-65}$$

同时，令

$$\Delta\pmb{\delta}_{\tau}=\pmb{\delta}\left(t+\theta\Delta t\right)-\pmb{\delta}\left(t\right), \quad \Delta\dot{\pmb{\delta}}_{\tau}=\dot{\pmb{\delta}}\left(t+\theta\Delta t\right)-\dot{\pmb{\delta}}\left(t\right), \quad \Delta\ddot{\pmb{\delta}}_{\tau}=\ddot{\pmb{\delta}}\left(t+\theta\Delta t\right)-\ddot{\pmb{\delta}}\left(t\right),$$

$$\Delta\ddot{\pmb{\delta}}_{g\tau}=\ddot{\pmb{\delta}}_{g}\left(t+\theta\Delta t\right)-\ddot{\pmb{\delta}}_{g}\left(t\right), \quad \Delta\pmb{F}_{d\tau}=\Delta\pmb{F}_{d}\left(t+\theta\Delta t\right)-\Delta\pmb{F}_{d}\left(t\right)$$

代入增量动力方程（6-58）得

$$\pmb{K}^{*}\Delta\pmb{\delta}_{\tau}=\Delta\pmb{F}^{*} \tag{6-66}$$

$$\pmb{K}^{*}=\pmb{K}+\pmb{M}\frac{6}{\theta^2\Delta t^2}+\pmb{C}\frac{3}{\theta\Delta t} \tag{6-67}$$

$$\Delta\pmb{F}^{*}=-\pmb{M}\pmb{I}\Delta\ddot{\pmb{\delta}}_{g\tau}-\pmb{H}\Delta\pmb{F}_{d\tau}+\pmb{M}\left[\frac{6}{\theta\Delta t}\dot{\pmb{\delta}}\left(t\right)+3\ddot{\pmb{\delta}}\left(t\right)\right]+\pmb{C}\left[3\dot{\pmb{\delta}}\left(t\right)+\frac{\theta\Delta t}{2}\ddot{\pmb{\delta}}\left(t\right)\right] \tag{6-68}$$

由式（6-66）可解得 $\Delta\pmb{\delta}_{\tau}$。由式（6-64）可得

$$\ddot{\pmb{\delta}}\left(t+\theta\Delta t\right)=\frac{6}{\theta^2\Delta t^2}\left[\Delta\pmb{\delta}-\theta\Delta t\dot{\pmb{\delta}}\left(t\right)\right]-2\ddot{\pmb{\delta}}\left(t\right) \tag{6-69}$$

将上式代入式（6-59），并令 $\tau=\Delta t$，得

$$\ddot{\pmb{\delta}}\left(t+\Delta t\right)-\ddot{\pmb{\delta}}\left(t\right)=\frac{6}{\theta^3\Delta t^2}\Delta\pmb{\delta}_{\tau}-\frac{6}{\theta^2\Delta t}\dot{\pmb{\delta}}\left(t\right)-\frac{3}{\theta}\ddot{\pmb{\delta}}\left(t\right) \tag{6-70}$$

由式（6-62）和式（6-63），并令 $\theta=1$，得

$$\dot{\pmb{\delta}}\left(t+\Delta t\right)-\dot{\pmb{\delta}}\left(t\right)=\frac{\Delta t}{2}\left[\ddot{\pmb{\delta}}\left(t+\Delta t\right)+\ddot{\pmb{\delta}}\left(t\right)\right] \tag{6-71}$$

$$\pmb{\delta}\left(t+\Delta t\right)-\pmb{\delta}\left(t\right)=\Delta t\dot{\pmb{\delta}}\left(t\right)+\frac{\Delta t^2}{6}\left[\ddot{\pmb{\delta}}\left(t+\Delta t\right)+2\ddot{\pmb{\delta}}\left(t\right)\right] \tag{6-72}$$

Wilson-θ 法的计算步骤可归纳如下。

（1）初始计算

1）形成刚度矩阵 $\pmb{K}$、质量矩阵 $\pmb{M}$ 和阻尼矩阵 $\pmb{C}$。

2）给定初始条件 $\pmb{\delta}(0)$、$\dot{\pmb{\delta}}(0)$、$\ddot{\pmb{\delta}}(0)$，或由初始条件 $\pmb{\delta}(0)$、$\dot{\pmb{\delta}}(0)$ 计算 $\ddot{\pmb{\delta}}(0)$。

3）选取时间步长 Δt，取 $\theta=1.4$。

（2）对于每一时间步长的计算

1）由式（6-66）计算 $\tau=\theta\Delta t$ 加长时段内各质点的位移增量 $\Delta\pmb{\delta}_{\tau}$。

2）由式（6-70）先利用 $\Delta\pmb{\delta}_{\tau}$ 计算出 Δt 正常时段内的加速度增量 $\Delta\ddot{\pmb{\delta}}$。

3）由式（6-71）、式（6-72）求解 Δt 正常时段内的速度增量 $\Delta\dot{\pmb{\delta}}$ 和位移增量 $\Delta\pmb{\delta}$。

4）以各质点在第 t 时刻的地震反应为基础，分别加上位移增量 $\Delta\pmb{\delta}$ 和速度增量 $\Delta\dot{\pmb{\delta}}$，得到下一时间步长第 $t+\Delta t$ 时刻的各质点的相对位移反应 $\pmb{\delta}(t+\Delta t)$ 和相对

速度反应 $\dot{\boldsymbol{\delta}}(t+\Delta t)$。

2. Newmark-β 法

Newmark-β 法积分格式也可以看成是线性加速度方法的推广。Newmark-β 法所采用的假设为

$$\dot{\boldsymbol{\delta}}(t+\Delta t)=\dot{\boldsymbol{\delta}}(t)+\left[(1-\beta)\ddot{\boldsymbol{\delta}}(t)+\beta\ddot{\boldsymbol{\delta}}(t+\Delta t)\right]\Delta t \tag{6-73}$$

$$\boldsymbol{\delta}(t+\Delta t)=\boldsymbol{\delta}(t)+\dot{\boldsymbol{\delta}}(t)\Delta t+\left[(0.5-\alpha)\ddot{\boldsymbol{\delta}}(t)+\alpha\ddot{\boldsymbol{\delta}}(t+\Delta t)\right]\Delta t^2 \tag{6-74}$$

式中：参数 α 和 β 根据积分的精度和稳定性要求来确定。

由式（6-73）和式（6-74）可解出：

$$\dot{\boldsymbol{\delta}}(t+\Delta t)=\dot{\boldsymbol{\delta}}(t)+\Delta t(1-\beta)\ddot{\boldsymbol{\delta}}(t)+\beta\Delta t\ddot{\boldsymbol{\delta}}(t+\Delta t) \tag{6-75}$$

$$\ddot{\boldsymbol{\delta}}(t+\Delta t)=\frac{1}{\alpha\Delta t^2}\left[\boldsymbol{\delta}(t+\Delta t)-\boldsymbol{\delta}(t)\right]-\frac{1}{\alpha\Delta t}\dot{\boldsymbol{\delta}}(t)-\left(\frac{1}{2\alpha}-1\right)\ddot{\boldsymbol{\delta}}(t) \tag{6-76}$$

将式（6-75）和式（6-76）代入时刻 $t+\Delta t$ 的运动方程为

$$\boldsymbol{M}\ddot{\boldsymbol{\delta}}(t+\Delta t)+\boldsymbol{C}\dot{\boldsymbol{\delta}}(t+\Delta t)+\boldsymbol{K}\boldsymbol{\delta}(t+\Delta t)=-\boldsymbol{M}\boldsymbol{I}\ddot{\delta}_g(t+\Delta t)-\boldsymbol{H}\boldsymbol{F}_\mathrm{d}(t+\Delta t) \tag{6-77}$$

得到

$$\left(\frac{1}{\alpha\Delta t^2}\boldsymbol{M}+\frac{\beta}{\alpha\Delta t}\boldsymbol{C}+\boldsymbol{K}\right)\boldsymbol{\delta}(t+\Delta t)$$
$$=-\boldsymbol{M}\boldsymbol{I}\ddot{\delta}_g(t+\Delta t)-\boldsymbol{H}\boldsymbol{F}_\mathrm{d}(t+\Delta t)$$
$$+\left[\left(\frac{1}{2\alpha}-1\right)\boldsymbol{M}+\frac{\Delta t}{2}\left(\frac{\beta}{\alpha}-2\right)\boldsymbol{C}\right]\ddot{\boldsymbol{\delta}}(t)$$
$$+\left[\frac{1}{\alpha\Delta t}\boldsymbol{M}+\left(\frac{\beta}{\alpha}-1\right)\boldsymbol{C}\right]\dot{\boldsymbol{\delta}}(t)+\left(\frac{1}{\alpha\Delta t^2}\boldsymbol{M}+\frac{\beta}{\alpha\Delta t}\boldsymbol{C}\right)\boldsymbol{\delta}(t) \tag{6-78}$$

Newmark-β 法是一种隐式积分方法，当 $\beta\geqslant0.5$ 和 $\alpha\geqslant0.25(0.5+\beta)^2$ 时，该算法无条件稳定。

Newmark-β 法的计算步骤可归结如下。

（1）初始计算

1）形成刚度矩阵 $\boldsymbol{K}$、质量矩阵 $\boldsymbol{M}$ 和阻尼矩阵 $\boldsymbol{C}$。

2）给定初始条件 $\boldsymbol{\delta}(0)$、$\dot{\boldsymbol{\delta}}(0)$、$\ddot{\boldsymbol{\delta}}(0)$，或由初始条件 $\boldsymbol{\delta}(0)$、$\dot{\boldsymbol{\delta}}(0)$ 根据式（6-77）计算 $\ddot{\boldsymbol{\delta}}(0)$。

3）选取时间步长 Δt、参数 α 和 β 的值，$\beta\geqslant0.5$、$\alpha\geqslant0.25(0.5+\beta)^2$。

（2）对于每一时间步长的计算

1）以各质点在第 t 时刻的地震反应为基础，由式（6-78）计算下一时间步长第 $t+\Delta t$ 时刻各质点的位移反应 $\boldsymbol{\delta}(t+\Delta t)$。

2）由式（6-75）和（6-76）分别计算第 $t+\Delta t$ 时刻各质点的速度反应 $\dot{\boldsymbol{\delta}}(t+\Delta t)$ 和加速度反应 $\ddot{\boldsymbol{\delta}}(t+\Delta t)$。

3. 状态空间法

定义 $\boldsymbol{Z}(t)=\begin{bmatrix}\boldsymbol{\delta}(t)\\\dot{\boldsymbol{\delta}}(t)\end{bmatrix}_{2n\times1}$ 为有控系统（6-27）的状态向量，则在状态空间中，描述有控结构系统的线性状态方程为

$$\dot{\boldsymbol{Z}}(t)=\boldsymbol{A}\boldsymbol{Z}(t)+\boldsymbol{B}\boldsymbol{F}_{\mathrm{d}}(t)+\boldsymbol{W}\ddot{\boldsymbol{\delta}}_{g}(t),\quad \boldsymbol{Z}(0)=\boldsymbol{Z}_{0} \tag{6-79}$$

式中：$\boldsymbol{A}$ 为用状态方程描述的 $2n\times2n$ 结构系统特征矩阵，可以容易地由结构的质量、阻尼和刚度矩阵 $\boldsymbol{M}$、$\boldsymbol{C}$ 和 $\boldsymbol{K}$ 求得；$\boldsymbol{B}$ 为系统的 m 个控制装置的控制力位置矩阵；$\boldsymbol{W}$ 为系统的干扰力（地震作用力）位置矩阵。$\boldsymbol{A}$、$\boldsymbol{B}$、$\boldsymbol{W}$ 可分别表示为

$$\boldsymbol{A}=\begin{bmatrix}\boldsymbol{0}_{n\times n}&\boldsymbol{I}_{n\times n}\\-\boldsymbol{M}^{-1}\boldsymbol{K}&-\boldsymbol{M}^{-1}\boldsymbol{C}\end{bmatrix}_{2n\times2n},\quad \boldsymbol{B}=\begin{bmatrix}\boldsymbol{0}_{n\times m}\\-\boldsymbol{M}^{-1}\boldsymbol{H}\end{bmatrix}_{2n\times m},\quad \boldsymbol{W}=\begin{bmatrix}\boldsymbol{0}_{n\times1}\\-\boldsymbol{I}_{n\times1}\end{bmatrix}_{2n\times1} \tag{6-80}$$

现代控制理论的主要特点之一是观测和控制，即在实时观测的基础上实施实时控制，亦即反馈控制，以期达到最优的控制效果。假设结构系统全部的状态、控制力和干扰力的输出方程可以为

$$\boldsymbol{y}(t)=\boldsymbol{C}_{0}\boldsymbol{Z}(t)+\boldsymbol{B}_{0}\boldsymbol{F}_{\mathrm{d}}(t)+\boldsymbol{W}_{0}\ddot{\boldsymbol{\delta}}_{g}(t) \tag{6-81}$$

式中：$\boldsymbol{C}_{0}$、$\boldsymbol{B}_{0}$ 和 $\boldsymbol{W}_{0}$ 分别是结构系统的状态量测矩阵、控制力直接传递矩阵和地震力直接传递矩阵。

根据状态空间理论，方程（6-79）的解为

$$\boldsymbol{Z}(t)=\mathrm{e}^{\boldsymbol{A}(t-0)}\boldsymbol{Z}_{0}+\int_{0}^{t}\mathrm{e}^{\boldsymbol{A}(t-\tau)}\Big[\boldsymbol{B}\boldsymbol{F}_{\mathrm{d}}(\tau)+\boldsymbol{W}\ddot{\boldsymbol{\delta}}_{g}(\tau)\Big]\mathrm{d}\tau \tag{6-82}$$

实际计算时，除了一些特殊的动荷载（如周期荷载等），公式右端积分项的求解无法通过积分得到解析函数解，特别是结构在地震作用下，输入的地震波为数字记录，不能用函数表达，因此需要将连续状态方程化为离散状态方程，则系统在 $[t,t+\Delta t]$ 时间段内递推关系为

$$\boldsymbol{Z}(t+\Delta t)=\mathrm{e}^{\boldsymbol{A}\Delta t}\boldsymbol{Z}(t)+\int_{t}^{t+\Delta t}\mathrm{e}^{\boldsymbol{A}(t+\Delta t-\tau)}\Big[\boldsymbol{B}\boldsymbol{F}_{\mathrm{d}}(\tau)+\boldsymbol{W}\ddot{\boldsymbol{\delta}}_{g}(\tau)\Big]\mathrm{d}\tau \tag{6-83}$$

假设施加在系统上的输入信号在时间段 $[t,t+\Delta t]$ 内线性变化，设 $\varphi(\Delta t)=\mathrm{e}^{\boldsymbol{A}\Delta t}$，$\boldsymbol{F}(\tau)=\boldsymbol{B}\boldsymbol{F}_{\mathrm{d}}(\tau)+\boldsymbol{W}\ddot{\boldsymbol{\delta}}_{g}(\tau)$。

对上式右端积分项采用梯形格式的数值积分方法：

$$\int_{t}^{t+\Delta t}\varphi(t+\Delta t-\tau)\boldsymbol{F}(\tau)\mathrm{d}\tau=\frac{\Delta t}{2}[\varphi(\Delta t)\boldsymbol{F}(t)+\boldsymbol{F}(t+\Delta t)] \tag{6-84}$$

则得如下递推公式为

$$\boldsymbol{Z}(t+\Delta t)=\varphi(\Delta t)\boldsymbol{Z}(t)+\frac{\Delta t}{2}[\varphi(\Delta t)\boldsymbol{F}(t)+\boldsymbol{F}(t+\Delta t)] \tag{6-85}$$

根据上式可求得 $Z(t+\Delta t)$，代入状态方程（6-79），有

$$\dot{Z}(t+\Delta t) = AZ(t+\Delta t) + F(t+\Delta t) \qquad (6\text{-}86)$$

状态空间法的迭代计算步骤如下。

1）根据 A、Δt 计算 $\varphi(\Delta t)$。

2）根据地震波数据及采用的控制算法，计算 $F(t)$ 和 $F(t+\Delta t)$。

3）将步骤 1)、2) 求出的数据代入递推公式（6-85）得到 $Z(t+\Delta t)$，即得系统 $t+\Delta t$ 时刻的位移、速度响应。

4）将式 $Z(t+\Delta t)$ 代入式（6-86），得到系统 $t+\Delta t$ 时刻的加速度响应。

5）重复步骤 1)～4)，完成所有时间区间的时程分析。

未控状态下，式（6-79）中缺失控制力一项，系统状态空间表达式为

$$\dot{Z}(t) = AZ(t) + W\ddot{\delta}_g(t), \quad Z(0) = Z_0 \qquad (6\text{-}87)$$

系统的输出方程为

$$y(t) = C_0 Z(t) + W_0 \ddot{\delta}_g(t) \qquad (6\text{-}88)$$

在 MATLAB 中，提供了求解连续系统的任意输入下的仿真函数 lsim()。可以由 lsim() 函数求取系统初始状态为零情况下的响应，其调用格式为

```
y=lsim(a,b,c,d,u,t);
```

同样，也可以由 lsim() 函数求得既有输入且初始状态不为零的情况下的响应，其调用格式为

```
[y,t,x]=lsim(a,b,c,d,u,t,x0);
```

6.4　设置磁流变阻尼器结构的半主动控制算法

6.4.1　线性二次型调节器控制算法

在结构减振控制中，被广泛应用的确定性最优控制算法是经典线性二次型调节器（linear quadratic regulator，LQR）控制算法，此算法在求解过程中，忽略了外界干扰（地震作用）的输入，因而不是严格的最优控制算法，但数值分析的结果表明，该方法是有效的。

1. 最优控制的数学模型

LQR 控制算法选取系统状态与控制作用特定组合的二次型性能指标函数作为目标函数：

$$J = \frac{1}{2}\int_0^t [Z^\mathrm{T}(t)QZ(t) + U^\mathrm{T}(t)RU(t)]\mathrm{d}t + \frac{1}{2}Z^\mathrm{T}(t_f)Q_0 Z(t_f) \qquad (6\text{-}89)$$

式中：Q_0 为对角半正定矩阵；Q 为半正定矩阵；R 为正定矩阵。

系统状态最优控制问题就是在无限时间区间 $[t_0, \infty)$ 内，寻找最优控制 $U(t)$，将系统从初始状态 Z_0 转移到零状态附近，并使式（6-89）的指标函数取极小值。系统状态最优控制问题的数学描述为

$$
\begin{cases}
求 & U(t), \quad (t_0 \leqslant t < \infty) \\
\min & 式(6\text{-}89) \\
约束条件 & 式(6\text{-}79)
\end{cases}
\tag{6-90}
$$

式（6-90）描述的最优控制问题是泛函条件极值问题。在 $U(t)$ 取值不受限值的条件下，要处理的等式约束是状态方程（6-79）。根据 Lagrange 乘子法，引入乘子向量 $\boldsymbol{\lambda}(t) \in \boldsymbol{R}^n$，可将上述等式约束泛函极值问题转化为无约束泛函极值问题。因此，取 Lagrange 函数

$$
\boldsymbol{L} = \int_{t_0}^{\infty} \left[\frac{1}{2} (\boldsymbol{Z}^{\mathrm{T}} \boldsymbol{Q} \boldsymbol{Z} + \boldsymbol{U}^{\mathrm{T}} \boldsymbol{R} \boldsymbol{U}) + \boldsymbol{\lambda}^{\mathrm{T}} (\boldsymbol{A} \boldsymbol{Z} + \boldsymbol{B} \boldsymbol{U} - \dot{\boldsymbol{Z}}) \right] \mathrm{d}t
\tag{6-91}
$$

则式（6-90）描述的最优控制问题转化为无条件泛函极值问题，即

$$
\begin{cases}
求 & U(t), \quad (t_0 \leqslant t < \infty) \\
\min & \boldsymbol{L}, \quad 式(6\text{-}91)
\end{cases}
\tag{6-92}
$$

系统状态最优控制是一个始端固定、无限时间最优控制问题。

2. 最优控制的求解

以下用变分法求解上述系统状态控制的最优化问题：

$$
\int_{t_0}^{\infty} \boldsymbol{\lambda}^{\mathrm{T}} \dot{\boldsymbol{Z}} \mathrm{d}t = \boldsymbol{\lambda}^{\mathrm{T}} \boldsymbol{Z} \Big|_{t_0}^{\infty} - \int_{t_0}^{\infty} \dot{\boldsymbol{\lambda}}^{\mathrm{T}} \boldsymbol{Z} \mathrm{d}t
\tag{6-93}
$$

将式（6-93）代入式（6-91）得

$$
\boldsymbol{L} = \int_{t_0}^{\infty} [H(\boldsymbol{Z}, \boldsymbol{U}, \boldsymbol{\lambda}, t) + \dot{\boldsymbol{\lambda}}^{\mathrm{T}} \boldsymbol{Z}] \mathrm{d}t - \boldsymbol{\lambda}^{\mathrm{T}} \boldsymbol{Z} \Big|_{t_0}^{\infty}
\tag{6-94}
$$

式中：

$$
H(\boldsymbol{Z}, \boldsymbol{U}, \boldsymbol{\lambda}, t) = \frac{1}{2} (\boldsymbol{Z}^{\mathrm{T}} \boldsymbol{Q} \boldsymbol{Z} + \boldsymbol{U}^{\mathrm{T}} \boldsymbol{R} \boldsymbol{U}) + \boldsymbol{\lambda}^{\mathrm{T}} (\boldsymbol{A} \boldsymbol{Z} + \boldsymbol{B} \boldsymbol{U})
\tag{6-95}
$$

给定 $\boldsymbol{Z}(t)$、$\boldsymbol{U}(t)$ 和 $\boldsymbol{\lambda}(t)$ 的变分分别为 $\delta \boldsymbol{Z}$、$\delta \boldsymbol{U}$ 和 $\delta \boldsymbol{\lambda}$，它们引起的泛函增量分别记为 $\delta \boldsymbol{L}_Z$、$\delta \boldsymbol{L}_U$ 和 $\delta \boldsymbol{L}_\lambda$。考虑一阶微量，得到变分增量关系为

$$
\delta \boldsymbol{L}_Z = \delta \boldsymbol{Z}^{\mathrm{T}} \frac{\partial \boldsymbol{L}}{\partial \boldsymbol{Z}} = \int_{t_0}^{\infty} \delta \boldsymbol{Z}^{\mathrm{T}} \left(\frac{\partial H}{\partial \boldsymbol{Z}} + \dot{\boldsymbol{\lambda}} \right) \mathrm{d}t - \delta \boldsymbol{Z}^{\mathrm{T}} \boldsymbol{\lambda} \Big|_{t_0}^{\infty}
$$

$$
\delta \boldsymbol{L}_U = \delta \boldsymbol{U}^{\mathrm{T}} \frac{\partial \boldsymbol{L}}{\partial \boldsymbol{U}} = \int_{t_0}^{\infty} \delta \boldsymbol{U}^{\mathrm{T}} \frac{\partial H}{\partial \boldsymbol{U}} \mathrm{d}t
$$

$$
\delta \boldsymbol{L}_\lambda = \delta \boldsymbol{\lambda}^{\mathrm{T}} \frac{\partial \boldsymbol{L}}{\partial \boldsymbol{\lambda}} = \int_{t_0}^{\infty} \delta \boldsymbol{\lambda}^{\mathrm{T}} \left(\frac{\partial H}{\partial \boldsymbol{\lambda}} - \dot{\boldsymbol{Z}} \right) \mathrm{d}t
$$

$$
\delta \boldsymbol{L} = \delta \boldsymbol{L}_Z + \delta \boldsymbol{L}_U + \delta \boldsymbol{L}_\lambda = \int_{t_0}^{\infty} \left[\delta \boldsymbol{Z}^{\mathrm{T}} \left(\frac{\partial H}{\partial \boldsymbol{Z}} + \dot{\boldsymbol{\lambda}} \right) + \delta \boldsymbol{U}^{\mathrm{T}} \frac{\partial H}{\partial \boldsymbol{U}} + \delta \boldsymbol{\lambda}^{\mathrm{T}} \left(\frac{\partial H}{\partial \boldsymbol{\lambda}} - \dot{\boldsymbol{Z}} \right) \right] \mathrm{d}t - \delta \boldsymbol{Z}^{\mathrm{T}} \boldsymbol{\lambda} \Big|_{t_0}^{\infty}
$$

由于 $\delta \boldsymbol{Z}$、$\delta \boldsymbol{U}$ 和 $\delta \lambda$ 的任意性，由 $\delta \boldsymbol{L} = 0$，得到泛函 $\boldsymbol{L}$ 极小的必要条件为

$$\frac{\partial \boldsymbol{H}}{\partial \boldsymbol{Z}} + \dot{\lambda} = 0 \tag{6-96}$$

$$\frac{\partial \boldsymbol{H}}{\partial \boldsymbol{U}} = 0 \tag{6-97}$$

$$\frac{\partial \boldsymbol{H}}{\partial \lambda} - \dot{\boldsymbol{Z}} = 0 \tag{6-98}$$

$$\delta \boldsymbol{Z}^{\mathrm{T}} \lambda \Big|_{t_0}^{\infty} = 0 \tag{6-99}$$

由于初始端固定，有 $\delta \boldsymbol{Z}\big|_{t_0} = 0$。当 $t \to \infty$ 时，$\delta \boldsymbol{Z} \neq 0$，有

$$\lambda(t)\big|_{t=\infty} = 0 \tag{6-100}$$

将式（6-95）代入式（6-98），即得状态方程（6-79）。

将式（6-95）代入式（6-97），得

$$\frac{\partial \boldsymbol{H}}{\partial \boldsymbol{U}} = \boldsymbol{R}\boldsymbol{U} + \boldsymbol{B}^{\mathrm{T}} \lambda = 0 \tag{6-101}$$

由于 $\boldsymbol{R}$ 正定，得

$$\boldsymbol{U}(t) = -\boldsymbol{R}^{-1} \boldsymbol{B}^{\mathrm{T}} \lambda(t) \tag{6-102}$$

由式（6-95）和式（6-96），得

$$\dot{\lambda} = -\frac{\partial \boldsymbol{H}}{\partial \boldsymbol{Z}} = -\boldsymbol{Q}\boldsymbol{Z} - \boldsymbol{A}^{\mathrm{T}} \lambda \tag{6-103}$$

式（6-102）确定的 $\boldsymbol{U}(t)$ 是 $\lambda(t)$ 的线性函数。为了使 $\boldsymbol{U}(t)$ 能由状态反馈实现，应建立 $\lambda(t)$ 与 $\boldsymbol{Z}(t)$ 之间的线性关系。设

$$\lambda(t) = \boldsymbol{P}(t)\boldsymbol{Z}(t) \tag{6-104}$$

$\boldsymbol{P}(t)$ 是 $n \times n$ 的对称矩阵，是如下忽略外干扰项的 Riccati 方程的解：

$$\dot{\boldsymbol{P}}(t) + \boldsymbol{P}(t)\boldsymbol{A} - \frac{1}{2}\boldsymbol{P}(t)\boldsymbol{B}\boldsymbol{R}^{-1}\boldsymbol{B}^{\mathrm{T}}\boldsymbol{P}(t) + \boldsymbol{A}^{\mathrm{T}}\boldsymbol{P}(t) + 2\boldsymbol{Q} = 0 \tag{6-105}$$

$\boldsymbol{P}(t)$ 在有限的时间范围内可以假定为常量，这样 Riccati 微分方程可转换为代数方程来求解，即

$$\boldsymbol{P}\boldsymbol{A} - \frac{1}{2}\boldsymbol{P}\boldsymbol{B}\boldsymbol{R}^{-1}\boldsymbol{B}^{\mathrm{T}}\boldsymbol{P} + \boldsymbol{A}^{\mathrm{T}}\boldsymbol{P} + 2\boldsymbol{Q} = 0 \tag{6-106}$$

把式（6-104）代入（6-102），得到式（6-92）描述的最优化问题的解，最优控制力表达式为

$$\boldsymbol{U}(t) = -\boldsymbol{R}^{-1}\boldsymbol{B}^{\mathrm{T}}\boldsymbol{P}(t)\boldsymbol{Z}(t) = \boldsymbol{G}\boldsymbol{Z}(t) \tag{6-107}$$

式中：$\boldsymbol{G}$ 为反馈增益矩阵。反馈控制作用是状态变量（速度和位移）的线性组合。$\boldsymbol{Z}(t)$ 满足如下线性齐次方程：

$$\dot{\boldsymbol{Z}}(t) = (\boldsymbol{A} - \boldsymbol{B}\boldsymbol{G})\boldsymbol{Z}(t), \quad \boldsymbol{Z}(0) = \boldsymbol{Z}_0 \tag{6-108}$$

在 MATLAB 中，提供了通过 lqr() 函数在给定加权矩阵前提下设计 LQR 最优控制器，该函数调用格式为

$$G = \mathrm{lqr}(A, B, Q, R)$$

（6-109）

最优控制的效果与 Q、R 矩阵的选取有关，因此最优力也是相对的，不同的控制目标会产生不同的最优解。当结构的自由度数目较多时，权矩阵 Q 和 R 的取值很复杂，至今仍未能有效地解决，一般要求 R 为对称正定矩阵，Q 为半正定矩阵。采用 LQR 控制算法时，Q 和 R 可分别取为

$$Q = \alpha \begin{bmatrix} K & 0 \\ 0 & M \end{bmatrix}, \quad R = \beta I$$

（6-110）

式中：I 为 $m \times m$ 的单位矩阵，m 为控制装置的个数；α、β 值由试算确定。

6.4.2　半主动控制策略

磁流变阻尼器是一种半主动控制装置，阻尼力和可调范围有限。一方面，其施加在结构上的阻尼力 $F_d(t)$ 不可能像主动控制装置那样在任意时刻都能达到式（6-107）计算的最优控制力 $U(t)$，当最优控制力超出磁流变阻尼器的阻尼力范围时，需要对最优控制力的幅值进行调整；另一方面，磁流变阻尼器阻尼力的作用方向总是与相对位移相反，需要通过调整磁流变阻尼器的磁场强度使它产生的阻尼力向最优控制力靠近。因而需要根据磁流变阻尼器的出力特点，对基于 LQR 最优控制算法求得的最优控制力进行适当调整，从而得到该阻尼器有控结构的半主动控制算法，如图 6-2 所示。

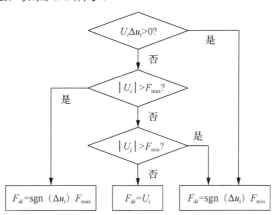

图 6-2　磁流变阻尼器有控结构的半主动控制算法

图 6-2 中，U_i 为第 i 个磁流变阻尼器的最优阻尼力；Δu_i 为第 i 个阻尼器两端的相对位移；F_{di} 为第 i 个阻尼器的控制力。

第7章　设置磁流变阻尼器平面结构的动力响应分析

7.1　设置磁流变阻尼器平面层间剪切模型的动力响应分析

7.1.1　设置磁流变阻尼器的平面框架层模型

如图 7-1（a）所示，对于以剪切变形为主的结构，可以将第 i 层楼面的自重荷载以及上下相邻（$i+1$ 和 $i-1$ 层）楼层之间结构构件自重的一半（即图中阴影部分）集中于第 i 层的楼面标高处，形成一个多质点体系，同时将每层的抗侧力构件的刚度叠加在一起，形成层间抗侧刚度，如图 7-1（b）所示。层间剪切模型假定每层梁、楼板平面内刚度无穷大，结构每层只发生水平侧移而无杆件转动。研究表明，在计算框架结构时使用层间剪切模型完全能够满足精度要求。

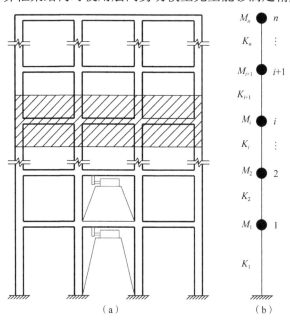

图 7-1　多质点平面层模型示意图

对于图 7-1 所示的层间剪切模型，其结构的整体刚度矩阵为

$$K = \begin{bmatrix} K_1 + K_2 & -K_2 & & & \\ -K_2 & K_2 + K_3 & -K_3 & & \\ & & \ddots & & \\ & & & -K_n & K_n \end{bmatrix} \quad (7\text{-}1)$$

式中：K_i 为各楼层的抗侧刚度。该模型的整体质量矩阵为

$$M = \begin{bmatrix} M_1 & & & \\ & M_2 & & \\ & & \ddots & \\ & & & M_n \end{bmatrix} \qquad (7\text{-}2)$$

式中：M_i 为各楼层的质量。

7.1.2　层间模型 MATLAB 编程实例

如图 7-1 所示的框架结构共 6 层（$n=6$），各层质量和层间刚度分别为 $M_i = 6 \times 10^5 \, \text{kg}$、$K_i = 5.2 \times 10^7 \, \text{N/m}$（$i = 1$、2、3、4、5、6）。结构阻尼按 Rayleigh 阻尼由前 2 阶振型阻尼比确定，即 $C = a_0 M + a_1 K$，a_0 和 a_1 为 Rayleigh 阻尼常数。假设结构前 2 阶振型阻尼比为 5%。输入结构的地震波为 El-Centro 波，地震波峰值为 140Gal（$1\text{Gal}=1\text{cm/s}^2$）。磁流变阻尼器设置在结构的底部两层，LQR 控制算法中的权矩阵系数 $\alpha=100$、$\beta=1 \times 10^{-5}$，取单个磁流变阻尼器的最大阻尼力为 200kN，最小阻尼力为 10kN，采用图 6-2 中的半主动控制算法对磁流变阻尼器的阻尼力进行半主动调节。未控及设置磁流变阻尼器有控结构的 MATLAB 程序流程如图 7-2 所示，未控及设置磁流变阻尼器有控结构的动力学方程均采用状态空间法求解。

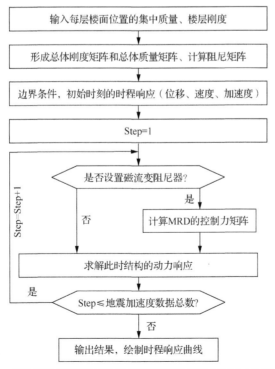

图 7-2　未控及设置磁流变阻尼器的有控结构的 MATLAB 程序流程

未控及设置磁流变阻尼器的有控结构的 MATLAB 程序如下：

```
%%%%%%%%%%%%%%钢筋混凝土框架平面剪切模型主程序%%%%%%%%%%%%%%
%%%%该程序首先根据已知的每个楼层的质量和层间抗侧刚度，形成结构的整体质量矩阵
和整体刚度矩阵；然后计算结构的 Rayleigh 阻尼矩阵；随后根据输入的地震波，采用状态空
间法求解未控结构和磁流变阻尼器有控结构在地震作用下的动力时程响应；最后根据计算结
果，绘制无控和有控结构的位移、速度和加速度时程响应结果对比图%%%%
clear,clc
%%%%根据已知的楼层质量和层间抗侧刚度，开始集成整体质量矩阵和整体刚度矩阵%%%
M0=[6 6 6 6 6 6]*1e+5;                          %6个质点的质量
K0=[5.2 5.2 5.2 5.2 5.2 5.2]*1e+7;              %6个质点的抗侧移刚度
M=diag(M0);                                     %形成整体质量矩阵
n=length(K0);
K=zeros(n);                                     %整体刚度矩阵赋初值
for i=1:n-1
    K(i,i)=K0(i)+K0(i+1);
    K(i,i+1)=-K0(i+1);
    K(i+1,i)=-K0(i+1);
end
K(n,n)=K0(n);                                   %形成整体刚度矩阵
%%%%结构的整体质量矩阵和整体刚度矩阵集成完毕%%%%
%%%%开始计算结构的 Rayleigh 阻尼矩阵%%%%
[x,q]=eig(K,M);                                 %计算结构的模态信息
w=sort(diag(sqrt(q)));
a0=2*w(1)*w(2)*(0.05*w(2)-0.05*w(1))/(w(2)^2-w(1)^2);
a1=2*(0.05*w(2)-0.05*w(1))/(w(2)^2-w(1)^2);
C=a0*M+a1*K;                                    %结构的 Rayleigh 阻尼矩阵
%%%%结构的 Rayleigh 阻尼矩阵计算完毕%%%%
%%%%开始读入地震波数据%%%
xg=load('70Gal_EL.txt');
xg=1.4*xg/max(abs(xg));                         %调整地震波幅值到140Gal
lt=length(xg);
dt=0.02;
t=0:dt:(lt-1)*dt;
%%%%地震波数据读入和幅值调整完毕%%%
%%%%%开始计算未控结构的动力时程响应（采用状态空间法求解）%%%%%
a=[zeros(n) eye(n);-inv(M)*K -inv(M)*C];
b=[zeros(n); eye(n)];
c=[eye(2*n)];
d=zeros(2*n,n);
```

```
I=ones(1,n);
u=-xg*I;                                    %地震荷载
x0=zeros(2*n,1);
[yun,Zun]=lsim(a,b,c,d,u,t,x0);             %未控结构状态空间方程的求解
%%%%%%%%%%%%未控结构的动力响应计算结束%%%%%%%%%%%
%%开始计算磁流变阻尼器有控结构的动力时程响应（采用状态空间法求解）%%
H1=[1;0;0;0;0;0];
H2=[-1;1;0;0;0;0];
H=[H1 H2];                                  %阻尼器的位置矩阵
[m1,m]=size(H);
A=a;
B=[zeros(n,m); -inv(M)*H];
alpha=100;
beta=1e-5;
Q=alpha*[K zeros(n);zeros(n) M];            %LQR算法中权矩阵 Q、R 的确定
R=beta*eye(m);
G=lqr(A,B,Q,R);
a0=A-B*G;
[y,Z]=lsim(a0,b,c,d,u,t,x0);                %最优控制结构状态空间方程的求解
U=(G*Z')';                                  %磁流变阻尼器的最优控制力矩阵
du=zeros(lt,m);                             %阻尼器两端的相对位移
for i=2:lt;                                 %采用半主动控制算法对最优控制力进行调整
    for j=1:m;
        if j==1;
            du(i,j)=Z(i,j)-Z(i-1,j);
        else
            du(i,j)=Z(i,j)-Z(i-1,j)-(Z(i,j-1)-Z(i-1,j-1));
        end
        if U(i,j)*du(i,j)>0;
            Fd(i,j)=-sign(du(i,j))*10000;
        elseif abs(U(i,j))>200000;          %阻尼器最大出力不超过 200kN
            Fd(i,j)=-sign(du(i,j))*200000;
            elseif abs(U(i,j))<10000;        %阻尼器最小出力不低于 10kN
                Fd(i,j)=-sign(du(i,j))*10000;
        else
            Fd(i,j)=U(i,j);
        end
    end
end                                          %最优控制力调整完毕，得到阻尼器的实际控制力矩阵
G0=Fd'/Z';                                   %根据实际控制力矩阵得到反馈矩阵
```

```
a1=A-B*G0;
[yc,Zc]=lsim(a1,b,c,d,u,t,x0);                %半主动控制结构状态空间方程的求解
%%%%%%%%%%%%有控结构的动力时程响应计算结束%%%%%%%%%%%%
%%%%%%%%%%%开始整理结构动力时程响应结果数据%%%%%%%%%%%%
nout=5;                                        %输出结点编号
nnoutd=nout;
nnoutv=nout*2;
yund=1000*yun(:,nnoutd);                       %输出位移单位 mm
yunv=100*yun(:,nnoutv);                         %输出速度单位 cm/s
ycd=1000*yc(:,nnoutd);                          %输出位移单位 mm
ycv=100*yc(:,nnoutv);                           %输出速度单位 cm/s
for i=1:lt-1
    yuna(i+1)=50*(yunv(i+1)-yunv(i));          %加速度单位 cm/s^2
    yca(i+1)=50*(ycv(i+1)-ycv(i));             %加速度单位 cm/s^2
end
%%%%%%%%%%%结构动力时程响应结果数据整理完毕%%%%%%%%%%%%
%开始绘制未控和有控结构的位移、速度和加速度动力时程响应结果对比图%
subplot(3,1,1);
plot(t,yund,'k:',t,ycd,'r')
xlim([0 30])
ylim([-140 140])
xlabel('时间（s）', 'FontSize',6,'FontName','Times New Roman')
ylabel('位移（mm）', 'FontSize',6,'FontName','Times New Roman')
set(gca,'linewidth',1,  'box',  'on',  'FontSize',6,'FontName',
'Times New Roman','XTick',0:5:30,'YTick',-140:70:140);
    subplot(3,1,2);
plot(t,yunv,'k',t,ycv,'r');
xlim([0 30])
ylim([-40 40])
xlabel('时间（s）', 'FontSize',6,'FontName','Times New Roman')
ylabel('速度（cm/s）', 'FontSize',6,'FontName','Times New Roman')
set(gca,'linewidth',1,  'box',  'on',  'FontSize',6,'FontName',
'Times New Roman','XTick',0:5:30,'YTick',-40:20:40);
    subplot(3,1,3);
plot(t,yuna,'k',t,yca,'r');
xlim([0 30])
ylim([-180 180])
xlabel('时间（s）', 'FontSize',6,'FontName','Times New Roman')
```

```
ylabel('加速度（cm/s2)', 'FontSize',6,'FontName','Times New Roman')
set(gca,'linewidth',1, 'box', 'on', 'FontSize',6,'FontName',
'Times New Roman','XTick',0:5:30,'YTick',-180:90:180);
%未控和有控结构的位移、速度和加速度动力时程响应结果对比图绘制完毕%
%开始绘制未控和有控结构各层的最大位移和最大速度包络图%
F=[0 1 2 3 4 5 6];
maxundis=1000*[0 max(abs(yun(:,1))) max(abs(yun(:,2))) max(abs(yun
(:,3))) max(abs(yun(:,4))) max(abs(yun(:,5))) max(abs(yun(:,6)))];
maxcdis=1000*[0 max(abs(yc(:,1))) max(abs(yc(:,2))) max(abs(yc(:,
3))) max(abs(yc(:,4))) max(abs(yc(:,5))) max(abs(yc(:,6)))];
maxunv=100*[0 max(abs(yun(:,7))) max(abs(yun(:,8))) max(abs(yun(:
,9))) max(abs(yun(:,10))) max(abs(yun(:,11))) max(abs(yun(:,12)))];
maxcv=100*[0 max(abs(yc(:,7))) max(abs(yc(:,8))) max(abs(yc(:,9)))
max(abs(yc(:,10))) max(abs(yc(:,11))) max(abs(yc(:,12)))];
dispercentage=(maxundis-maxcdis)./maxundis;
vpercentage=(maxunv-maxcv)./maxunv;
subplot(1,2,1)
plot(maxundis,F,'k:o',maxcdis,F,'r-s')
xlim([0 160])
ylim([0 6])
xlabel('位移（mm)', 'FontSize',6,'FontName','Times New Roman')
ylabel('楼层', 'FontSize',6,'FontName','Times New Roman')
set(gca,'linewidth',1, 'box', 'on', 'FontSize',6,'FontName',
'Times New Roman','XTick',0:40:160,'YTick',0:1:6);
subplot(1,2,2)
plot(maxunv,F,'k:o',maxcv,F,'r-s')
xlim([0 40])
ylim([0 6])
xlabel('速度（cm/s)', 'FontSize',6,'FontName','Times New Roman')
ylabel('楼层', 'FontSize',6,'FontName','Times New Roman')
set(gca,'linewidth',1, 'box', 'on', 'FontSize',6,'FontName',
'Times New Roman','XTick',0:10:40,'YTick',0:1:6);
%未控和有控结构各层的最大位移和最大速度包络图绘制完毕%
```

　　由于模型较为简单，读者可自行验证 MATLAB 程序的正确性。未控和设置磁流变阻尼器的有控结构第 5 层的位移、速度、加速度动力时程响应结果对比如图 7-3 所示。

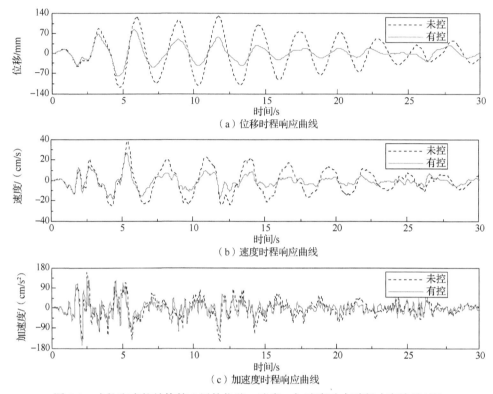

图 7-3　未控和有控结构第 5 层的位移、速度、加速度动力时程响应结果对比

从图 7-3（a）和（b）可以看出，在整个地震持续时间内，磁流变阻尼器有控结构第 5 层结点的位移和速度响应较未控结构明显减小。未控和有控结构第 5 层的最大位移分别为 129.99mm 和 81.53mm，与未控结构相比，有控结构第 5 层的最大水平位移减小了 37.28%；未控和有控结构第 5 层的最大速度分别为 36.56cm/s 和 27.80cm/s，与未控结构相比，有控结构第 5 层的最大水平速度减小了 23.96%；从图 7-3（c）可以看出，在整个地震持续时间内，磁流变阻尼器有控结构第 5 层结点的加速度响应与未控结构大致相当，加速度减震效果不明显。

未控和有控结构各层的最大位移、最大速度包络线如图 7-4 所示。

从图 7-4 可以看出，与未控结构相比，磁流变阻尼器有控结构各层的位移和速度减弱效果都比较明显。

未控和有控结构各层的最大位移、最大速度绝对值及减震百分比见表 7-1。

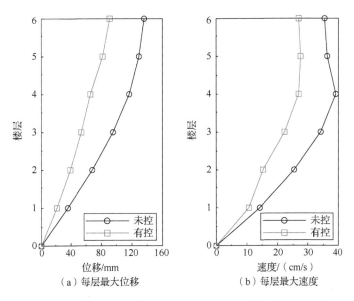

（a）每层最大位移　　　　　　（b）每层最大速度

图 7-4　未控和有控结构各层的最大位移、最大速度包络线

表 7-1　未控和有控结构各层的最大位移、最大速度绝对值及减震百分比

楼层	最大位移/mm			最大速度/（cm/s）		
	未控	有控	减震百分比	未控	有控	减震百分比
1	35.52	21.28	40.09%	14.46	10.80	25.31%
2	68.15	38.88	42.95%	25.54	15.50	39.31%
3	95.63	53.34	44.21%	34.30	22.53	34.31%
4	116.45	65.78	43.51%	39.29	27.12	30.97%
5	129.99	81.53	37.28%	36.56	27.80	23.96%
6	136.75	90.83	33.58%	35.72	27.18	23.91%

7.2　设置磁流变阻尼器平面杆系模型的动力响应分析

7.2.1　设置磁流变阻尼器的平面杆系框架

一栋 6 层钢筋混凝土框架结构,磁流变阻尼器的设置位置和结点编号如图 7-5 所示。混凝土柱的纵向间距为 6m,楼板厚 0.12m,钢筋混凝土的密度为 2500kg/m³,底层柱底固结,结构梁、柱截面尺寸如下。

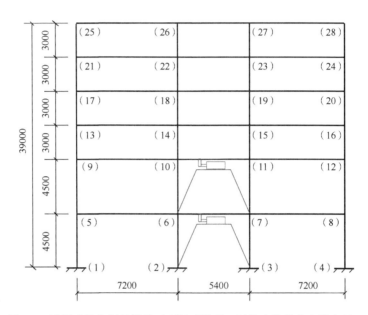

图 7-5 设置磁流变阻尼器的平面杆系模型（括号中的数字为结点号）

柱截面尺寸为：

1～2 层：层高 4.5m；截面尺寸 $b×h$=600mm×600mm。

3～6 层：层高 3m；截面尺寸 $b×h$=500mm×500mm。

梁截面尺寸为：

左侧：梁跨 7.2m；截面尺寸 $b×h$=300mm×600mm。

中间：梁跨 5.4m；截面尺寸 $b×h$=250mm×500mm。

右侧：梁跨 7.2m；截面尺寸 $b×h$=300mm×600mm。

结构的阻尼矩阵按 Rayleigh 阻尼由前 2 阶振型阻尼比计算确定，即 $C = a_0 M + a_1 K$，a_0 和 a_1 为 Rayleigh 阻尼常数，结构前 2 阶振型阻尼比为 5%。输入结构的地震波为 Taft 波，地震波峰值为 140Gal。磁流变阻尼器设置在结构的底部两层，LQR 控制算法中的权矩阵系数 α=100、β=9×10^{-6}，取单个磁流变阻尼器的最大阻尼力为 200kN，最小阻尼力为 10kN，采用图 6-2 中的半主动控制算法对磁流变阻尼器的阻尼力进行半主动调节。

7.2.2 设置磁流变阻尼器的平面杆系框架 MATLAB 编程实例

未控和设置磁流变阻尼器有控结构的 MATLAB 程序流程如图 7-6 所示，未控和设置磁流变阻尼器有控结构的动力学方程均采用 Newmark-β 法求解，系数取值为 $\alpha_n = 0.5$、$\beta_n = 0.5$。

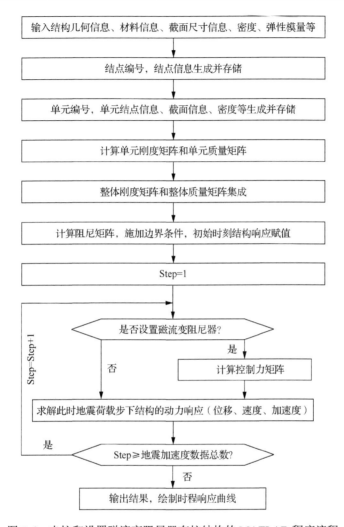

图 7-6　未控和设置磁流变阻尼器有控结构的 MATLAB 程序流程

未控和设置磁流变阻尼器的有控结构的 MATLAB 程序如下：

%%%%%%%%%%%%%%%钢筋混凝土框架平面杆系模型主程序%%%%%%%%%%%%%%

%%%%该程序根据已知的结构几何信息、材料信息、截面尺寸信息等首先生成结点编号并储存结点信息，生成平面杆单元并存储单元的结点、材料属性、截面尺寸等信息；然后根据平面杆单元的信息计算单元刚度矩阵和单元质量矩阵，并集成结构的整体刚度矩阵和整体质量矩阵；随后根据整体刚度矩阵和整体质量矩阵计算结构的 Rayleigh 阻尼矩阵；再后根据输入的地震波，采用 Newmark-β 法求解未控结构和磁流变阻尼器有控结构在地震作用下的动力时程响应；最后根据计算结果，绘制无控和有控结构的位移、速度和加速度时程响应结果对比图%%%%

```
clear,clc
%%%%输入结构的几何尺寸、截面尺寸、材料属性等信息%%%%
ls=[7.2,5.4,7.2];                    %各跨长度
```

```
hf=[4.5 4.5 3 3 3 3];                         %各层高度
NSPB=6;                                        %每种不同梁截面的层数
SPB=[0.3 0.6;0.25 0.5;0.3 0.6];              %梁截面参数(B*H)
NSPC1=2;                                       %每种不同柱截面的层数
SPC1=[0.6 0.6;0.6 0.6;0.6 0.6;0.6 0.6];      %柱截面参数(B*H)
NSPC2=4;                                       %每种不同柱截面的层数
SPC2=[0.5 0.5;0.5 0.5;0.5 0.5;0.5 0.5];      %柱截面参数(B*H)
span=6;                                        %计算宽度
hfp=0.12;                                      %楼板厚
ha=sum(hf);                                    %主楼高度
ns=length(ls);                                 %主楼计算跨数
nb=ns;                                         %梁排数
nc=ns+1;                                       %柱列数
nf=length(hf);                                 %计算层数
nn=(nf+1)*(ns+1);                              %结点数
nob=nf*ns;                                     %梁总数
noc1=NSPC1*(ns+1);
noc2=NSPC2*(ns+1);
noc=noc1+noc2;              %柱总数
ne=nob+noc;                %单元数
MP=[3.15e10 2500];         %材料参数(C35混凝土弹模(N/m^2)、密度(kg/m^3))
%%%%结构的几何尺寸、截面尺寸、材料属性等信息输入完毕%%%%
%%%%%%%%%%%%%%%开始对单元截面类型进行编码%%%%%%%%%%%%%
NSPB=[0 NSPB];
for i=2:length(NSPB)
    for j=1:NSPB(i)
        for k=1:nb
            STB((sum(NSPB(1:i-1))+(j-1))*nb+k)=(i-2)*nb+k;
        end
    end
end                                    %梁截面类型编码完毕
NSPC1=[0 NSPC1];
for i=2:length(NSPC1)
    for j=1:NSPC1(i)
        for k=1:nc
            STC1((sum(NSPC1(1:i-1))+(j-1))*nc+k)=(i-2)*nc+k;
        end
    end
end                                    %柱截面类型编码完毕
NSPC2=[0 NSPC2];
```

```
for i=2:length(NSPC2)
    for j=1:NSPC2(i)
        for k=1:nc
            STC2((sum(NSPC2(1:i-1))+(j-1))*nc+k)=(i-2)*nc+k;
        end
    end
end                                     %柱截面类型编码完毕
for i=1:ns
    lc(i)=sum(ls(1:i));
end
lc=[0 lc];
for i=1:nf
    hc(i)=sum(hf(1:i));
end
hc=[0 hc];
%%%%%%%%%%%%%%%单元截面类型编码完毕%%%%%%%%%%%%%
%%开始结点编码（编号规则：从左向右、从下往上），并记录结点坐标信息%%
for i=1:(nf+1)
    for j=1:nc
        C((i-1)*(ns+1)+j,1)=lc(j);
        C((i-1)*(ns+1)+j,2)=hc(i);
    end
end
for i=1:nf
    for j=1:ns
        NOEB((i-1)*ns+j,1)=(i-1)*nc+j;
        NOEB((i-1)*ns+j,2)=(i-1)*nc+j+1;
    end
end
NOEB=NOEB+nc;                           %梁结点对应编号
for i=1:nf
    for j=1:nc
        NOEC((i-1)*nc+j,1)=(i-1)*nc+j;
        NOEC((i-1)*nc+j,2)=(i-1)*nc+j+nc;
    end
end
end                                     %柱结点对应编号
NOE=[NOEB;NOEC];                        %梁柱杆件结点对应编号
%%%%%%%%%%%%结构结点编码及结点信息存储结束%%%%%%%%%%%
%%%%%%%%%%%%开始计算单元矩阵并集成总体矩阵%%%%%%%%%%
ke=zeros(nn);                           %整体坐标系下的单元刚度矩阵初始化
```

```
me=zeros(nn);                                    %整体坐标系下的单元质量矩阵初始化
K=zeros(3*nn);                                    %整体刚度矩阵初始化
M=zeros(3*nn);                                    %整体质量矩阵初始化
for i=1:ne                                        %对单元数量 ne 进行循环
    ni=NOE(i,1);
    nj=NOE(i,2);
    if i<nob+1
        b=SPB(STB(i),1);
        h=SPB(STB(i),2);
        Den(i)=MP(2)+hfp*span*MP(2)/(b*h);
        else if i<nob+noc1+1
            b=SPC1(STC1(i-nob),1);
            h=SPC1(STC1(i-nob),2);
            Den(i)=MP(2);
            else i<nob+noc1+noc2+1
                b=SPC2(STC2(i-nob-noc1),1);
                h=SPC2(STC2(i-nob-noc1),2);
                Den(i)=MP(2);
            end
    end
    Aa=b*h;
    Ia=b*h^3/12;
    Ea=MP(1,1);
    La=sqrt((C(nj,1)-C(ni,1))^2+(C(nj,2)-C(ni,2))^2);   %单元长度
    cos=(C(nj,1)-C(ni,1))/La;
    sin=(C(nj,2)-C(ni,2))/La;
    Ta=[cos sin 0 0 0 0;
        -sin cos 0 0 0 0;
        0 0 1 0 0 0;
        0 0 0 cos sin 0;
        0 0 0 -sin cos 0;
        0 0 0 0 0 1];                             %坐标变换矩阵
    Roua=MP(1,2);
    dense=Den(i);
    ke=PFES(Ea,Aa,Ia,La,Ta);                      %形成单元刚度矩阵
    me=PFEM(dense,Aa,La,Ta);                      %形成单元质量矩阵
    K=PFA(K,ke,ni,nj);                            %形成整体刚度矩阵
    M=PFA(M,me,ni,nj);                            %形成整体质量矩阵
end
%%%%%%%%%%%%%整体矩阵集成完毕%%%%%%%%%%%
```

```
%%%%%%%%%%开始采用消去法施加边界条件%%%%%%%%%%
NF=1:nc;                              %固结结点编号
K=BC(K,NF);                           %施加边界条件
M=BC(M,NF);                           %施加边界条件
%%%%%%%%%%%边界条件施加完毕%%%%%%%%%%%
%%%%%%%%%%%开始计算结构的 Rayleigh 阻尼矩阵%%%%%%%%%%
[x,q]=eig(K,M);                       %结构的模态信息
w=sort(diag(sqrt(q)));
a0=2*w(1)*w(2)*(0.05*w(2)-0.05*w(1))/(w(2)^2-w(1)^2);
a1=2*(0.05*w(2)-0.05*w(1))/(w(2)^2-w(1)^2);
C0=a0*M+a1*K;                         %计算结构的 Rayleigh 阻尼
%%%%%%%%%%结构的 Rayleigh 阻尼矩阵计算完毕%%%%%%%%%%
%%%%%%%%%%%%输入地震波数据%%%%%%%%%%%%%%%%%%
dt=0.02;                              %采样周期
xg=load('140Gal_Taft_SE.txt');
lt=length(xg);                        %地震波数据的数量
xg=1.4*xg/max(abs(xg));               %调整地震波幅值到140Gal
%%%%%%%%%%地震波数据输入及幅值调整完毕%%%%%%%%%%%%%%
%%%%%%开始未控结构动力时程响应分析（采用 Newmark-β 法）%%%%%%
alphan=0.5; betan=0.5;        %Newmark-β 法中的系数
disbc=zeros(3*nc,lt);         %底部结点位移、速度、加速度边界条件
velbc=zeros(3*nc,lt);
accbc=zeros(3*nc,lt);
dist=zeros(3*nn-3*nc,1);      %未控结构 t 时刻前所有结点的位移（单位：m）
velt=zeros(3*nn-3*nc,1);      %未控结构 t 时刻前所有结点的速度（单位：m/s）
acct=zeros(3*nn-3*nc,1);      %未控结构 t 时刻前所有结点的加速度（单位：
m/s^2）
unit=ones(3*nn-3*nc,1);
el=inv(K+M/(alphan*dt^2)+C0*betan/(alphan*dt));
II=1
for it=1:lt-1                 %对地震波进行循环，采用 Newmark-β 法求解

pm=dist(:,it)/(alphan*dt^2)+velt(:,it)/(alphan*dt)+acct(:,it)*(0.5/a
lphan-1);

pc=dist(:,it)*betan/(alphan*dt)+velt(:,it)*(betan/alphan-1)+acct(:,i
t)*(0.5*betan/alphan-1)*dt;
        er=-M*unit*xg(it+1)+M*pm+C0*pc;
        dist(:,it+1)=el*er;
        acct(:,it+1)=(dist(:,it+1)-dist(:,it))/(alphan*dt^2)-velt(:,it)/
```

```
(alphan*dt)-acct(:,it)*(0.5/alphan-1);
        velt(:,it+1)=velt(:,it)+acct(:,it)*(1-betan)*dt+acct(:,it+1)*
betan*dt;
        II=II+1
    end
    dist=[disbc;dist];                    %各结点位移时程记录（单位：m）
    velt=[velbc;velt];                    %各结点速度时程记录（单位：m/s）
    acct=[accbc;acct];                    %各结点加速度时程记录（单位：m/s^2）
    %%%%%%%未控结构动力时程响应分析完毕（Newmark-β法）%%%%%%%%
    %%%开始磁流变阻尼器有控结构的动力时程响应分析（Newmark-β法）%%%
    %%%%%%%%%计算磁流变阻尼器的位置矩阵%%%%%%%%%
    dln=[2 3 6 7;6 7 10 11];              %阻尼器结点位置
    [aa bb]=size(dln);
    H=zeros(3*nn-3*nc,aa);
    xx01=dln(1,3);
    H(3*(xx01-nc)-2,1)=-0.5;
    xx02=dln(1,4);
    H(3*(xx02-nc)-2,1)=-0.5;
    for ii=2:aa;
        xx1=dln(ii,1);
        H(3*(xx1-nc)-2,ii)=0.5;
        xx2=dln(ii,2);
        H(3*(xx2-nc)-2,ii)=0.5;
        xx3=dln(ii,3);
        H(3*(xx3-nc)-2,ii)=-0.5;
        xx4=dln(ii,4);
        H(3*(xx4-nc)-2,ii)=-0.5;
    End
    %%%%%%%%磁流变阻尼器的位置矩阵计算完毕%%%%%%%%
    alfa=100;beita=9e-6;                  %LQR控制算法中的权矩阵系数
    A=[zeros(3*nn-3*nc) eye(3*nn-3*nc);-inv(M)*K -inv(M)*C0];
    B=[zeros(3*nn-3*nc,aa);inv(M)*H];
    Q=alfa*[K zeros(3*nn-3*nc);zeros(3*nn-3*nc) M];
    R=beita*eye(aa);
    G=lqr(A,B,Q,R);                       %LQR控制算法
    distc=zeros(3*nn-3*nc,1);             %有控结构t时刻前所有结点的位移（单位:m）
    veltc=zeros(3*nn-3*nc,1);             %有控结构t时刻前所有结点的速度（单位：
                                           m/s）
```

```
acctc=zeros(3*nn-3*nc,1);                %有控结构 t 时刻前所有结点的加速度（单位：
                                          m/s^2）
Fd=zeros(aa,1);
unit=ones(3*nn-3*nc,1);
el=inv(K+M/(alphan*dt^2)+C0*betan/(alphan*dt));
JJ=1
for it=1:lt-1
    pm=distc(:,it)/(alphan*dt^2)+veltc(:,it)/(alphan*dt)+acctc
(:,it)*(0.5/alphan-1);
    pc=distc(:,it)*betan/(alphan*dt)+veltc(:,it)*(betan/alphan-1)
+acctc(:,it)*(0.5*betan/alphan-1)*dt;
    er=-M*unit*xg(it)-H*Fd(:,it)+M*pm+C0*pc;
    distc(:,it+1)=el*er;
    acctc(:,it+1)=(distc(:,it+1)-distc(:,it))/(alphan*dt^2)-
veltc(:,it)/(alphan*dt)-acctc(:,it)*(0.5/alphan-1);
    veltc(:,it+1)=veltc(:,it)+acctc(:,it)*(1-betan)*dt+acctc
(:,it+1)*betan*dt;
    Z(:,it+1)=[distc(:,it+1);veltc(:,it+1)];
    U(:,it+1)=G*Z(:,it+1);                %最优阻尼力
    du=distc(:,it+1)-distc(:,it);
    du=[disbc(:,it+1);du];
    for j=1:aa;                           %最优阻尼力半主动调节
        ddu(j,it+1)=du(3*dln(j,4)-2)-du(3*dln(j,2)-2);
        if U(j,it+1)*ddu(j,it+1)>0;
            Fd(j,it+1)=-sign(ddu(j,it+1))*10000;
        elseif abs(U(j,it+1))>200000;     %阻尼器最大输出不超过 200kN
            Fd(j,it+1)=-sign(ddu(j,it+1))*200000;
            elseif abs(U(j,it+1))<10000;  %阻尼器最小输出不低于 10kN
                Fd(j,it+1)=-sign(ddu(j,it+1))*10000;
        else
            Fd(j,it+1)=U(j,it+1);
        end
    end
    JJ=JJ+1
end
distc=[disbc;distc];                      %各结点位移时程记录（单位：m）
veltc=[velbc;veltc];                      %各结点速度时程记录（单位：m/s）
acctc=[accbc;acctc];                      %各结点加速度时程记录（单位：m/s^2）
%%%%%%%有控结构的动力时程响应分析结束（Newmark-β 法）%%%%%%%
%%%%%%%%%%开始整理结构的动力时程响应分析结果%%%%%%%%%%%
```

```
nout=28;                              %输出结点编号
disx=dist(3*nn-2,:);                  %x向结点位移
velx=velt(3*nn-2,:);                  %x向结点速度
accx=acct(3*nn-2,:);                  %x向结点加速度
discx=distc(3*nn-2,:);                %x向结点位移
velcx=veltc(3*nn-2,:);                %x向结点速度
acccx=acctc(3*nn-2,:);               %x向结点加速度
nfout=[4 8 12 16 20 24 28];
for i=1:length(nfout)
    niout=nfout(i);
    maxundis(i)=max(abs(dist(3*niout-2,:)));
    maxunv(i)=max(abs(velt(3*niout-2,:)));
    maxuna(i)=max(abs(acct(3*niout-2,:)));
    maxcdis(i)=max(abs(distc(3*niout-2,:)));
    maxcv(i)=max(abs(veltc(3*niout-2,:)));
    maxca(i)=max(abs(acctc(3*niout-2,:)));
end
dispercentage=(maxundis-maxcdis)./maxundis;
vpercentage=(maxunv-maxcv)./maxunv;
apercentage=(maxuna-maxca)./maxuna;
%%%%%%%%%%%结构的动力时程响应分析结果整理完毕%%%%%%%%%%%%
%%%%%开始绘制结构的位移、速度和加速度动力时程响应结果对比图%%%%
t=0:dt:30;
close all
s=4800/127;
figure('position',[100 100 18*s 10*s]);
subplot(3,1,1)
plot(t,1000*disx,'k:',t,1000*discx,'r');
xlim([0 30])
ylim([-50 50])
xlabel('时间（t）', 'FontSize',6,'FontName','宋体')
ylabel('位移（mm）', 'FontSize',6,'FontName','宋体')
set(gca,'linewidth',0.5, 'box', 'on', 'FontSize',6,'FontName',
'Times New Roman','XTick',0:5:30,'YTick',-50:25:50);
subplot(3,1,2);
plot(t,velx,'k:',t,velcx,'r');
xlim([0 30])
ylim([-0.5 0.5])
xlabel('时间（s）', 'FontSize',6,'FontName','Times New Roman')
ylabel('速度（m/s）', 'FontSize',6,'FontName','Times New Roman')
```

```
    set(gca,'linewidth',1,  'box',  'on',  'FontSize',6,'FontName',
'Times New Roman','XTick',0:5:30,'YTick',-0.5:0.25:0.5);
    subplot(3,1,3)
    hold on
    plot(t,accx,'k:',t,acccx,'r');
    xlim([0 30])
    ylim([-4 4])
    xlabel('时间（t）', 'FontSize',6,'FontName','宋体')
    ylabel('加速度（m/s2）', 'FontSize',6,'FontName','宋体')
    set(gca,'linewidth',0.5,  'box',  'on',  'FontSize',6,'FontName',
'Times New Roman','XTick',0:5:30,'YTick',-4:2:4);
    %%%%%结构的位移、速度和加速度动力时程响应结果对比图绘制完毕%%%%
    %%%%%开始绘制结构各层的最大位移、速度和加速度响应包络图%%%%%%
    F=[0 1 2 3 4 5 6];
    subplot(1,3,1)
    plot(1000*maxundis,F,'k:o',1000*maxcdis,F,'r-s')
    xlim([0 50])
    ylim([0 6])
    xlabel('位移（mm）', 'FontSize',6,'FontName','Times New Roman')
    ylabel('楼层', 'FontSize',6,'FontName','Times New Roman')
    set(gca,'linewidth',1,  'box',  'on',  'FontSize',6,'FontName',
'Times New Roman','XTick',0:10:50,'YTick',0:1:6);
    subplot(1,3,2)
    plot(100*maxunv,F,'k:o',100*maxcv,F,'r-s')
    xlim([0 40])
    ylim([0 6])
    xlabel('速度（cm/s）', 'FontSize',6,'FontName','Times New Roman')
    ylabel('楼层', 'FontSize',6,'FontName','Times New Roman')
    set(gca,'linewidth',1,  'box',  'on',  'FontSize',6,'FontName',
'Times New Roman','XTick',0:10:40,'YTick',0:1:6);
    subplot(1,3,3)
    plot(maxuna,F,'k:o',maxca,F,'r-s')
    xlim([0 4])
    ylim([0 6])
    xlabel('加速度（m/s2）', 'FontSize',6,'FontName','Times New Roman')
    ylabel('楼层', 'FontSize',6,'FontName','Times New Roman')
    set(gca,'linewidth',1,  'box',  'on',  'FontSize',6,'FontName',
'Times New Roman','XTick',0:1:4,'YTick',0:1:6);
    %%%%%结构各层的最大位移、速度和加速度响应包络图绘制完毕%%%%%%

    %%%%%%%%%%%%子程序1%%%%%%%%%%%%
```

```
%该子程序用于生成整体坐标系下的梁单元一致质量矩阵
%输入材料密度 Rou、单元面积 A、单元长度 L
%输入局部坐标系与整体坐标系之间的转换矩阵 T
%输出整体坐标系下的单元质量矩阵
function y=PFEM(Rou,A,L,T)
m=Rou*A*L/420*...
    [140 0 0 70 0 0;
     0 156 22*L 0 54 -13*L;
     0 22*L 4*L^2 0 13*L -3*L^2;
     70 0 0 140 0 0;
     0 54 13*L 0 156 -22*L;
     0 -13*L -3*L^2 0 -22*L 4*L^2];
y=T'*m*T;
%%%%%%%%%%%%%%子程序 2%%%%%%%%%%%%%
%该子程序用于生成整体坐标系下的梁单元的单元刚度矩阵
%输入材料的弹性模量 E、单元面积 A、截面惯性矩 I、单元长度 L
%输入局部坐标系与整体坐标系之间的转换矩阵 T
%输出整体坐标系下的单元质量矩阵
function y=PFES(E,A,I,L,T)
w1=E*A/L;
w2=12*E*I/L^3;
w3=6*E*I/L^2;
w4=4*E*I/L;
w5=2*E*I/L;
k=[w1 0 0 -w1 0 0;
    0 w2 w3 0 -w2 w3;
    0 w3 w4 0 -w3 w5;
    -w1 0 0 w1 0 0;
    0 -w2 -w3 0 w2 -w3;
    0 w3 w5 0 -w3 w4];
y=T'*k*T;
%%%%%%%%%%%%%%子程序 3%%%%%%%%%%%%%
%该子程序用于将单元矩阵组装成整体矩阵
%输入单元矩阵 tm、单元结点 i 和 j
%输出集成单元矩阵 tm 后的整体矩阵
function y=PFA(tM,tm,i,j)
for ii=1:3
    for jj=1:3
        tM(3*(i-1)+ii,3*(i-1)+jj)=tM(3*(i-1)+ii,3*(i-1)+jj)+tm
(ii,jj);
```

```
        tM(3*(i-1)+ii,3*(j-1)+jj)=tM(3*(i-1)+ii,3*(j-1)+jj)+tm
(ii,jj+3);
        tM(3*(j-1)+ii,3*(i-1)+jj)=tM(3*(j-1)+ii,3*(i-1)+jj)+tm
(ii+3,jj);
        tM(3*(j-1)+ii,3*(j-1)+jj)=tM(3*(j-1)+ii,3*(j-1)+jj)+tm
(ii+3,jj+3);
        end
    end
    y=tM;
    %%%%%%%%%%%%%子程序4%%%%%%%%%%%%%
    %该子程序采用消去法对模型施加约束
    %输入模型整体矩阵（整体刚度矩阵或整体质量矩阵）MA
    %输入底部固结点编号矩阵 NNF
    function [MAA]=BC(MA,NNF)
    NNF=sort(NNF);
    [R,C]=size(MA);[r,c]=size(NNF);
    for i=1:c
        t=NNF(i)-i+1;
        AA=MA(1:3*(t-1),1:3*(t-1));
        BB=MA(1:3*(t-1),3*t+1:C);
        CC=MA(3*t+1:R,1:3*(t-1));
        DD=MA(3*t+1:R,3*t+1:C);
        MA=[AA BB;CC DD];
        C=C-3;
        R=R-3;
    end
    MAA=MA;
```

由于模型较为简单，读者可自行验证 MATLAB 程序的正确性。未控和设置磁流变阻尼器的有控结构 28 号结点的位移、速度、加速度动力时程响应结果对比如图 7-7 所示。

从图 7-7 可以看出，在整个地震持续时间内，磁流变阻尼器有控结构第 6 层 28 号结点的位移和速度响应较未控结构明显减小，加速度响应也有所降低。未控和有控结构 28 号结点的最大位移分别为 45.49mm 和 22.50mm，与未控结构相比，有控结构 28 号结点的最大水平位移减小了 50.54%；未控和有控结构 28 号结点的最大速度分别为 38.03cm/s 和 17.79cm/s，与未控结构相比，有控结构 28 号结点的最大水平速度减小了 53.23%；未控和有控结构 28 号结点的最大加速度分别为 3.68m/s^2 和 2.61m/s^2，与未控结构相比，有控结构 28 号结点的最大水平加速度减小了 29.07%。

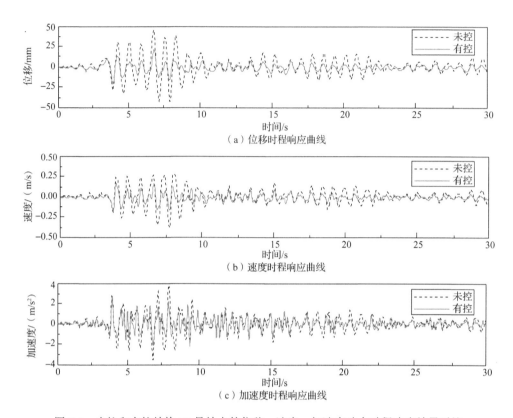

图 7-7　未控和有控结构 28 号结点的位移、速度、加速度动力时程响应结果对比

　　未控和有控结构各层的最大位移、最大速度和最大加速度包络线如图 7-8 所示。

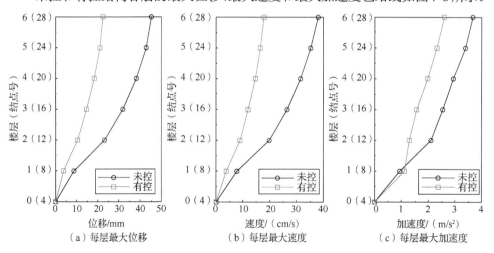

图 7-8　未控和有控结构各层的最大位移、最大速度和最大加速度包络线

从图 7-8 可以看出，与未控结构相比，磁流变阻尼器有控结构各层的位移、速度减弱效果都比较明显，除有控结构第 1 层加速度略有增大外，结构其余层加速度明显减小。

未控和有控结构各层的最大位移、最大速度和最大加速度绝对值及减震百分比见表 7-2。

表 7-2　未控和有控结构各层的最大响应绝对值及减震百分比

楼层（结点）	最大位移/mm			最大速度/（cm/s）			最大加速度/（m/s²）		
	未控	有控	减震百分比	未控	有控	减震百分比	未控	有控	减震百分比
1（8）	8.84	3.83	56.61%	7.87	3.82	51.48%	0.94	1.12	-18.94%
2（12）	23.38	10.38	55.60%	19.88	8.90	55.24%	2.11	1.29	38.84%
3（16）	31.85	14.63	54.05%	26.47	12.01	54.63%	2.55	1.57	38.48%
4（20）	38.33	18.33	52.17%	31.58	14.68	53.53%	2.93	1.99	32.21%
5（24）	42.88	20.99	51.06%	35.36	16.54	53.24%	3.39	2.33	31.38%
6（28）	45.49	22.50	50.54%	38.03	17.79	53.23%	3.68	2.61	29.07%

第8章 设置磁流变阻尼器空间结构的动力响应分析实例

8.1 设置磁流变阻尼器的三维钢筋混凝土框架结构

设置磁流变阻尼器的三维钢筋混凝土框架结构模型如图 8-1 所示,共 8 层,

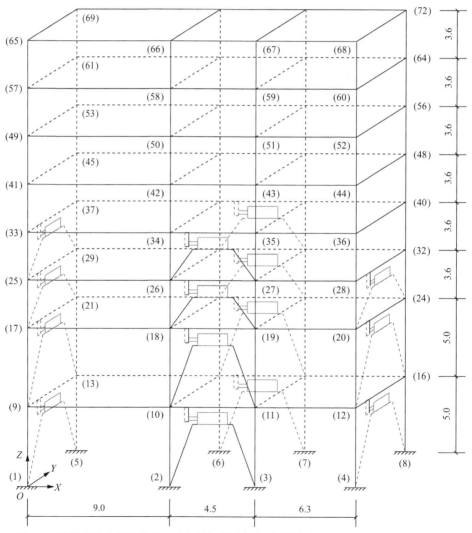

图 8-1 设置磁流变阻尼器的三维钢筋混凝土框架结构模型(括号中的数字为结点号)

总高度为 31.6m；X 向跨度从左往右分别为 9.0m、4.5m、6.3m，Y 向跨度为 6.0m，1～2 层层高均为 5.0m，3～8 层层高均为 3.6m。X 向梁从左到右的截面尺寸分别为 0.3m×0.7m、0.25m×0.5m、0.25m×0.6m，Y 向梁的截面尺寸为 0.25m×0.6m，1～2 层柱的截面尺寸为 0.7m×0.7m，3～8 层柱的截面尺寸为 0.6m×0.6m；楼板厚度为 0.12m。混凝土强度等级为 C40，弹性模量为 $3.25×10^4\text{N/mm}^2$，泊松比为 0.2，钢筋混凝土密度为 2500kg/m³，并将底层柱下端视为固结。

由于算例为 8 层钢筋混凝土框架结构，变形主要集中在底部楼层，因此将磁流变阻尼器布置在结构底部 1～4 层，另外，为了控制钢筋混凝土框架结构的扭转变形，磁流变阻尼器不再对称布置，具体位置如图 8-1 所示。

8.2　空间杆系模型编程流程和 MATLAB 程序代码

下面采用 MATLAB 软件编制未控框架结构的空间杆系模型的 MATLAB 程序，输出模型的整体刚度矩阵和整体质量矩阵，并计算结构的前 10 阶自振频率。程序流程如图 8-2 所示。

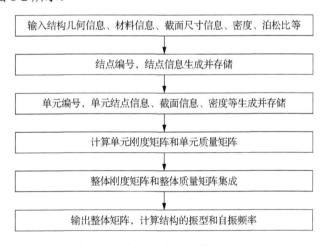

图 8-2　空间杆系模型建模程序流程

‱‱‱‱‱‱‱‱‱‱‱‱‱三维框架结构模型主程序‱‱‱‱‱‱‱‱‱‱‱‱‱

‱‱‱‱该程序首先根据已知的结构几何信息、材料信息、截面尺寸信息等生成结点编号并存储结点信息，且生成三维杆单元并存储单元的结点、材料属性、截面尺寸等信息；然后根据三维杆单元的信息计算单元刚度矩阵和单元质量矩阵，并集成结构的整体刚度矩阵和质量矩阵；随后采用消去法对底层柱底施加固定约束边界条件，并进行模态分析，计算结构的前 10 阶自振频率和振型；最后输出结构的整体刚度矩阵和整体质量矩阵。此外，该程序还能根据用户需求将一根梁、柱杆件划分成不同的单元，并最终输出结构的整体刚度矩阵和整体质量矩阵。‱‱‱‱

```
clear,clc
%%%%输入结构的几何尺寸、截面尺寸、材料属性信息%%%%
lsx=[9,4.5,6.3];                %主梁 X 向（纵向）各跨长度
lsxn=[1,1,1];                   %主梁 X 向（纵向）各跨梁单元数
lsy=[6];                        %主梁 Y 向（横向）各跨长度
lsyn=[1];                       %主梁 Y 向（横向）各跨梁单元数
ls=[lsx,lsx,lsx,lsy];           %各梁长度；先列 X 向（纵向），后列 Y 向（横向）
nbx=length(lsx);                %X 向（纵向）计算跨数
nby=length(lsy);                %Y 向（横向）计算跨数
hf=[5 5 3.6 3.6 3.6 3.6 3.6 3.6];
hfn=[1 1 1 1 1 1 1 1];          %各层柱单元数
dx=lsx./lsxn;                   %各跨梁单元 X 向增量
dy=lsy./lsyn;                   %各跨梁单元 Y 向增量
dz=hf./hfn;                     %柱单元 Z 向（竖向）增量
NSPB=length(hf);                %各种梁截面的层数
SPBX=[0.3,0.7;0.25 0.5;0.25 0.6];  %纵向梁截面参数(B*H)，从左往右顺序
                                   排列
SPBY=[0.25 0.6];                %横向梁截面参数(B*H)，从前往后顺序排列
NSPC=[2,6];                     %各种柱截面的层数
SPC=[0.7 0.7;0.6 0.6];          %柱截面参数(B*H)，从下往上顺序排列
ft=0.12;                        %楼板厚
MP=[3.25e10,2500];              %材料参数(C35 弹模(N/m^2)、密度(kg/m^3))
MUA=0.2;                        %泊松比
ha=sum(hf);                     %楼高度
ncx=nbx+1;                      %柱 X 向列数
ncy=nby+1;                      %柱 Y 向列数
nf=length(hf);                  %计算层数
%%%%结构的几何尺寸、截面尺寸、材料属性信息输入完毕%%%%
%%%%%%%%%%%%%%开始计算结点的坐标值%%%%%%%%%%%%%%
lcx=[0];                        %X 向梁的累积长度
lcxn=[0];                       %X 向梁单元的累积个数
for i=1:nbx
    lcx(i+1)=sum(lsx(1:i));
    lcxn(i+1)=sum(lsxn(1:i));
    for j=1:lsxn(i)
        nbex(lcxn(i)+j)=lcx(i)+dx(i)*(j-1);   %X 向梁单元结点坐标值
    end
end
lcy=[0];                        %Y 向梁的累积长度
lcyn=[0];                       %Y 向梁单元的累积个数
```

```
for i=1:nby
    lcy(i+1)=sum(lsy(1:i));
    lcyn(i+1)=sum(lsyn(1:i));
    for j=1:lsyn(i)
        nbey(lcyn(i)+j)=lcy(i)+dy(i)*(j-1);    %Y 向梁单元结点坐标值
    end
end
nbex(lcxn(end)+1)=sum(lsx);        %X 向梁单元最后一个结点坐标值;
nbey(lcyn(end)+1)=sum(lsy);        %Y 向梁单元最后一个结点坐标值;
for i=1:nf
    hc(i)=sum(hf(1:i));
    hcn(i)=sum(hfn(1:i));
end
hc=[0 hc];                         %Z 向柱的累积高度
hcn=[0 hcn];                       %Z 向柱单元的累积个数
%%%%%%%%%%%%%%%结点坐标值计算完毕%%%%%%%%%%%%%%
%%%%%%%%%%%开始对结点进行编号，并存储结点坐标值%%%%%%%%%
NC=[];                             %柱单元结点编号，结点坐标值
for i=1:nf                         %编号规则：从左向右、从下往上
    for j=1:hfn(i)+1
        for m=1:ncy
            for n=1:ncx
                NC((hcn(i)+j-1)*ncy*ncx+(m-1)*ncx+n,1)=(hcn(i)+j-1)
*ncy*ncx+(m-1)*ncx+n;
                NC((hcn(i)+j-1)*ncy*ncx+(m-1)*ncx+n,2)= lcx(n);
                                        %X 向坐标
                NC((hcn(i)+j-1)*ncy*ncx+(m-1)*ncx+n,3)=lcy(m);
                                        %Y 向坐标
                NC((hcn(i)+j-1)*ncy*ncx+(m-1)*ncx+n,4)=hc(i)+
dz(i)*(j-1);    %Z 向坐标
            end
        end
    end
end
scatter3(NC(:,2),NC(:,3),NC(:,4),'filled','b o');
                                    %检查柱单元结点位置及编号
for i=1:length(NC(:,1))
    text(NC(i,2)+0.5,NC(i,3),NC(i,4)+0.5,num2str(NC(i,1)));
end
NB=[];                             %梁单元结点编号，结点坐标值
```

```
    for i=1:nf                          %编号规则：从左向右、从下往上
        for j=1:ncy                     %ncy 为纵向梁单元的排数
            for m=1:sum(lsxn)+1         %sum(lsxn)+1（每排 X 向梁的单元结点数）
                NBX((sum(lsxn)+1)*(ncy*(i-1)+(j-1))+m,1)=(sum(lsxn)
+1)*(ncy*(i-1)+(j-1))+m;
                NBX((sum(lsxn)+1)*(ncy*(i-1)+(j-1))+m,2)=nbex(m);
                                        % X 向坐标
                NBX((sum(lsxn)+1)*(ncy*(i-1)+(j-1))+m,3)=lcy(j);
                                        % Y 向坐标
                NBX((sum(lsxn)+1)*(ncy*(i-1)+(j-1))+m,4)=hc(i+1);
                                        % Z 向坐标
            end                         %每层 X 向梁截面类型编码
        end
        for jj=1:ncx                    %ncx 为横向梁单元的排数
            for mm=1:sum(lsyn)+1        %sum(lsyn)+1（每排 Y 向梁的单元结点数）
                NBY((sum(lsyn)+1)*(ncx*(i-1)+(jj-1))+mm,1)=(sum(lsyn)
+1)*(ncx*(i-1)+(jj-1))+mm;
                NBY((sum(lsyn)+1)*(ncx*(i-1)+(jj-1))+mm,2)=lcx(jj);
                % X 向坐标
                NBY((sum(lsyn)+1)*(ncx*(i-1)+(jj-1))+mm,3)=nbey(mm);
                % Y 向坐标
                NBY((sum(lsyn)+1)*(ncx*(i-1)+(jj-1))+mm,4)=hc(i+1);
                % Z 向坐标
            end                         %每层 Y 向梁截面类型编码
        end
        for p=1:length(nbey)
            for q=1:length(nbex)

NP(length(nbex)*(length(nbey)*(i-1)+p-1)+q,1)=length(nbex)*(length
(nbey)*(i-1)+p-1)+q;
                NP(length(nbex)*(length(nbey)*(i-1)+p-1)+q,2)=nbex(q);
                % X 向坐标
                NP(length(nbex)*(length(nbey)*(i-1)+p-1)+q,3)=nbey(p);
                % Y 向坐标
                NP(length(nbex)*(length(nbey)*(i-1)+p-1)+q,4)=hc(i+1);
                % Z 向坐标
            end
        end
    end
    plot3(NBX(:,2),NBX(:,3),NBX(:,4),'b.','MarkerSize',15);
```

```
        %检查纵向梁单元结点的位置及编号
for i=1:length(NBX(:,1))
    text(NBX(i,2),NBX(i,3),NBX(i,4),num2str(NBX(i,1))) ;
end
plot3(NBY(:,2),NBY(:,3),NBY(:,4),'r.','MarkerSize',15);
        %检查横向梁单元结点的位置及编号
for i=1:length(NBY(:,1))
    text(NBY(i,2),NBY(i,3),NBY(i,4),num2str(NBY(i,1))) ;
end
plot3(NP(:,2),NP(:,3),NP(:,4),'r.','MarkerSize',15);
        %检查板单元结点的位置及编号
for i=1:length(NP(:,1))/6
    text(NP(i,2),NP(i,3),NP(i,4),num2str(NP(i,1))) ;
end
%%%%%%%%%%结点编号及结点坐标值存储完毕%%%%%%%%%
%%%%%%%%%%开始压缩结点编号%%%%%%%%%
NA=NC;        %柱单元结点编号不变，梁、板单元结点压缩
NBX(:,1)=NBX(:,1)+NA(end,1);
for i=1:1:length(NBX(:,1))
    for j=1:length(NA(:,1))
        if NBX(i,2:4)==NA(j,2:4)
            NBX(i,1)=NA(j,1);
            NBX(i+1:end,1)=NBX(i+1:end,1)-1;
        end
    end
    if ismember(NBX(i,2:4),NA(:,2:4),'rows')==0
        NA=[NA;NBX(i,:)];
    end
end
NBY(:,1)=NBY(:,1)+NA(end,1);
for i=1:1:length(NBY(:,1))
    for j=1:length(NA(:,1))
        if NBY(i,2:4)==NA(j,2:4)
            NBY(i,1)=NA(j,1);
            NBY(i+1:end,1)=NBY(i+1:end,1)-1;
        end
    end
    if ismember(NBY(i,2:4),NA(:,2:4),'rows')==0
        NA=[NA;NBY(i,:)];
    end
```

```
end
ncb=length(NA(:,1));
NP(:,1)=NP(:,1)+NA(end,1);
for i=1:1:length(NP(:,1))
    for j=1:length(NA(:,1))
        if NP(i,2:4)==NA(j,2:4)
            NP(i,1)=NA(j,1);
            NP(i+1:end,1)=NP(i+1:end,1)-1;
        end
    end
    if ismember(NP(i,2:4),NA(:,2:4),'rows')==0
        NA=[NA;NP(i,:)];
    end
end
np=length(NA(:,1))-ncb;            %不在梁、柱单元上的其余板单元结点总数
%%%%%%%%%%结点编号压缩完毕%%%%%%%%%
```

%%%%%%%%%%开始对柱单元进行编号，并存储每个柱单元对应的单元信息，包括：单元两端结点编号（ENC(:,2)和ENC(:,3)），单元截面宽度ENC(:,4)，截面高度ENC(:,5)，材料密度ENC(:,6)%%%%%%%%

```
    nec=0;                         %柱单元个数
    for i=1:NC(end,1)-ncx*ncy
        nec=nec+1;
        ENC(nec,1)=i;              %柱单元编号
        ENC(nec,2)=i;              %柱单元第一个结点编号，下结点
        ENC(nec,3)=i+ncx*ncy;      %柱单元第二个结点编号，上结点
        if NC(i,4)<sum(hf(1:sum(NSPC(1:1))))
            ENC(nec,4)=SPC(1,1);   %柱单元的截面宽度
            ENC(nec,5)=SPC(1,2);   %柱单元的截面高度
        else
            ENC(nec,4)=SPC(2,1);   %柱单元的截面宽度
            ENC(nec,5)=SPC(2,2);   %柱单元的截面高度
        end
        ENC(nec,6)=MP(2);          %柱单元材料密度
    End
%%%%%%%%%柱单元编号及柱单元信息存储完毕%%%%%%%%%%
```

%%%%%%%%%%开始对梁单元进行编号，并存储每个梁单元对应的单元信息，包括：单元两端结点编号（ENBX(:,2)/ENBY(:,2)和 ENBX(:,3)/ENBY(:,3)），单元截面宽度ENBX(:,4)/ENBY(:,4)，截面高度ENBX(:,5)/ENBY(:,5)，材料密度ENBX(:,6)/ENBY(:,6)%%%%%%%%

```
    nebx=0;neby=0;                 %纵排单元数；横排单元数
```

```
for i=1:nf
    for j=1:ncy                     %纵向梁单元的排数
        for m=1:sum(lsxn)           %sum(lsxn)（每排 X 向梁的单元数）
            nebx=nebx+1;
            a=ncy*(sum(lsxn)+1)*(i-1)+(sum(lsxn)+1)*(j-1)+m;
            ENBX(nebx,1)=nebx;          %梁单元编号
            ENBX(nebx,2)=NBX(a,1);      %梁单元第一个结点编号
            ENBX(nebx,3)=NBX(a+1,1);    %梁单元第二个结点编号
        if NBX(a,2)<sum(lsx(1:1))       %NBX(a,2)为梁单元左侧结点的坐标值
            ENBX(nebx,4)=SPBX(1,1);     %梁单元的截面宽度
            ENBX(nebx,5)=SPBX(1,2);     %梁单元的截面高度
            else if NBX(a,2)<sum(lsx(1:2))
                    ENBX(nebx,4)=SPBX(2,1);     %梁单元的截面宽度
                    ENBX(nebx,5)=SPBX(2,2);     %梁单元的截面高度
                else
                    ENBX(nebx,4)=SPBX(3,1);     %梁单元的截面宽度
                    ENBX(nebx,5)=SPBX(3,2);     %梁单元的截面高度
                end
        end
        ENBX(nebx,6)=MP(2);         %梁单元密度
        end
    end
    for jj=1:ncx                    %纵向梁单元的排数
        for mm=1:sum(lsyn)          %sum(lsyn)每排 X 向梁的单元数
            neby=neby+1;
            a=ncx*(sum(lsyn)+1)*(i-1)+(sum(lsyn)+1)*(jj-1)+mm;
            ENBY(neby,1)=neby;              %梁单元编号
            ENBY(neby,2)=NBY(a,1);          %梁单元第一个结点编号
            ENBY(neby,3)=NBY(a+1,1);        %梁单元第二个结点编号
            if NBY(a,3)<sum(lsy(1:1))
                ENBY(neby,4)=SPBY(1,1);     %梁单元的截面宽度
                ENBY(neby,5)=SPBY(1,2);     %梁单元的截面高度
            else
                ENBY(neby,4)=SPBY(2,1);     %梁单元的截面宽度
                ENBY(neby,5)=SPBY(2,2);     %梁单元的截面高度
            end
            ENBY(neby,6)=MP(2);             %梁单元密度
        end
    end
end
```

```
plot3(NBX(:,2),NBX(:,3),NBX(:,4),'b.','MarkerSize',15);
    %检查纵向梁单元及结点的位置、编号
for i=1:length(NBX(:,1))
    text(NBX(i,2),NBX(i,3),NBX(i,4),num2str(NBX(i,1))) ;
end
plot3(NBY(:,2),NBY(:,3),NBY(:,4),'r.','MarkerSize',15);
    %检查横向梁单元及结点的位置、编号
for i=1:length(NBY(:,1))
    text(NBY(i,2),NBY(i,3),NBY(i,4),num2str(NBY(i,1))) ;
end
```

%%%%%%%%%梁单元编号及梁单元信息存储完毕%%%%%%%%%

%%%%%%%%%%%开始对板单元进行编号，并存储每个板单元对应的单元信息，包括：单元 4 个结点编号（ENP(nep,2)、ENP(nep,3)、ENP(nep,4)、ENP(nep,5)），材料密度 ENP(nep,6)，单元厚度 ENP(nep,7)%%%%%%%%%

```
nep=0;
for i=1:nf
    for j=1:sum(lsyn)
        for k=1:sum(lsxn)
            nep=nep+1;
            ENP(nep,1)=nep;                %板单元编号
            a=(i-1)*(sum(lsyn)+1)*(sum(lsxn)+1)+(j-1)*(sum(lsxn)+1)+k;
            b=(i-1)*(sum(lsyn)+1)*(sum(lsxn)+1)+(j-1)*(sum(lsxn)+1)+k+1;
            c=(i-1)*(sum(lsyn)+1)*(sum(lsxn)+1)+j*(sum(lsxn)+1)+k+1;
            d=(i-1)*(sum(lsyn)+1)*(sum(lsxn)+1)+j*(sum(lsxn)+1)+k;
            ENP(nep,2)=NP(a,1);            %板单元第一个结点编号，左下结点
            ENP(nep,3)=NP(b,1);            %板单元第二个结点编号，右下结点
            ENP(nep,4)=NP(c,1);            %板单元第三个结点编号，右上结点
            ENP(nep,5)=NP(d,1);            %板单元第四个结点编号，左上结点
            ENP(nep,6)=MP(2);             %板单元材料密度
            ENP(nep,7)=ft;                %板单元的厚度
        end
    end
end
plot3(NP(:,2),NP(:,3),NP(:,4),'r.','MarkerSize',15);      %检查板单
元及结点的位置、编号
for i=1:length(NP(:,1))/6
```

```
        text(NP(i,2),NP(i,3),NP(i,4),num2str(NP(i,1)));
    end
%%%%%%%%%板单元编号及板单元信息存储完毕%%%%%%%%%
%%%开始计算梁和柱单元的单元刚度矩阵，并集成梁和柱单元的总体矩阵%%%
nn=length(NA(:,1));                    %结点总数
K=zeros(6*nn);                          %初始化总体刚度矩阵
M=zeros(6*nn);                          %初始化总体质量矩阵
ENCB=[ENC;ENBX;ENBY];                   %杆单元（柱单元和梁单元）汇总到一起
for i=1:length(ENCB(:,1));              %杆单元（柱单元和梁单元）总体矩阵集成
    ni=ENCB(i,2);                       %杆单元 i 的一端结点号
    nj=ENCB(i,3);                       %杆单元 i 的另一端结点号
    b=ENCB(i,4);                        %杆单元 i 的截面宽度
    h=ENCB(i,5);                        %杆单元 i 的截面高度
    Aa=b*h;
    Iya=b*h^3/12;
    Iza=h*b^3/12;
    Ja=Iya+Iza;                         %极惯性矩
    Ea=MP(1);
    La=sqrt((NA(nj,2)-NA(ni,2))^2+(NA(nj,3)-NA(ni,3))^2+(NA(nj,4)
-NA(ni,4))^2);
    Sa=sqrt((NA(nj,2)-NA(ni,2))^2+(NA(nj,3)-NA(ni,3))^2);
    if NA(nj,4)==NA(ni,4)
        LxX=(NA(nj,2)-NA(ni,2))/La;    LxY=(NA(nj,3)-NA(ni,3))/La;
LxZ=(NA(nj,4)-NA(ni,4))/La;
        LyX=-(NA(nj,3)-NA(ni,3))/Sa;   LyY=(NA(nj,2)-NA(ni,2))/Sa;
LyZ=0;
        LzX=-LyY*LxZ; LzY=LyX*LxZ; LzZ=Sa/La;
    else
        LxX=0; LxY=0; LxZ=1;
        LyX=0; LyY=1; LyZ=0;
        LzX=-1; LzY=0; LzZ=0;
    end
    Ta=[LxX LxY LxZ;                     %单元局部坐标与整体坐标的转换矩阵
        LyX LyY LyZ;
        LzX LzY LzZ;];
    dense=ENCB(i,6);
    ma=Aa*La*dense;
    Mm=PFEMBeam(ma,La,Aa,Ja,Ta);        %形成总体坐标系下的单元质量矩阵
    Ms=PFESBeam(Ea,Aa,La,MUA,Ja,Iya,Iza,Ta);  %形成总体坐标系下的单
                                           元刚度矩阵
```

```
        K=PFABeam(K,Ms,ni,nj);              %形成总体刚度矩阵（未包含板单元）
        M=PFABeam(M,Mm,ni,nj);              %形成总体质量矩阵（未包含板单元）
    end
```
%%%梁和柱单元的总体矩阵集成完毕%%%

%%%开始计算板单元的单元刚度矩阵，并在梁和柱单元总体矩阵的基础上集成整个结构的总体矩阵%%%

```
    for i=1:length(ENP(:,1));               %板单元总体矩阵集成
        ni=ENP(i,2);
        nj=ENP(i,3);
        nk=ENP(i,4);
        nm=ENP(i,5);
        a=(NA(nj,2)-NA(ni,2))/2;
        b=(NA(nk,3)-NA(nj,3))/2;
        rou=MP(2);
        E=MP(1);
        syms kx yt kxi yti real;
        nii=1/8*(1+kx*kxi)*(1+yt*yti)*(2+kx*kxi+yt*yti-kx^2-yt^2);
        niix=-1/8*b*yti*(1+kx*kxi)*(1+yt*yti)*(1-yt^2);
        niiy=1/8*a*kxi*(1+kx*kxi)*(1+yt*yti)*(1-kx^2);
        N(1)=subs(nii,{kxi,yti},{-1,-1});
        N(2)=subs(niix,{kxi,yti},{-1,-1});
        N(3)=subs(niiy,{kxi,yti},{-1,-1});
        N(4)=subs(nii,{kxi,yti},{1,-1});
        N(5)=subs(niix,{kxi,yti},{1,-1});
        N(6)=subs(niiy,{kxi,yti},{1,-1});
        N(7)=subs(nii,{kxi,yti},{1,1});
        N(8)=subs(niix,{kxi,yti},{1,1});
        N(9)=subs(niiy,{kxi,yti},{1,1});
        N(10)=subs(nii,{kxi,yti},{-1,1});
        N(11)=subs(niix,{kxi,yti},{-1,1});
        N(12)=subs(niiy,{kxi,yti},{-1,1});
        temp=N'*N;
        mx=int(temp,kx,-1,1);
        mxy=int(mx,yt,-1,1);
        mxy=rou*a*b*ft*mxy;
        mbb=double(mxy);
        Ms=PFESPlate(a,b,MUA,E,ft);         %形成总体坐标系下的单元刚度矩阵
        Mm=PFEMPlate(a,b,ft,rou,mbb);       %形成总体坐标系下的单元质量矩阵
        K=PFAPlate(K,Ms,ni,nj,nk,nm);       %形成总体刚度矩阵
        M=PFAPlate(M,Mm,ni,nj,nk,nm);       %形成总体质量矩阵
```

```
end
%%%整个结构的总体矩阵集成完毕%%%
%%%%%%%%%%%%开始采用消去法施加边界条件%%%%%%%%%%
NF=1:ncx*ncy;                          %边界条件，柱底部结点固结
K=BC(K,NF);                            %消去法
M=BC(M,NF);                            %消去法
%%%%%%%%%%%边界条件施加完毕%%%%%%%%%%%
%%%%%%%%%%开始输出施加边界条件后结构的整体矩阵%%%%%%%%%
fidk=fopen('K.txt','w');               %将总体刚度矩阵保存在 K.txt 中
[r,c]=size(K);
for i=1:r
    for j=1:c
        fprintf(fidk,'%15.3f    ',K(i,j));
    end
    fprintf(fidk,'\n');
end
fclose(fidk);
fidm=fopen('M.txt','w');               %将总体质量矩阵保存在 M.txt 中
[r,c]=size(M);
for i=1:r
    for j=1:c
        fprintf(fidm,'%15.3f    ',M(i,j));
    end
    fprintf(fidm,'\n');
end
fclose(fidk);
%%%%%%%%%%施加边界条件后结构的整体矩阵输出完毕%%%%%%%%%
%%%%%%%%%%开始计算结构的模态，输出结构前 10 阶自振周期%%%%%%%%%
[eig_vec,eig_val]=eig(K,M);
w=sort(diag(sqrt(eig_val)));           %无阻尼的自振频率(圆频率)
disp('结构动力特性分析完毕！');
T=2*pi./w;                             %无阻尼的自振周期
F=T.^(-1);                             %自振频率
disp('结构前 10 阶自振周期：');
F(1:10)                                %前 10 阶自振频率
%%%%%%%%%%结构的模态计算完毕%%%%%%%%%


%%%%%%%%%%%%%子程序 1%%%%%%%%%%%%%%
%该子程序用于生成整体坐标系下的梁单元一致质量矩阵
%输入单元质量 m、单元长度 l、单元面积 A、单元惯性矩 Ix
```

```
%输入局部坐标系与整体坐标系之间的转换矩阵 t
%输出整体坐标系下的单元质量矩阵
function y=PFEMBeam(m,l,A,Ix,t)
w1=140*Ix/A;
w2=70*Ix/A;
M11=(m/420)*[140 0 0 0 0 0;
             0 156 0 0 0 22*l;
             0,0,156,0,-22*l,0;
             0,0,0,w1,0,0;
             0,0,-22*l,0,4*l^2,0;
             0,22*l,0,0,0,4*l^2];
M21=(m/420)*[70,0,0,0,0,0;
             0,54,0,0,0,13*l;
             0,0,54,0,-13*l,0;
             0,0,0,w2,0,0;
             0,0,13*l,0,-3*l^2,0;
             0,-13*l,0,0,0,-3*l^2];
M12=M21';
M22=(m/420)*[140,0,0,0,0,0;
             0,156,0,0,0,-22*l;
             0,0,156,0,22*l,0;
             0,0,0,w1,0,0;
             0,0,22*l,0,4*l^2,0;
             0,-22*l,0,0,0,4*l^2];
 M=[M11 M12;
    M21 M22];
o=zeros(3);
T=[t o o o;
   o t o o;
   o o t o;
   o o o t];
y=T'*M*T;
end
%%%%%%%%%%%%%%子程序2%%%%%%%%%%%%%
%该子程序用于生成整体坐标系下的梁单元刚度矩阵
%输入弹性模量 E、单元面积 A、单元长度 l、泊松比 Mu、极惯性矩 J、轴惯性矩 Iy、
Iz
%输入局部坐标系与整体坐标系之间的转换矩阵 t
%输出整体坐标系下的单元刚度矩阵
function  y=PFESBeam(E,A,l,Mu,J,Iy,Iz,t)
```

```
o=zeros(3);
G=E/(2*(1+Mu));
w1=E*A/l;
w2=12*E*Iz/l^3;
w3=6*E*Iz/l^2;
w4=12*E*Iy/l^3;
w5=-6*E*Iy/l^2;
w6=G*J/l;
w7=4*E*Iy/l;
w8=4*E*Iz/l;
w9=2*E*Iy/l;
w10=2*E*Iz/l;
k11=[w1 0 0 0 0 0;
    0 w2 0 0 0 w3;
    0 0 w4 0 w5 0;
    0 0 0 w6 0 0;
    0 0 w5 0 w7 0;
    0 w3 0 0 0 w8];
k22=[w1 0 0 0 0 0;
    0 w2 0 0 0 -w3;
    0 0 w4 0 -w5 0;
    0 0 0 w6 0 0;
    0 0 -w5 0 w7 0;
    0 -w3 0 0 0 w8];
k21=[-w1 0 0 0 0 0;
    0 -w2 0 0 0 -w3;
    0 0 -w4 0 -w5 0;
    0 0 0 -w6 0 0;
    0 0 w5 0 w9 0;
    0 w3 0 0 0 w10];
k12=k21';
K=[k11 k12;
    k21 k22];
T=[t o o o;
    o t o o;
    o o t o;
    o o o t];
y=T'*K*T;
end
%%%%%%%%%%%%%%%子程序3%%%%%%%%%%%%%%
```

```
%该子程序用于集成梁单元的整体刚度矩阵和整体质量矩阵
%输入单元矩阵 tm、单元结点 i 和 j
%输出集成单元矩阵 tm 后的整体矩阵
function y=PFABeam(tM,tm,i,j)
for ii=1:6
    for jj=1:6
        tM(6*(i-1)+ii,6*(i-1)+jj)=tM(6*(i-1)+ii,6*(i-1)+jj)+tm
(ii,jj);
        tM(6*(i-1)+ii,6*(j-1)+jj)=tM(6*(i-1)+ii,6*(j-1)+jj)+tm
(ii,jj+6);
        tM(6*(j-1)+ii,6*(i-1)+jj)=tM(6*(j-1)+ii,6*(i-1)+jj)+tm
(ii+6,jj);
        tM(6*(j-1)+ii,6*(j-1)+jj)=tM(6*(j-1)+ii,6*(j-1)+jj)+tm
(ii+6,jj+6);
    end
end
y=tM;
%%%%%%%%%%%%%子程序4%%%%%%%%%%%%%
%该子程序用于生成板单元整体坐标系下的单元质量矩阵
%输入板单元长度a、宽度b、厚度h、密度rou、板单元质量矩阵的子矩阵(弯曲矩阵)mb
%输出整体坐标系下的单元质量矩阵(局部坐标同整体坐标)
function y=PFEMPlate(a,b,h,rou,mb)
kexi=[-1;1;1;-1];
eta=[-1;-1;1;1];
for i=1:4
    for j=1:4
        kexi0=kexi(i)*kexi(j);eta0=eta(i)*eta(j);
        mp(1,1)=1/4*(1+1/3*kexi0+17/35*eta0+17/105*kexi0*eta0);
        mp(1,2)=0;
        mp(1,3)=b/8*(6/35*eta(i)+2/3*eta(j)+2/35*kexi0*eta(i)+2/9
*kexi0*eta(j));
        mp(2,1)=0;
        mp(2,2)=1/4*(1+17/35*kexi0+1/3*eta0+17/105*kexi0*eta0);
        mp(2,3)=-a/8*(6/35*kexi(i)+2/3*kexi(j)+2/35*kexi(i)*eta0+
2/9*kexi(j)*eta0);
        mp(3,1)=b/8*(2/3*eta(i)+6/35*eta(j)+2/9*kexi0*eta(i)+2/35
*kexi0*eta(j));
        mp(3,2)=-a/8*(2/3*kexi(i)+6/35*kexi(j)+2/9*kexi(i)*eta0+
2/35*kexi(j)*eta0);
        mp(3,3)=a^2*(1/105+1/15*kexi0+1/315*eta0+1/45*kexi0*eta0)
```

```
+b^2*(1/105+1/315*kexi0+1/15*eta0+1/45*kexi0*eta0);
            mp1(3*i-2:3*i,3*j-2:3*j)=mp;
        end
    end
    mp=rou*a*b*h*mp1;
    mp=(mp+mp')/2;
    for i=1:4
        for j=1:4
            m=blkdiag(mp(3*i-2:3*i-1,3*j-2:3*j-1),mb(3*i-2:3*i,
3*j-2:3*j),0);
            m(6,6)=mp(3*i,3*j);
            m(1:2,6)=mp(3*i-2:3*i-1,3*j);
            m(6,1:2)=mp(3*i,3*j-2:3*j-1);
            M(6*i-5:6*i,6*j-5:6*j)=m;
        end
    end
    y=M;
    end
```

%%%%%%%%%%%%子程序 5%%%%%%%%%%%%
%该子程序用于生成板单元整体坐标系下的单元刚度矩阵
%输入板单元长度 a、宽度 b、泊松比 mu、弹性模量 E、厚度 h
%输出整体坐标系下的单元刚度矩阵（局部坐标同整体坐标）

```
function y=PFESPlate(a,b,mu,E,h)
D=E*h^3/(12*(1-mu^2));
H=D/(60*a*b);
kexi=[-1;1;1;-1];
eta=[-1;-1;1;1];
for i=1:4
    for j=1:4
        kexi0=kexi(i)*kexi(j);eta0=eta(i)*eta(j);
        k(1,1)=b^2*kexi0*(1+17/35*eta0)+3*(1-mu)/5*a^2*eta0*
(1+1/3*kexi0);
        k(1,2)=mu*a*b*kexi(i)*eta(j)+(1-mu)/2*a*b*kexi(j)*eta(i);
        k(1,3)=b^3*kexi0*eta(j)*(1/3+3/35*eta0)-mu/3*a^2*b*kexi0*
eta(j)+(1-mu)/10*a^2*b*eta(i)*(1+2*kexi0);
        k(2,1)=mu*a*b*kexi(j)*eta(i)+(1-mu)/2*a*b*kexi(i)*eta(j);
        k(2,2)=a^2*eta0*(1+17/35*kexi0)+3*(1-mu)/5*b^2*kexi0*
(1+1/3*eta0);
        k(2,3)=mu/3*a*b^2*kexi(j)*eta0-a^3*kexi(j)*eta0*(1/3+3/35
*kexi0)-(1-mu)/10*a*b^2*kexi(i)*(1+2*eta0);
```

```
        k(3,1)=b^3*kexi0*eta(i)*(1/3+3/35*eta0)-mu/3*a^2*b*kexi0*
eta(i)+(1-mu)/10*a^2*b*eta(j)*(1+2*kexi0);
        k(3,2)=mu/3*a*b^2*kexi(i)*eta0-a^3*kexi(i)*eta0*(1/3+3/35
*kexi0)-(1-mu)/10*a*b^2*kexi(j)*(1+2*eta0);
        k(3,3)=2/15*b^4*kexi0*eta0*(1+1/7*eta0)-2/9*mu*a^2*b^2*
kexi0*eta0+2/15*a^4*kexi0*eta0*(1+1/7*kexi0)+(1-mu)/5*a^2*b^2*(1+kex
i0+eta0);
        kp1(3*i-2:3*i,3*j-2:3*j)=k;
    end
  end
  kp=E*h/(4*a*b*(1-mu^2))*kp1;
  kp=(kp+kp')/2;
  for i=1:4
    for j=1:4
        kexi0=kexi(i)*kexi(j);
        eta0=eta(i)*eta(j);
        ka(1,1)=3*(15*(b^2/a^2*kexi0+b^2/a^2*eta0)+(14-4*mu+5*
b^2/a^2+5*a^2/b^2)*kexi0*eta0);
        ka(1,2)=-3*b*((2+3*mu+5*a^2/b^2)*kexi0*eta(i)+15*a^2/b^2*
eta(i)+5*mu*kexi0*eta(j));
        ka(1,3)=3*a*((2+3*mu+5*b^2/a^2)*kexi(i)*eta0+15*b^2/a^2*
kexi(i)+5*mu*kexi(j)*eta0);
        ka(2,1)=-3*b*((2+3*mu+5*a^2/b^2)*kexi0*eta(j)+15*a^2/b^2*
eta(j)+5*mu*kexi0*eta(i));
        ka(2,2)=b^2*(2*(1-mu)*kexi0*(3+5*eta0)+5*a^2/b^2*(3+kexi0)
*(3+eta0));
        ka(2,3)=-15*mu*a*b*(kexi(i)+kexi(j))*(eta(i)+eta(j));
        ka(3,1)=3*a*((2+3*mu+5*b^2/a^2)*kexi(j)*eta0+15*b^2/a^2*
kexi(j)+5*mu*kexi(i)*eta0);
        ka(3,2)=-15*mu*a*b*(kexi(i)+kexi(j))*(eta(i)+eta(j));
        ka(3,3)=a^2*(2*(1-mu)*eta0*(3+5*kexi0)+5*b^2/a^2*
(3+kexi0)*(3+eta0));
        kb1(3*i-2:3*i,3*j-2:3*j)=ka;
    end
  end
  kb=H*kb1;
  for i=1:4
    for j=1:4
        k=blkdiag(kp(3*i-2:3*i-1,3*j-2:3*j-1),kb(3*i-2:3*i,3*j-2:
3*j),0);
```

```
            k(6,6)=kp(3*i,3*j);
            k(1:2,6)=kp(3*i-2:3*i-1,3*j);
            k(6,1:2)=kp(3*i,3*j-2:3*j-1);
            K(6*i-5:6*i,6*j-5:6*j)=k;
        end
    end
    y=K;
end
%%%%%%%%%%%%%子程序6%%%%%%%%%%%%%
%该子程序用于集成板单元的整体刚度矩阵和整体质量矩阵
%输入单元矩阵tm及单元结点i、j、k、m
%输出集成单元矩阵tm后的整体矩阵
function y=PFAPlate(tM,tm,i,j,k,m)
for ii=1:6
    for jj=1:6
        tM(6*(i-1)+ii,6*(i-1)+jj)=tM(6*(i-1)+ii,6*(i-1)+jj)+tm
(ii,jj);
        tM(6*(i-1)+ii,6*(j-1)+jj)=tM(6*(i-1)+ii,6*(j-1)+jj)+tm
(ii,jj+6);
        tM(6*(i-1)+ii,6*(k-1)+jj)=tM(6*(i-1)+ii,6*(k-1)+jj)+tm
(ii,jj+12);
        tM(6*(i-1)+ii,6*(m-1)+jj)=tM(6*(i-1)+ii,6*(m-1)+jj)+tm
(ii,jj+18);
        tM(6*(j-1)+ii,6*(i-1)+jj)=tM(6*(j-1)+ii,6*(i-1)+jj)+tm
(ii+6,jj);
        tM(6*(j-1)+ii,6*(j-1)+jj)=tM(6*(j-1)+ii,6*(j-1)+jj)+tm
(ii+6,jj+6);
        tM(6*(j-1)+ii,6*(k-1)+jj)=tM(6*(j-1)+ii,6*(k-1)+jj)+tm
(ii+6,jj+12);
        tM(6*(j-1)+ii,6*(m-1)+jj)=tM(6*(j-1)+ii,6*(m-1)+jj)+tm
(ii+6,jj+18);
        tM(6*(k-1)+ii,6*(i-1)+jj)=tM(6*(k-1)+ii,6*(i-1)+jj)+tm
(ii+12,jj);
        tM(6*(k-1)+ii,6*(j-1)+jj)=tM(6*(k-1)+ii,6*(j-1)+jj)+tm
(ii+12,jj+6);
        tM(6*(k-1)+ii,6*(k-1)+jj)=tM(6*(k-1)+ii,6*(k-1)+jj)+tm
(ii+12,jj+12);
        tM(6*(k-1)+ii,6*(m-1)+jj)=tM(6*(k-1)+ii,6*(m-1)+jj)+tm
(ii+12,jj+18);
        tM(6*(m-1)+ii,6*(i-1)+jj)=tM(6*(m-1)+ii,6*(i-1)+jj)+tm
(ii+18,jj);
```

```
        tM(6*(m-1)+ii,6*(j-1)+jj)=tM(6*(m-1)+ii,6*(j-1)+jj)+tm
(ii+18,jj+6);
        tM(6*(m-1)+ii,6*(k-1)+jj)=tM(6*(m-1)+ii,6*(k-1)+jj)+tm
(ii+18,jj+12);
        tM(6*(m-1)+ii,6*(m-1)+jj)=tM(6*(m-1)+ii,6*(m-1)+jj)+tm
(ii+18',jj+18);
      end
   end
   y=tM;
   %%%%%%%%%%%%%子程序7%%%%%%%%%%%%
   %该子程序采用消去法对模型施加约束
   %输入模型整体矩阵（整体刚度矩阵或整体质量矩阵）MA
   %输入底部固结结点编号矩阵NNF
   function [MAA]=BC(MA,NNF)
   NNF=sort(NNF);
   [R,C]=size(MA);[r,c]=size(NNF);
   for i=1:c
      t=NNF(i)-i+1;
      AA=MA(1:6*(t-1),1:6*(t-1));
      BB=MA(1:6*(t-1),6*t+1:C);
      CC=MA(6*t+1:R,1:6*(t-1));
      DD=MA(6*t+1:R,6*t+1:C);
      MA=[AA BB;CC DD];
      C=C-6;
      R=R-6;
   end
   MAA=MA;
```

8.3　三维框架模型 MATLAB 程序验证

对于采用 MATLAB 软件编制的未控三维框架结构模型程序，结构阻尼按 Rayleigh 阻尼由前 2 阶振型阻尼比确定，即 $C = a_0 M + a_1 K$，a_0 和 a_1 为 Rayleigh 阻尼常数，结构前 2 阶振型阻尼比为 5%。未控结构的动力学方程采用 Newmark-β 求解，系数取值为 $\alpha_n = 0.5$、$\beta_n = 0.5$。

为验证自编程序的有效性，采用 ANSYS 软件建立了该框架结构的有限元模型，梁、柱采用 BEAM188 单元模拟，板采用 SEHLL181 单元模拟，由于 BEAM188 单元对单元数量很敏感，建模时需要划分足够多的单元来保证结果精度。ANSYS 有限元模型的几何尺寸、材料的密度、弹性模量等参数与 MATLAB 模型保持一致，两个模型的地震波均选用 El-Centro 波（南北分量），地震持时均为 30s，地震波步长 0.02s，地震加速度时程曲线的最大值均调整为 70Gal，如图 8-3 所示，地震波作用方向均为 X 向。然后分别对两个模型进行了模态分析和动力时程分析，两个模型的自振频率计算结果对比见表 8-1，模型的动力时程分析结果对比分别如图 8-4 和图 8-5 所示。

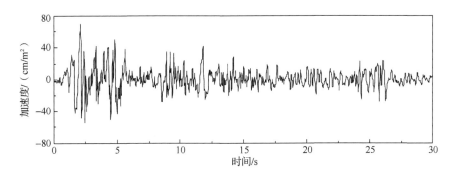

图 8-3　加速度峰值为 70Gal 的 El-centro 波

表 8-1　结构前十阶自振频率计算结果对比

项目	自振频率									
	1 阶	2 阶	3 阶	4 阶	5 阶	6 阶	7 阶	8 阶	9 阶	10 阶
ANSYS	0.9514	1.1060	1.2090	3.0945	3.5560	3.8583	5.9797	6.6244	7.2301	9.5158
作者程序	0.9345	1.0831	1.2018	3.0430	3.4836	3.8352	5.8833	6.4935	7.1749	9.3829
误差/%	−1.78	−2.07	−0.60	−1.66	−2.04	−0.60	−1.61	−1.98	−0.76	−1.40

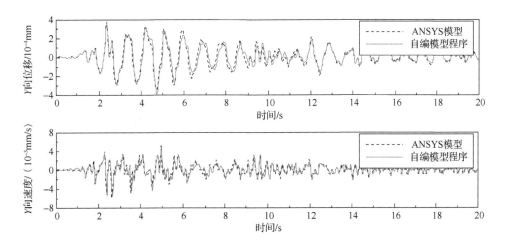

图 8-4　El-Centro 波 X 向激励下 72 号结点 Y 向时程响应对比

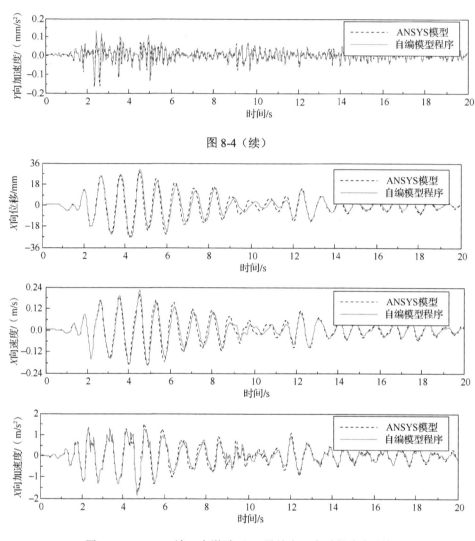

图 8-4（续）

图 8-5　El-Centro 波 X 向激励下 72 号结点 X 向时程响应对比

%%%%%%%%%%%%%%三维框架模型验证 MATLAB 主程序%%%%%%%%%%%%%

　%该程序首先读入前面输出的结构总体刚度矩阵和总体质量矩阵，并计算结构的 Rayleigh 阻尼矩阵；然后单向输入地震波，并采用 Newmark-β 法计算空间框架的三维动力时程响应；最后将作者自编的 MATLAB 程序计算结果和利用 ANSYS 软件建模仿真计算的结果进行对比，从而验证作者自编程序的正确性。需要说明的是，由于 ANSYS 软件的动力时程响应分析采用 Newmark-β 法求解，故作者此处也采用 Newmark-β 法求解。此外，ANSYS 有限元模型中 BEAM188 单元对单元数量非常敏感，单元数量较少时对计算结果影响很大，每根杆件的单元份数不小于 4 时，自振频率计算结果比较准确。%

```
clear,clc
```
　%开始读入结构的总体刚度矩阵和总体质量矩阵，并计算结构的 Rayleigh 阻尼矩阵%

```
K=load('K.txt');
M=load('M.txt');
[x,d]=eig(K,M);
d=sqrt(d);                        %计算结构的模态信息
w=sort(diag(d));
a=2*w(1)*w(2)*(0.05*w(2)-0.05*w(1))/(w(2)^2-w(1)^2);
b=2*(0.05*w(2)-0.05*w(1))/(w(2)^2-w(1)^2);
C0=a*M+b*K;                       %计算结构的 Rayleigh 阻尼
%%%%%%%%%结构的 Rayleigh 阻尼矩阵计算完毕%%%%%%%%%
%%%%%%%%%%%%%%开始读入地震波数据%%%%%%%%%%%%%%%
dt=0.02;
xg=load('70Gal_EL.txt');
lt=length(xg);
t=0:dt:(lt-1)*dt;
[n,n]=size(K);
for i=1:n/6
    unit(6*i-5,1)=1;
    unit(6*i-4,1)=0;
    unit(6*i-3,1)=0;
    unit(6*i-2,1)=0;
    unit(6*i-1,1)=0;
    unit(6*i,1)=0;
end
%%%%%%%%%%%%%%地震波数据读入完毕%%%%%%%%%%%%%%%
%%%%%开始未控结构动力时程响应分析（Newmark-β 法）%%%%%
alphan=0.5; betan=0.5;        %Newmark-β 法中的系数
nc=4;
disbc=zeros(3*nc,lt);         %底部结点位移、速度、加速度边界条件
velbc=zeros(3*nc,lt);
accbc=zeros(3*nc,lt);
dist=zeros(n,1);              %未控结构 t 时刻前所有结点的位移（单位：m）
velt=zeros(n,1);             %未控结构 t 时刻前所有结点的速度（单位：m/s）
acct=zeros(n,1);            %未控结构 t 时刻前所有结点的加速度(单位:m/s^2)
el=inv(K+M/(alphan*dt^2)+C0*betan/(alphan*dt));
II=1
for it=1:lt-1
    pm=dist(:,it)/(alphan*dt^2)+velt(:,it)/(alphan*dt)+acct(:,it)*
(0.5/alphan-1);
    pc=dist(:,it)*betan/(alphan*dt)+velt(:,it)*(betan/alphan-1)+
acct(:,it)*(0.5*betan/alphan-1)*dt;
```

```
        er=-M*unit*xg(it+1)+M*pm+C0*pc;
        dist(:,it+1)=el*er;
        acct(:,it+1)=(dist(:,it+1)-dist(:,it))/(alphan*dt^2)-velt
(:,it)/(alphan*dt)-acct(:,it)*(0.5/alphan-1);
        velt(:,it+1)=velt(:,it)+acct(:,it)*(1-betan)*dt+acct(:,it+1)*
betan*dt;
        II=II+1
    end
%%%%%未控结构动力时程响应分析结束（Newmark-β 法）%%%%%
%%%%%%%%%开始整理结构动力响应分析结果%%%%%%%%%%
node=72;                %结点编号
nc=8;                   %固结结点总数
DOFX=(node-nc)*6-5;     %结点 X 向自由度编号
DOFY=(node-nc)*6-4;     %结点 Y 向自由度编号
Adx=load('Adx.txt');    %读入 72 号结点的 X 向位移时程（ANSYS 模型结果）
Avx=load('Avx.txt');    %读入 72 号结点的 X 向速度时程（ANSYS 模型结果）
Aax=load('Aax.txt');    %读入 72 号结点的 X 向加速度时程（ANSYS 模型结果）
Adz=load('Adz.txt');    %读入 72 号结点的 Y 向位移时程（ANSYS 模型结果）
Avz=load('Avz.txt');    %读入 72 号结点的 Y 向速度时程（ANSYS 模型结果）
Aaz=load('Aaz.txt');    %读入 72 号结点的 Y 向加速度时程（ANSYS 模型结果）
%%%绘制结构 72 号结点 Y 向位移、速度和加速度动力时程响应结果对比图（MATLAB 计
算结果和 ANSYS 模型结果）%
subplot(3,1,1)
hold on
plot(t(1:1001),Adz(:,1),'k',t(1:1001),-1000*dist(DOFY,1:1001),'r');
xlim([0 20])
ylim([-0.0004 0.0004])
xlabel('时间（s）', 'FontSize',6,'FontName','Times New Roman')
ylabel('Y 向位移（mm）', 'FontSize',6,'FontName','Times New Roman')
set(gca,'linewidth',1, 'box', 'on', 'FontSize',6,'FontName','
Times New Roman','XTick',0:2:20,'YTick',-0.0004:0.0002:0.0004);
subplot(3,1,2)
hold on
plot(t(1:1001),1000*Avz(:,1),'k',t(1:1001),-1000*velt(DOFY,1:10
01),'r');
xlim([0 20])
ylim([-0.008 0.008])
xlabel('时间（s）', 'FontSize',6,'FontName','Times New Roman')
ylabel('Y 向速度(mm/s)', 'FontSize',6,'FontName','Times New Roman')
set(gca,'linewidth',1, 'box', 'on', 'FontSize',6,'FontName',
```

```
'Times New Roman','XTick',0:2:20,'YTick',-0.008:0.004:0.008);
    subplot(3,1,3)
    hold on
    plot(t(1:1001),1000*Aaz(:,1),'k',t(1:1001),-1000*acct(DOFY,1:10
01),'r');
    xlim([0 20])
    ylim([-0.2 0.2])
    xlabel('时间（s）', 'FontSize',6,'FontName','Times New Roman')
    ylabel('Y 向加速度（mm/s2）', 'FontSize',6,'FontName','Times New
Roman')
    set(gca,'linewidth',1, 'box', 'on', 'FontSize',6,'FontName',
'Times New Roman','XTick',0:2:20,'YTick',-0.2:0.1:0.2);
    %结构 72 号结点 Y 向位移、速度和加速度动力时程响应结果对比图绘制完毕%
    %%%绘制结构 72 号结点 X 向位移、速度和加速度动力时程响应结果对比图（MATLAB 计
算结果和 ANSYS 模型结果）%
    subplot(3,1,1)
    plot(t(1:1001),Adx(:,1),'k',t(1:1001),1000*dist(DOFX,1:1001),'r');
    xlim([0 20])
    ylim([-36 36])
    xlabel('时间（s）', 'FontSize',6,'FontName','Times New Roman')
    ylabel('X 向位移（mm）', 'FontSize',6,'FontName','Times New Roman')
    set(gca,'linewidth',1, 'box', 'on', 'FontSize',6,'FontName',
'Times New Roman','XTick',0:2:20,'YTick',-36:18:36);
    subplot(3,1,2)
    plot(t(1:1001),Avx(:,1),'k',t(1:1001),velt(DOFX,1:1001),'r');
    xlim([0 20])
    ylim([-0.24 0.24])
    xlabel('时间（s）', 'FontSize',6,'FontName','Times New Roman')
    ylabel('X 向速度（m/s）','FontSize',6,'FontName','Times New Roman')
    set(gca,'linewidth',1, 'box', 'on', 'FontSize',6,'FontName',
'Times New Roman','XTick',0:2:20,'YTick', -0.24:0.12:0.24);
    subplot(3,1,3)
    plot(t(1:1001),Aax(:,1),'k',t(1:1001),acct(DOFX,1:1001),'r');
    xlim([0 20])
    ylim([-2 2])
    xlabel('时间（s）', 'FontSize',6,'FontName','Times New Roman')
    ylabel('X 向加速度（m/s2）','FontSize',6,'FontName','Times New Roman')
    set(gca,'linewidth',1, 'box', 'on', 'FontSize',6,'FontName',
'Times New Roman','XTick',0:2:20,'YTick',-2:1:2);
    %结构 72 号结点 X 向位移、速度和加速度动力时程响应结果对比图绘制完毕%
```

8.4　未控和设置磁流变阻尼器的三维框架模型地震响应分析 MATLAB 程序代码

　　未控和设置磁流变阻尼器的有控结构如图 8-1 所示,采用 LQR 控制算法计算磁流变阻尼器的最优控制力,LQR 控制算法中的权矩阵系数 $\alpha=100$、$\beta=1\times10^{-5}$,取单个磁流变阻尼器的最大阻尼力为 200kN,最小阻尼力为 10kN,采用图 6-2 中的半主动控制算法对磁流变阻尼器的阻尼力进行半主动调节。对于采用 MATLAB 软件编制的磁流变阻尼器有控三维框架结构模型程序,结构阻尼按 Rayleigh 阻尼由前 2 阶振型阻尼比确定,即 $C=a_0M+a_1K$,a_0 和 a_1 为 Rayleigh 阻尼常数,结构前 2 阶振型阻尼比为 5%。有控结构的动力学方程仍然采用 Newmark-β 求解,系数取值为 $\alpha_n=0.5$、$\beta_n=0.5$。

```
%%%%%%%设置磁流变阻尼器三维框架模型地震响应分析主程序%%%%%%%
%该程序首先读入前面输出的结构总体刚度矩阵和总体质量矩阵,并计算结构的
Rayleigh 阻尼矩阵;然后双向输入地震波,X 向与 Y 向地震波加速度峰值之比为 1:0.85,
并采用 Newmark-β 法计算空间框架的三维动力时程响应;最后计算未控和磁流变阻尼器有控
结构在双向水平地震作用下的三维动力时程响应。%
clear,clc
%开始读入结构的总体刚度矩阵和总体质量矩阵,并计算结构的 Rayleigh 阻尼矩阵%
K=load('K.txt');
M=load('M.txt');
[x,d]=eig(K,M);
d=sqrt(d);
w=sort(diag(d));
a=2*w(1)*w(2)*(0.05*w(2)-0.05*w(1))/(w(2)^2-w(1)^2);
b=2*(0.05*w(2)-0.05*w(1))/(w(2)^2-w(1)^2);
C0=a*M+b*K;
nn=72;                                    %nn 为总结点个数
nc=8;                                     %nc 为底层柱子个数
%%%%%%%%%结构的 Rayleigh 阻尼矩阵计算完毕%%%%%%%%%%
%%%%%%%%%%%%%开始读入地震波数据%%%%%%%%%%%%%%%
dt=0.02;                                  %采样周期
xg=load('kobens.txt');
lt=1501;                                  %地震波数据的数量
xg=2.0*xg(:,2)/max(abs(xg(:,2)));         %调整地震波幅值到 200Gal
%%%%%%%%%地震波数据读入及幅值调整完毕%%%%%%%%%%
%%%%%开始计算未控结构动力时程响应(Newmark-β 法)%%%%%
```

```
alphan=0.5; betan=0.5;              %Newmark-β法中的系数
disbc=zeros(6*nc,lt);               %底部结点位移、速度、加速度边界条件
velbc=zeros(6*nc,lt);
accbc=zeros(6*nc,lt);
dist=zeros(6*nn-6*nc,1);            %未控结构 t 时刻前所有结点的位移（单位：m）
velt=zeros(6*nn-6*nc,1);            %未控结构 t 时刻前所有结点的速度（单位：m/s）
acct=zeros(6*nn-6*nc,1);            %未控结构 t 时刻前所有结点的加速度（单位：
                                     m/s^2）
for i=1:(6*nn-6*nc)/6
    unit(6*i-5,1)=1;                %X 向地震波幅值系数
    unit(6*i-4,1)=0.85;             %Y 向地震波幅值系数
    unit(6*i-3,1)=0;
    unit(6*i-2,1)=0;
    unit(6*i-1,1)=0;
    unit(6*i,1)=0;
end
el=inv(K+M/(alphan*dt^2)+C0*betan/(alphan*dt));
II=1
for it=1:lt-1
    pm=dist(:,it)/(alphan*dt^2)+velt(:,it)/(alphan*dt)+
acct(:,it)*(0.5/alphan-1);
    pc=dist(:,it)*betan/(alphan*dt)+velt(:,it)*(betan/alphan-1)+
acct(:,it)*(0.5*betan/alphan-1)*dt;
    er=-M*unit*xg(it+1)+M*pm+C0*pc;
    dist(:,it+1)=el*er;
    acct(:,it+1)=(dist(:,it+1)-dist(:,it))/(alphan*dt^2)-velt
(:,it)/(alphan*dt)-acct(:,it)*(0.5/alphan-1);
    velt(:,it+1)=velt(:,it)+acct(:,it)*(1-betan)*dt+acct(:,it+1)
*betan*dt;
    II=II+1
end
dist=[disbc;dist];                  %各结点位移时程记录（单位：m）
velt=[velbc;velt];                  %各结点速度时程记录（单位：m/s）
acct=[accbc;acct];                  %各结点加速度时程记录（单位：m/s^2）
%%%%%%未控结构动力时程响应计算结束（Newmark-β法）%%%%%%
%%%%%开始计算设置磁流变阻尼器结构的动力时程响应（Newmark-β法）%%%%%
%%%%%%开始计算磁流变阻尼器位置矩阵 H%%%%%%
xdln=[2 3 10 11;10 11 18 19;18 19 26 27;26 27 34 35;6 7 14 15;
    14 15 22 23; 22 23 30 31; 30 31 38 39];    %X 向阻尼器结点位置
ydln=[1 5 9 13;9 13 17 21;17 21 25 29;25 29 33 37;4 8 12 16;
```

```
     12 16 20 24; 20 24 28 32];                    %Y 向阻尼器结点位置
dln=[xdln;ydln];
[ax bx]=size(xdln);
[ay by]=size(ydln);
aa=ax+ay;
H=zeros(6*nn-6*nc,aa);
for ii=1:aa
    for jj=1:2
        ln=dln(ii,jj);
        if ii<ax+1&&ln>8
            H(6*(ln-nc)-5,ii)=0.5;
        else if ii>ax&&ln>8
                H(6*(ln-nc)-4,ii)=0.5;
            end
        end
    end
    for jj=3:4
        ln=dln(ii,jj);
        if ii<ax+1
            H(6*(ln-nc)-5,ii)=-0.5;
        else if ii>ax
                H(6*(ln-nc)-4,ii)=-0.5;
            end
        end
    end
end
%%%%%%%磁流变阻尼器的位置矩阵 H 计算完毕%%%%%%%
alfa=100;beita=1e-5;                %LQR 控制算法中的权矩阵系数
A=[zeros(6*nn-6*nc) eye(6*nn-6*nc);-inv(M)*K -inv(M)*C0];
B=[zeros(6*nn-6*nc,aa);inv(M)*H];
Q=alfa*[K zeros(6*nn-6*nc);zeros(6*nn-6*nc) M];
R=beita*eye(aa);
G=lqr(A,B,Q,R);                     %LQR 控制算法
distc=zeros(6*nn-6*nc,1);           %有控结构 t 时刻前所有结点的位移(单位:m)
veltc=zeros(6*nn-6*nc,1);           %有控结构 t 时刻前所有结点的速度(单位:m/s)
acctc=zeros(6*nn-6*nc,1);           %有控结构 t 时刻前所有结点的加速度(单位:
                                       m/s^2)
Fd=zeros(aa,1);
el=inv(K+M/(alphan*dt^2)+C0*betan/(alphan*dt));
JJ=1
```

```
for it=1:lt-1
    pm=distc(:,it)/(alphan*dt^2)+veltc(:,it)/(alphan*dt)+acctc
(:,it)*(0.5/alphan-1);
    pc=distc(:,it)*betan/(alphan*dt)+veltc(:,it)*(betan/
alphan-1)+acctc(:,it)*(0.5*betan/alphan-1)*dt;
    er=-M*unit*xg(it)-H*Fd(:,it)+M*pm+C0*pc;
    distc(:,it+1)=el*er;
    acctc(:,it+1)=(distc(:,it+1)-distc(:,it))/(alphan*dt^2)
-veltc(:,it)/(alphan*dt)-acctc(:,it)*(0.5/alphan-1);
    veltc(:,it+1)=veltc(:,it)+acctc(:,it)*(1-betan)*dt+acctc
(:,it+1)*betan*dt;
    Z(:,it+1)=[distc(:,it+1);veltc(:,it+1)];
    U(:,it+1)=G*Z(:,it+1);                 %最优阻尼力
    du=distc(:,it+1)-distc(:,it);
    du=[disbc(:,it+1);du];
    for j=1:aa;                            %最优阻尼力半主动调节
        if j<=ax;
            ddu(j,it+1)=du(6*dln(j,4)-5)-du(6*dln(j,2)-5);
        else
            ddu(j,it+1)=du(6*dln(j,4)-4)-du(6*dln(j,2)-4);
        end
        if U(j,it+1)*ddu(j,it+1)>0;
            Fd(j,it+1)=-sign(ddu(j,it+1))*10000;
        elseif abs(U(j,it+1))>200000;      %最大阻尼力不超过 200kN
            Fd(j,it+1)=-sign(ddu(j,it+1))*200000;
            elseif abs(U(j,it+1))<10000;   %最小阻尼力不低于 10kN
                Fd(j,it+1)=-sign(ddu(j,it+1))*10000;
        else
            Fd(j,it+1)=U(j,it+1);
        end
    end
    JJ=JJ+1
end
distc=[disbc;distc];                 %各结点位移时程记录（单位：m）
veltc=[velbc;veltc];                 %各结点速度时程记录（单位：m/s）
acctc=[accbc;acctc];                 %各结点加速度时程记录（单位：m/s^2）
%%%%磁流变阻尼器有控结构的动力时程响应计算结束（Newmark-β 法）%%%%
%%%%%%%%%%输入结点编号，以便观察该结点在未控和磁流变阻尼器有控结构中的多维
时程响应结果%%%%%%%%%%%%%%%
node=72;                             %结点编号
```

```
DOFX=node*6-5;                    %结点 X 向自由度编号
DOFY=node*6-4;                    %结点 Y 向自由度编号
DOFZ=node*6-3;                    %结点 Z 向自由度编号
%%%%%%%%%开始绘制所选结点的三向位移减震图%%%%%%%%%%
t=0:0.02:(lt-1)*0.02;
subplot(3,1,1)
plot(t,1000*dist(DOFX,:),'k',t,1000*distc(DOFX,:),'r');
                                 %结点 72X 向有控、未控对比
xlim([0 30])
ylim([-120 120])
xlabel('时间（s）', 'FontSize',6,'FontName','Times New Roman')
ylabel('X 向位移（mm）', 'FontSize',6,'FontName','Times New Roman')
set(gca,'linewidth',1,  'box',  'on',  'FontSize',6,'FontName',
'Times New Roman','XTick',0:5:30,'YTick',-120:40:120);
subplot(3,1,2)
plot(t,1000*dist(DOFY,:),'k',t,1000*distc(DOFY,:),'r');
                                 %结点 72Y 向有控、未控对比
xlim([0 30])
ylim([-80 100])
xlabel('时间（s）', 'FontSize',6,'FontName','Times New Roman')
ylabel('Y 向位移（mm）', 'FontSize',6,'FontName','Times New Roman')
set(gca,'linewidth',1,  'box',  'on',  'FontSize',6,'FontName',
'Times New Roman','XTick',0:5:30,'YTick',-80:40:100);
subplot(3,1,3)
plot(t,1000*dist(DOFZ,:),'k',t,1000*distc(DOFZ,:),'r');
                                 %结点 72Z 向有控、未控对比
xlim([0 30])
ylim([-2.4 2.4])
xlabel('时间（s）', 'FontSize',6,'FontName','Times New Roman')
ylabel('Z 向位移（mm）', 'FontSize',6,'FontName','Times New Roman')
set(gca,'linewidth',1,  'box',  'on',  'FontSize',6,'FontName',
'Times New Roman','XTick',0:5:30,'YTick',-2.4:1.2:2.4);
%%%%%%%%%所选结点的三向位移减震图绘制完毕%%%%%%%%%%
%%%%%%%%%开始绘制所选结点的三向速度减震图%%%%%%%%%%
subplot(3,1,1)
plot(t,velt(DOFX,:),'k',t,veltc(DOFX,:),'r');
                                 %结点 72X 向有控、未控对比
xlim([0 30])
ylim([-0.8 0.8])
xlabel('时间（s）', 'FontSize',6,'FontName','Times New Roman')
```

```
    ylabel('X 向速度（m/s）', 'FontSize',6,'FontName','Times New Roman')
    set(gca,'linewidth',1, 'box', 'on', 'FontSize',6,'FontName',
'Times New Roman','XTick',0:5:30,'YTick',-0.8:0.4:0.8);
    subplot(3,1,2)
    plot(t,velt(DOFY,:),'k',t,veltc(DOFY,:),'r');
                                    %结点 72Y 向有控、未控对比
    xlim([0 30])
    ylim([-0.6 0.8])
    xlabel('时间（s）', 'FontSize',6,'FontName','Times New Roman')
    ylabel('Y 向速度（m/s）', 'FontSize',6,'FontName','Times New Roman')
    set(gca,'linewidth',1, 'box', 'on', 'FontSize',6,'FontName',
'Times New Roman','XTick',0:5:30,'YTick',-0.6:0.2:0.8);
    subplot(3,1,3)
    plot(t,velt(DOFZ,:),'k',t,veltc(DOFZ,:),'r');
                                    %结点 72Z 向有控、未控对比
    xlim([0 30])
    ylim([-0.016 0.016])
    xlabel('时间（s）', 'FontSize',6,'FontName','Times New Roman')
    ylabel('Z 向速度（m/s）', 'FontSize',6,'FontName','Times New Roman')
    set(gca,'linewidth',1, 'box', 'on', 'FontSize',6,'FontName',
'Times New Roman','XTick',0:5:30,'YTick',-0.016:0.008:0.016);
    %%%%%%%%所选结点的三向速度减震图绘制完毕%%%%%%%%%%
    %%%%%%%开始绘制所选结点的三向加速度减震图%%%%%%%%%%
    subplot(3,1,1)
    plot(t,acct(DOFX,:),'k',t,acctc(DOFX,:),'r');
                                    %结点 72X 向有控、未控对比
    xlim([0 30])
    ylim([-6.6 6.6])
    xlabel('时间（s）', 'FontSize',6,'FontName','Times New Roman')
    ylabel('X 向加速度（m/s2）','FontSize',6,'FontName','Times New Roman')
    set(gca,'linewidth',1, 'box', 'on', 'FontSize',6,'FontName',
'Times New Roman','XTick',0:5:30,'YTick',-6.6:3.3:6.6);
    subplot(3,1,2)
    plot(t,acct(DOFY,:),'k',t,acctc(DOFY,:),'r');
                                    %结点 72Y 向有控、未控对比
    xlim([0 30])
    ylim([-4.8 4.8])
    xlabel('时间（s）', 'FontSize',6,'FontName','Times New Roman')
    ylabel('Y 向加速度（m/s2）','FontSize',6,'FontName','Times New Roman')
    set(gca,'linewidth',1, 'box', 'on', 'FontSize',6,'FontName',
```

```
'Times New Roman','XTick',0:5:30,'YTick',-4.8:2.4:4.8);
    subplot(3,1,3)
    plot(t,acct(DOFZ,:),'k',t,acctc(DOFZ,:),'r');
                                %结点72Z向有控、未控对比
    xlim([0 30])
    ylim([-0.16 0.16])
    xlabel('时间（s）', 'FontSize',6,'FontName','Times New Roman')
    ylabel('Z向加速度（m/s2）','FontSize',6,'FontName','Times New Roman')
    set(gca,'linewidth',1, 'box', 'on', 'FontSize',6,'FontName',
'Times New Roman','XTick',0:5:30,'YTick',-0.16:0.08:0.16);
    %%%%%%%%所选结点的三向加速度减震图绘制完毕%%%%%%%%%%
    %%%%开始绘制未控结构顶层位移扭转动力时程响应对比图%%%%%%
    subplot(2,1,1)
    plot(t,1000*dist(68*6-5,:),'k:',t,1000*dist(DOFX,:),'r');
                                %结点68、72X向位移对比（都是未控状态）
    xlim([0 30])
    ylim([-120 120])
    xlabel('时间（s）', 'FontSize',6,'FontName','Times New Roman')
    ylabel('X向位移（mm）', 'FontSize',6,'FontName','Times New Roman')
    set(gca,'linewidth',1, 'box', 'on', 'FontSize',6,'FontName',
'Times New Roman','XTick',0:5:30,'YTick',-120:60:120);
    subplot(2,1,2)
    plot(t,1000*dist(69*6-4,:),'k:',t,1000*dist(DOFY,:),'r');
                                %结点69、72Y向位移对比（都是未控状态）
    xlim([0 30])
    ylim([-110 110])
    xlabel('时间（s）', 'FontSize',6,'FontName','Times New Roman')
    ylabel('Y向位移（mm）', 'FontSize',6,'FontName','Times New Roman')
    set(gca,'linewidth',1, 'box', 'on', 'FontSize',6,'FontName',
'Times New Roman','XTick',0:5:30,'YTick',-110:55:110);
    %%%%%未控结构顶层位移扭转动力时程响应对比图绘制完毕%%%%%
    %%%开始绘制磁流变阻尼器有控结构顶层位移扭转动力时程响应对比图%%%%
    subplot(2,1,1)
    plot(t,1000*distc(68*6-5,:),'k:',t,1000*distc(DOFX,:),'r');
                                %结点68、72X向位移对比（都是有控状态）
    xlim([0 30])
    ylim([-50 75])
    xlabel('时间（s）', 'FontSize',6,'FontName','Times New Roman')
    ylabel('X向位移（mm）', 'FontSize',6,'FontName','Times New Roman')
    set(gca,'linewidth',1, 'box', 'on', 'FontSize',6,'FontName',
```

```
'Times New Roman','XTick',0:5:30,'YTick',-50:25:75);
    subplot(2,1,2)
    plot(t,1000*distc(69*6-4,:),'k:',t,1000*distc(DOFY,:),'r');
                        %结点 69、72Y 向位移对比（都是有控状态）
    ylim([-50 75])
    xlabel('时间（s）', 'FontSize',6,'FontName','Times New Roman')
    ylabel('Y 向位移（mm）', 'FontSize',6,'FontName','Times New Roman')
    set(gca,'linewidth',1,   'box',   'on',   'FontSize',6,'FontName',
'Times New Roman','XTick',0:5:30,'YTick',-50:25:75);
    %%%%%磁流变阻尼器有控结构顶层位移扭转动力时程响应对比图绘制完毕%%%%
    %%%%开始绘制未控及磁流变阻尼器有控结构各层 X 向最大响应包络图%%%%
    F=[0 1 2 3 4 5 6 7 8];
    nfout=[5 13 21 29 37 45 53 61 69];
    for i=1:length(nfout)
        niout=nfout(i);
        maxunxdis(i)=max(abs(dist(6*niout-5,:)));
        maxunxv(i)=max(abs(velt(6*niout-5,:)));
        maxunxa(i)=max(abs(acct(6*niout-5,:)));
        maxcxdis(i)=max(abs(distc(6*niout-5,:)));
        maxcxv(i)=max(abs(veltc(6*niout-5,:)));
        maxcxa(i)=max(abs(acctc(6*niout-5,:)));
    end
    xdispercentage=(maxunxdis-maxcxdis)./maxunxdis;
    xvpercentage=(maxunxv-maxcxv)./maxunxv;
    xapercentage=(maxunxa-maxcxa)./maxunxa;

    subplot(1,3,1)
    plot(1000*maxunxdis,F,'k:o',1000*maxcxdis,F,'r-s')
    xlim([0 120])
    ylim([0 8])
    xlabel('位移（mm）', 'FontSize',6,'FontName','Times New Roman')
    ylabel('楼层', 'FontSize',6,'FontName','Times New Roman')
    set(gca,'linewidth',1,   'box',   'on',   'FontSize',6,'FontName',
'Times New Roman','XTick',0:30:120,'YTick',0:1:8);
    subplot(1,3,2)
    plot(100*maxunxv,F,'k:o',100*maxcxv,F,'r-s')
    xlim([0 80])
    ylim([0 8])
    xlabel('速度（cm/s）', 'FontSize',6,'FontName','Times New Roman')
    ylabel('楼层', 'FontSize',6,'FontName','Times New Roman')
```

```
    set(gca,'linewidth',1,  'box',  'on',  'FontSize',6,'FontName',
'Times New Roman','XTick',0:20:80,'YTick',0:1:8);
    subplot(1,3,3)
    plot(maxunxa,F,'k:o',maxcxa,F,'r-s')
    xlim([0 8])
    ylim([0 8])
    xlabel('加速度（m/s2）','FontSize',6,'FontName','Times New Roman')
    ylabel('楼层','FontSize',6,'FontName','Times New Roman')
    set(gca,'linewidth',1,  'box',  'on',  'FontSize',6,'FontName',
'Times New Roman','XTick',0:2:8,'YTick',0:1:8);
    %%%%未控及磁流变阻尼器有控结构各层X向最大响应包络图绘制完毕%%%%
    %%%%开始绘制未控及磁流变阻尼器有控结构各层Y向最大响应包络图%%%%
    F=[0 1 2 3 4 5 6 7 8];
    nfout=[5 13 21 29 37 45 53 61 69];
    for i=1:length(nfout)
        niout=nfout(i);
        maxunydis(i)=max(abs(dist(6*niout-4,:)));
        maxunyv(i)=max(abs(velt(6*niout-4,:)));
        maxunya(i)=max(abs(acct(6*niout-4,:)));
        maxcydis(i)=max(abs(distc(6*niout-4,:)));
        maxcyv(i)=max(abs(veltc(6*niout-4,:)));
        maxcya(i)=max(abs(acctc(6*niout-4,:)));
    end
    ydispercentage=(maxunydis-maxcydis)./maxunydis;
    yvpercentage=(maxunyv-maxcyv)./maxunyv;
    yapercentage=(maxunya-maxcya)./maxunya;

    subplot(1,3,1)
    plot(1000*maxunydis,F,'k:o',1000*maxcydis,F,'r-s')
    xlim([0 120])
    ylim([0 8])
    xlabel('位移（mm）','FontSize',6,'FontName','Times New Roman')
    ylabel('楼层','FontSize',6,'FontName','Times New Roman')
    set(gca,'linewidth',1,  'box',  'on',  'FontSize',6,'FontName',
'Times New Roman','XTick',0:30:120,'YTick',0:1:8);
    subplot(1,3,2)
    plot(100*maxunyv,F,'k:o',100*maxcyv,F,'r-s')
    xlim([0 80])
    ylim([0 8])
    xlabel('速度（cm/s）','FontSize',6,'FontName','Times New Roman')
```

```
ylabel('楼层', 'FontSize',6,'FontName','Times New Roman')
    set(gca,'linewidth',1, 'box', 'on', 'FontSize',6,'FontName',
'Times New Roman','XTick',0:20:80,'YTick',0:1:8);
    subplot(1,3,3)
    plot(maxunya,F,'k:o',maxcya,F,'r-s')
    xlim([0 8])
    ylim([0 8])
    xlabel('加速度（m/s2）','FontSize',6,'FontName','Times New Roman')
    ylabel('楼层', 'FontSize',6,'FontName','Times New Roman')
    set(gca,'linewidth',1, 'box', 'on', 'FontSize',6,'FontName',
'Times New Roman','XTick',0:2:8,'YTick',0:1:8);
    %%%%未控及磁流变阻尼器有控结构各层 Y 向最大响应包络图绘制完毕%%%%
```

　　未设置和设置磁流变阻尼器三维框架结构的时程响应计算结果对比分别如图 8-6～图 8-10 所示。

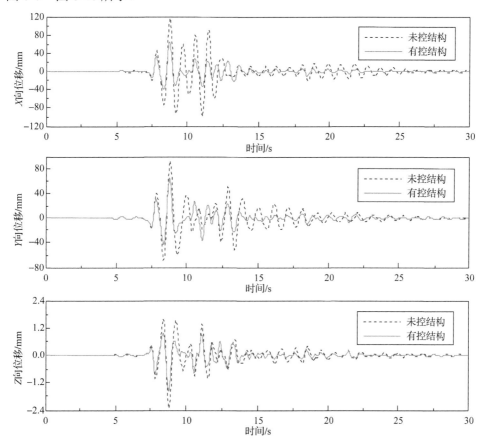

图 8-6　未控和有控 RC 框架结构 72 号结点三向位移时程响应对比

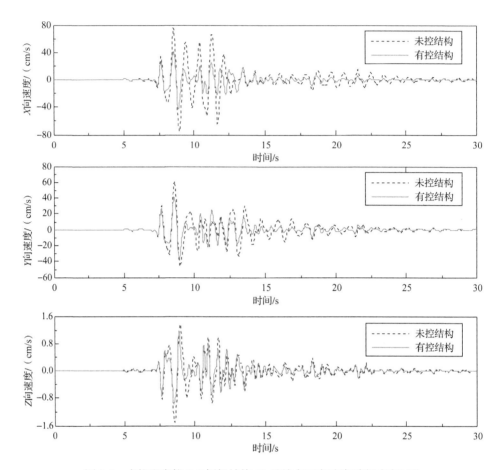

图 8-7　未控和有控 RC 框架结构 72 号结点三向速度时程响应对比

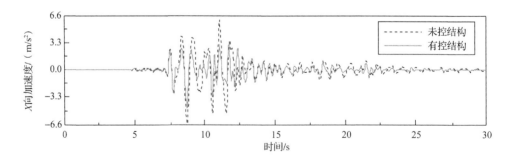

图 8-8　未控和有控 RC 框架结构 72 号结点三向加速度时程响应对比

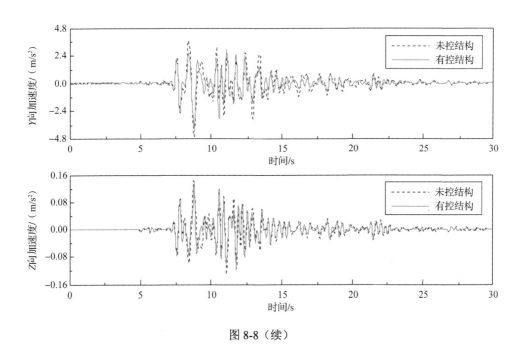

图 8-8（续）

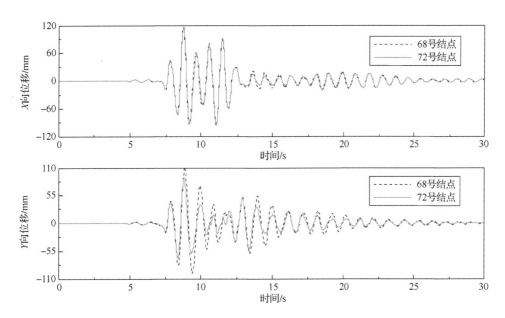

图 8-9　未控框架结构顶层结点水平向位移时程响应对比

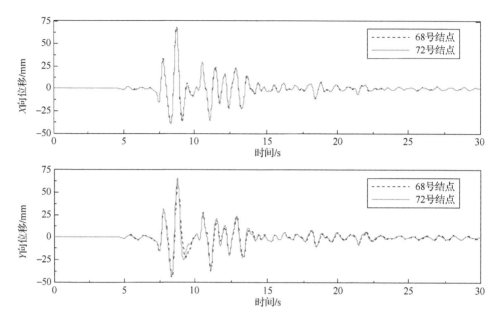

图 8-10　有控框架结构顶层结点水平向位移时程响应对比

未控和有控结构各层的最大位移、最大速度包络线如图 8-11 和图 8-12 所示。

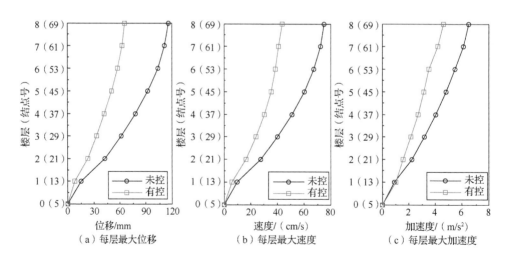

（a）每层最大位移　　　（b）每层最大速度　　　（c）每层最大加速度

图 8-11　未控和有控结构各层 X 向的最大响应包络线

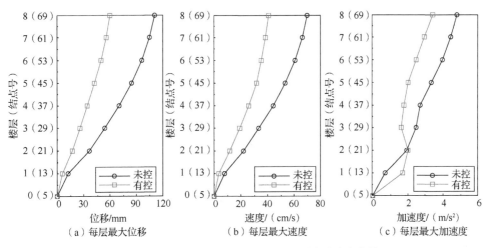

图 8-12　未控和有控结构各层 Y 向的最大响应包络线

　　未控和有控结构各层的最大位移、最大速度和最大加速度绝对值及减震百分比见表 8-2 和表 8-3。

表 8-2　未控和有控结构各层 X 向的最大响应绝对值及减震百分比

楼层 （结点）	最大位移/mm			最大速度/（cm/s）			最大加速度/（m/s²）		
	未控	有控	减震百分比	未控	有控	减震百分比	未控	有控	减震百分比
1（13）	15.36	8.58	44.12%	10.10	6.02	40.35%	0.92	1.05	−13.43%
2（21）	42.50	23.03	45.81%	27.71	16.62	40.02%	2.24	1.59	28.87%
3（29）	61.51	32.95	46.44%	39.99	23.98	40.03%	3.19	2.15	32.48%
4（37）	78.15	41.72	46.61%	50.88	30.31	40.42%	4.05	2.72	32.75%
5（45）	92.34	50.35	45.47%	60.13	35.17	41.51%	4.82	3.13	35.10%
6（53）	103.62	57.69	44.33%	67.35	38.54	42.77%	5.50	3.53	35.86%
7（61）	111.60	62.97	43.58%	72.36	40.85	43.55%	6.10	4.18	31.38%
8（69）	116.29	66.08	43.18%	75.29	43.33	42.45%	6.51	4.63	28.86%

表 8-3　未控和有控结构各层 Y 向的最大响应绝对值及减震百分比

楼层 （结点）	最大位移/mm			最大速度/（cm/s）			最大加速度/（m/s²）		
	未控	有控	减震百分比	未控	有控	减震百分比	未控	有控	减震百分比
1（13）	12.66	6.34	49.92%	7.86	3.77	52.10%	0.74	1.69	−126.88%
2（21）	36.41	17.55	51.79%	22.27	12.07	45.79%	1.92	2.04	−6.02%
3（29）	54.02	26.11	51.66%	33.61	19.31	42.55%	2.48	1.62	34.47%
4（37）	70.32	34.41	51.06%	44.38	26.24	40.88%	2.71	1.78	34.27%
5（45）	84.65	42.66	49.61%	53.69	31.77	40.82%	3.37	2.00	40.56%
6（53）	96.39	50.13	47.99%	60.98	35.54	41.71%	3.96	2.48	37.51%
7（61）	105.10	55.99	46.73%	66.42	38.59	41.91%	4.43	2.96	33.31%
8（69）	110.88	59.99	45.89%	69.93	40.83	41.62%	4.82	3.43	28.79%

主要参考文献

陈政清，2005．斜拉索风雨振现场观测与振动控制[J]．建筑科学与工程学报，22(4)：5-10．

陈政清，2006．永磁调节装配式磁流变阻尼器：200510031108.8[P]．2006-03-15．

程家喻，杨喆，1993．唐山地震人员震亡率与房屋倒塌率的相关分析[J]．地震地质，15(1)：82-87．

丁洁民，陈长嘉，吴宏磊，2019．隔震技术在大跨度复杂建筑中的应用现状及关键问题[J]．建筑结构学报，40(11)：
　　1-10．

杜修力，牛东旭，廖维张，2006．逆变型磁流变阻尼器的设计及性能试验[J]．振动与冲击，25(5)：49-53．

纪金豹，闫维明，周锡元，2005．逆变型磁流变阻尼器：200410068853.5[P]．2005-03-02．

李桂青，霍达，邹祖军，1991．结构控制理论及其应用[M]．武汉：武汉工业大学出版社．

李宏男，肖诗云，霍林生，2008．汶川地震震害调查与启示[J]．建筑结构学报，29(4)：10-19．

李卫华，2000．有关电流变液、磁流变液若干应用基础问题的研究[D]．合肥：中国科学技术大学．

李秀领，李宏男，2006．磁流变阻尼器的双 sigmoid 模型及试验验证[J]．振动与冲击，19(2)：168-172．

李云贵，黄吉锋，2009．钢筋混凝土结构重力二阶效应分析[J]．建筑结构学报，30(S1)：208-212，217．

李忠献，吕杨，徐龙河，等，2011．高层钢框架结构地震失效模式优化及损伤控制研究进展[J]．建筑结构学报，
　　32(12)：62-70．

李忠献，吕杨，徐龙河，等，2013．应用 MR 阻尼器的混合结构非线性地震损伤控制[J]．土木工程学报，46(9)：
　　38-45．

廖昌荣，余淼，杨建春，2003．汽车磁流变减振器神经网络模型研究[J]．中国公路学报，16(4)：94-97．

刘鸿文，2004．材料力学[M]．4 版．北京：高等教育出版社．

吕西林，陈云，毛苑君，2011．结构抗震设计的新概念：可恢复功能结构[J]．同济大学学报（自然科学版），39(7)：
　　941-948．

欧进萍，2003．结构振动控制：主动、半主动和智能控制[M]．北京：科学出版社．

欧进萍，关新春，1999．磁流变耗能器性能的试验研究[J]．地震工程与工程振动，19(4)：76-81．

钱若军，袁行飞，林智斌，2013．固体和结构分析理论和有限元法[M]．南京：东南大学出版社．

瞿伟廉，刘嘉，涂建维，2007．500kN 足尺磁流变阻尼器设计的关键技术[J]．地震工程与工程振动，27(2)：124-130．

瞿伟廉，秦顺全，涂建维，等，2010．武汉天兴洲公铁两用斜拉桥主梁和桥塔纵向列车制动响应智能控制的理论
　　与关键技术[J]．土木工程学报，43(8)：63-72．

沙凌锋，2008．磁流变阻尼器性能试验及其对建筑结构的减震研究[D]．南京：东南大学．

沈波，方秦，相恒波，2009．地冲击荷载作用下双层结构磁流变阻尼器隔震效果的数值模拟[J]．防灾减灾工程学
　　报，29(1)：27-34．

孙清，伍晓红，胡志义，2007．磁流变阻尼器性能试验及其非线性力学模型[J]．工程力学，24(4)：183-187．

万福磊，李云贵，2011．三维梁单元集中质量矩阵的形成方法研究[C]//崔京浩．第 20 届全国结构工程学术会议论
　　文集（第Ⅰ册）．北京：工程力学杂志社．

翁建生，胡海岩，2000．磁流变阻尼器的实验建模[J]．振动工程学报，13(4)：616-621．

徐斌，高跃飞，余龙，2009．MATLAB 有限元结构动力学分析与工程应用[M]．北京：清华大学出版社．

徐培福，黄吉锋，陈富盛，2017. 近50年剪力墙结构震害及其对抗震设计的启示[J]. 建筑结构学报，38(3)：1-13.

徐荣桥，2006. 结构分析的有限元法与MATLAB程序设计[M]. 北京：人民交通出版社.

徐姚，2019. 北京大兴国际机场：世界最大单体隔震建筑[EB/OL]. [2019-10-01]. https://www.cea.gov.cn/cea/xwzx/zyzt/5468685/5468686/5493650/index.html.

徐赵东，郭迎庆，2004. MATLAB语言在建筑抗震工程中的应用[M]. 北京：科学出版社.

徐赵东，李爱群，2005. 磁流变阻尼器带质量元素的温度唯象模型[J]. 工程力学，22(2)：144-148.

徐赵东，沈亚鹏，2003. 磁流变阻尼器的计算模型及仿真分析[J]. 建筑结构，33(1)：68-70.

徐芝纶，2013. 弹性力学简明教程 [M]. 4版. 北京：高等教育出版社.

薛晓敏，孙清，张陵，等，2010. 利用遗传算法的磁流变阻尼器结构含时滞半主动控制[J]. 西安交通大学学报，44(9)：122-127.

禹见达，陈政清，王修勇，2007. 磁流变阻尼器的非线性参数模型[J]. 振动与冲击，26(4)：14-17.

袁小钦，刘习军，张素侠，2012. MR-TMD减振系统对连续箱梁桥振动控制研究[J]. 振动与冲击，31(20)：153-157.

曾攀，2004. 有限元分析及应用[M]. 北京：清华大学出版社.

张香成，徐赵东，冉成崧，等，2013. 基于杆系模型的磁流变阻尼结构弹塑性动力反应分析[J]. 振动与冲击，32(6)：100-104.

张香成，徐赵东，王绍安，2013. 磁流变阻尼器的米氏模型及试验验证[J]. 工程力学，30(3)：251-255.

张香成，杨德民，尹卫红，等，2018. 一种具有自复位和耗能功能的钢筋混凝土摇摆剪力墙：CN2018109443840 2018[P]. 2018-12-21.

张香成，赵军，阮晓辉，等，2018. 一种具有双重自恢复能力的耗能剪力墙：CN2018109443747[P]. 2018-12-07.

张香成，周甲佳，徐志朋，2017. 磁流变阻尼器受控框架结构的空间杆系计算模型[J]. 振动与冲击，36(16)：176-181.

赵军，赵齐，陈纪伟，2016. CFRP筋钢筋混凝土剪力墙自复位性能试验研究[J]. 土木建筑与环境工程，38(3)：18-24.

赵军，沈富强，司晨哲，等，2018. CFRP筋/钢筋混凝土剪力墙抗震性能试验[J]. 建筑科学与工程学报，35(5)：46-53.

赵军，曾令昕，孙玉平，等，2019. 高强筋材混凝土剪力墙抗震及自复位性能试验研究[J]. 建筑结构学报，40(3)：176-183.

赵军，张香成，阮晓辉，等，2018. 一种可恢复功能耗能钢筋混凝土剪力墙及其建造方法：PCT/CN2018/098321[P]. 2018-08-24.

中华人民共和国住房和城乡建设部，2010. 高层建筑混凝土结构技术规程：JGJ 3—2010[S]. 北京：中国建筑工业出版社.

中华人民共和国住房和城乡建设部，2015. 建筑抗震试验规程：JGJ/T 101—2015[S]. 北京：中国建筑工业出版社.

周福霖，1997. 工程结构减振控制[M]. 北京：地震出版社.

周锡元，阎维明，2002. 建筑结构的隔震、减振和振动控制[J]. 建筑结构学报，23(2)：2-12.

周云，邓雪松，吴志远，2002. 磁流变阻尼器对高层建筑风振舒适度的半主动控制分析[J]. 地震工程与工程振动，22(6)：135-141.

朱杰江，吕西林，容柏生，2003. 高层混凝土结构重力二阶效应的影响分析[J]. 建筑结构学报，24(6)：38-43.

邹继斌，刘宝廷，崔淑梅，等，1998. 磁路与磁场[M]. 哈尔滨：哈尔滨工业大学出版社.

BINGHAM E C, GREEN H，1919. Paint, a plastic material and not a viscous liquid; the measurement of its mobility and yield value[C]//Proc. Am. Soc. Test. Mater, 19: 640-664.

CARLSON J D, CATANZARITE D M, CLAIR K A S, 1996. Commercial magneto-rheological fluid devices[J]. International journal of modern physics B, 10(23/24): 2857-2865.

CETIN S, ZERGEROGLU E, SIVRIOGLU S, et al. , 2011.A new semiactive nonlinear adaptive controller for structures using MR damper: design and experimental validation[J]. Nonlinear dynamics, 66(4): 731-743.

DE GANS B J, HOEKSTRA A H, MELLEMA J, 1999. Non-linear magnetorheological behaviour of an inverse ferrofluid[J]. Faraday discussions, 112: 209-224.

DE GANS B J, DUIN N J, VAN DEN ENDE D, 2000. Influence of particle size on the magnetorheological properties of an inverse ferrofluid[J]. Journal of chemical physics, 113(5): 2032-2042.

FELT D W, HAGENBUCHLE M, LIU J, et al. , 1996. Rheology of a magnetorheological fluid[J]. Journal of intelligent material systems and structures, 7(5): 589-593.

FUJITANI H, SODEYAMA H, TOMURA T, et al. , 2003, Development of 400kN magnetorheological damper for a real base-isolated building[C]//Smart Structures and Materials 2003: Damping and Isolation. International Society for Optics and Photonics, 5052: 265-276.

GAMOTA D R，FILISKO F E, 1991. Dynamic mechanical studies of electrorheological materials: moderate frequencies[J]. Journal of rheology, 35(3): 399-425.

GINDER J M, DAVIS L C, ELIE L D, 1996. Rheology of magnetorheological fluids: models and measurements[J]. International journal of modern physics B, 10(23/24): 3293-3303.

HERSCHEL W H, BULKLEY R，1926. Model for time dependent behavior of fluids[C]//Proceedings of American Society of Testing Materials, 26: 621-629.

JANG K I, SEOR J, MIN B K, et al. , 2009.A behavioral model of axisymmetrically configured magnetorheological fluid using Lekner summation[J]. Journal of applied physics, 105(7): 07D518.

JOLLY M R, CARLSON J D, MUNOZ B C, 1996. A model of the behaviour of magnetorheological materials[J]. Smart materials and structures, 5(5): 607-614.

KIM Y, LANGARI R, HURLEBAUS S, 2009. Semiactive nonlinear control of a building with a magnetorheological damper system[J]. Mechanical systems and signal processing, 23(2): 300-315.

KLIGENBERG D J, ULICNY J C, GOLDEN M A, 2007. Mason numbers for magnetorheology[J]. Journal of rheology, 51(5): 883-893.

KUMBHAR B K，PATIL S R，SAWANT S M, 2015. Synthesis and characterization of magnetorheological（MR）fluids for MR brake application[J]. Engineering science & technology an international journal, 18(3): 432-438.

LI W H, DU H, CHEN N G, et al. , 2003.Nonlinear viscoelastic properties of MR fluids under large amplitude oscillatory shear[J]. Rheologica acta, 42(3): 280-286.

MARSHALL L, ZUKOSKI C F, GOODWIN J W, 1989. Effects of electric fields on the rheology of non-aqueous concentrated suspensions[J]. Journal of the chemical society, faraday transactions 1: physical chemistry in condensed phases, 85(9): 2785-2795.

NI Y Q, DUAN Y F, CHEN Z Q, et al., 2002. Damping identification of MR-damped bridge cables from in-situ monitoring under wind-rain-excited conditions[C]//Smart Structures and Materials 2002: Smart Systems for Bridges, Structures, and Highways. International Society for Optics and Photonics, 4696: 41-51.

Nied and Nees Consortium, 2010. Report of the Seventh Joint Planning Meeting of NEES/E-Defense Collaborative Research on Earthquake Engineering[R]. Berkeley: University of California at Berkeley.

OR S W, DUAN Y F, NI Y Q, et al. , 2008. Development of magnetorheological dampers with embedded piezoelectric force sensors for structural vibration control[J]. Journal of intelligent material systems and structures, 19(11): 1327-1338.

PANG L, KAMATH G M, WERELEY N M, 1998. Dynamic characterization and analysis of magnetorheological damper behavior[C]//SPIE Proceedings: 5th SPIE Symposium on Smart Materials and Structures, Passive Damping and Isolation Conference. 284-302.

PARTHASARATHY M, KLINGENBERG D J, 1999. Large amplitude oscillatory shear of ER suspensions[J]. Journal of non-newtonian fluid mechanics, 81(1-2): 83-104.

PHULE P P, 2001. Magnetorheological（MR）fluids: Principles and applications[J]. Smart materials bulletin, 2001(2): 7-10.

RABINOW J, 1948. The magnetic fluid clutch[J]. Electrical engineering, 67(12): 1308-1315.

SOONG T T, SPENCER J B F, 1992. Active structural control: theory and practice[J]. Journal of engineering mechanics, 118(6): 1282-1285.

SPENCER J B F, DYKE S J, SAIN M K, et al. , 1997 .Phenomenological model for magnetorheological dampers[J]. Engineering mechanics, 123(3): 230-238.

SPENCER J B F, NAGARAJAIAH S, 2003. State of the art of structural control[J]. Journal of structural engineering, ASCE, 129(7): 845-856.

STANWAY R, SPROSTON J L, STEVENS N G, 1987. Non-linear modelling of an electro-rheological vibration damper[J]. Journal of electrostatics, 20(2): 167-184.

TAKUJI K, MOTOICHI T, TADASHI N, et al. , 2013. Seismic response controlled structure with active variable stiffness system[J]. Earthquake engineering and structural dynamics, 22(11): 925-941.

TANG X, CONRAD H, 2000. An analytical model for magnetorheological fluids[J]. Journal of physics D: applied physics, 33(23): 3026-3032.

TSANG H H, SU R K L，CHANDLER A M, 2006. Simplified inverse dynamics models for MR fluid dampers[J]. Engineering structure, 28(3): 327-341.

VOLKOVA O, BOSSIS G, GUYOT M, et al., 2000. Magnetorheology of magnetic holes compared to magnetic particles[J]. Journal of rheology, 44(1): 91-104.

WEBER F, DISTL H, 2015. Amplitude and frequency independent cable damping of Sutong Bridge and Russky Bridge by magnetorheological dampers[J]. Structural control and health monitoring, 22(2): 237-254.

WEBER F, DISTL H, NÜTZEL O, 2005. Implementation of an adaptive cable damper on a cable-stayed bridge for experimental investigations[J]. Beton-und stahlbetonbau, 100(7): 582-589.

WEN Y K, 1976. Method for random vibration of hysteretic systems[J]. Journal of engineering mechanics division, ASCE, 102(2): 249-263.

WERELEY N M, CHOI J U, CHOI Y T, et al. , 2008. Magnetorheological dampers in shear mode[J]. Smart materials and structures, 17(1): 015022.

WINSLOW W M, 1949. Induced fibration of suspensions[J]. Journal of applied physics, 20(12): 1137-1140.

XU Z D, GUO Y Q, 2006. Fuzzy control method for earthquake mitigation structures with magnetorheological dampers[J]. Journal of intelligent material systems and structures, 17(10): 871-881.

XU Z D, JIA D H, ZHANG X C, 2012. Performance tests and mathematical model considering magnetic saturation for magnetorheological damper[J]. Journal of intelligent material systems and structures, 23(12): 1331-1349.

XU Z D, SHA L F, ZHANG X C, et al., 2013. Design, performance test and analysis on MR damper for earthquake mitigation[J]. Structural control and health monitoring, 20(6): 956-970.

YANG G, SPENCER B F, CARLSON J D, et al., 2002. Large-scale MR fluid dampers: modeling and dynamic performance considerations[J]. Engineering structure, 24: 309-323.

ZHANG X C, XU Z D, 2012. Testing and modeling of a CLEMR damper and its application in structural vibration reduction[J]. Nonlinear dynamics, 70(2): 1575-1588.